KAMPF
TAKTIKEN

Bitte hinterlasst eine Bewertung. Vielen Dank!

Gute Bewertungen von großartigen Menschen wie du es bist können anderen Soldaten helfen vom Wissen dieses Buches zu profitieren. Könntest du dir 60 Sekunden nehmen, um deine Gedanken zu teilen?

Vielen Dank im Voraus, dass du die Gemeinschaft unterstützt!

Copyright © Matthew Luke 2024
Erstdruck 2024
Aus dem Englischen von H. Brandt
Bei Fragen oder Kommentaren Kontakt aufnehmen unter:
Matthew.Luke.Publishing@gmail.com

Übersichtskarte zur Durchführung eines Hinterhalts

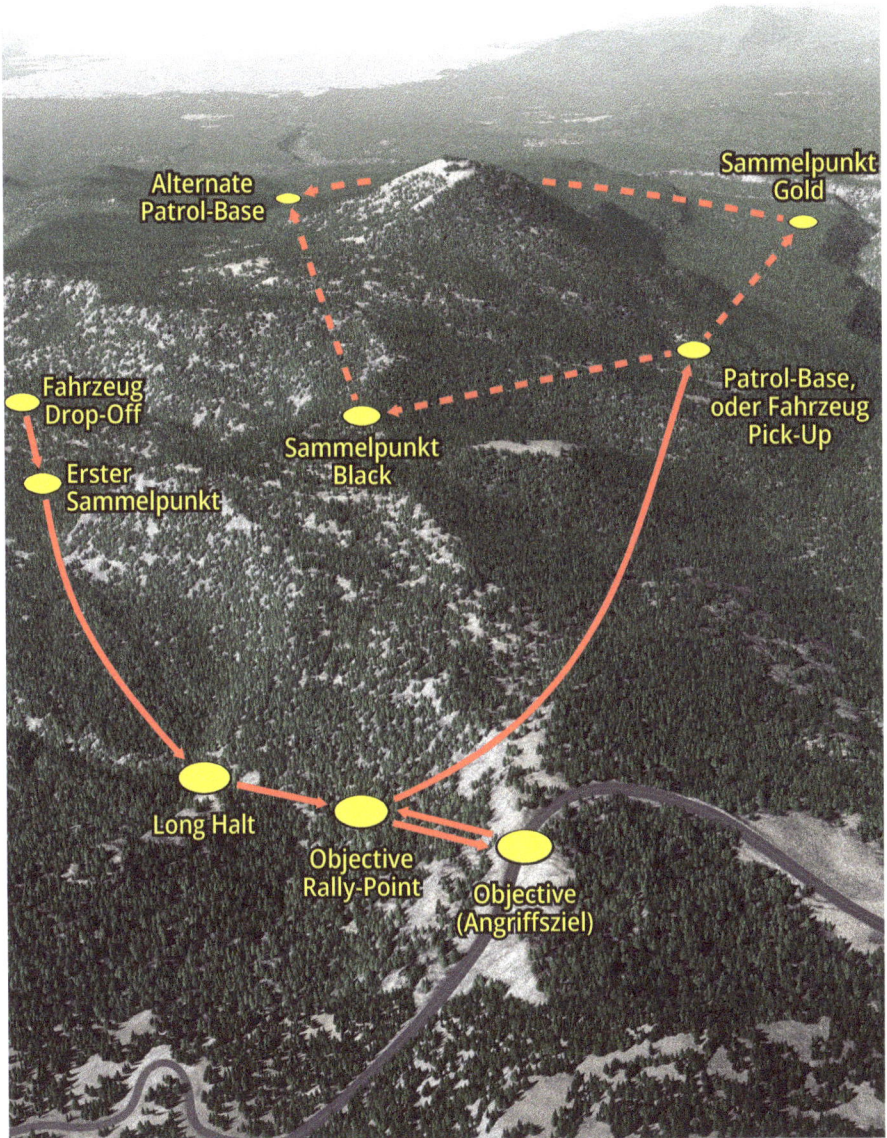

Bild 1: Eine Übersichtskarte der verschiedenen räumlichen Punkte, die der Auftrag für einen Hinterhalt beinhaltet. Diese Punkte werden in diesem Buch erweitert und ausführlich erklärt werden. Der Auftrag beginnt mit der fahrzeuggestützten Verbringung zum Drop-Off Point. Er endet, wenn die Patrol vom Hinterhalt zum Fahrzeug Pick-Up Point oder zur Patrol Base (dt. auch: Tagversteck) ausweicht.

Du bist Joe
(Einleitung: Die Geschichte
über das Töten von Feinden)

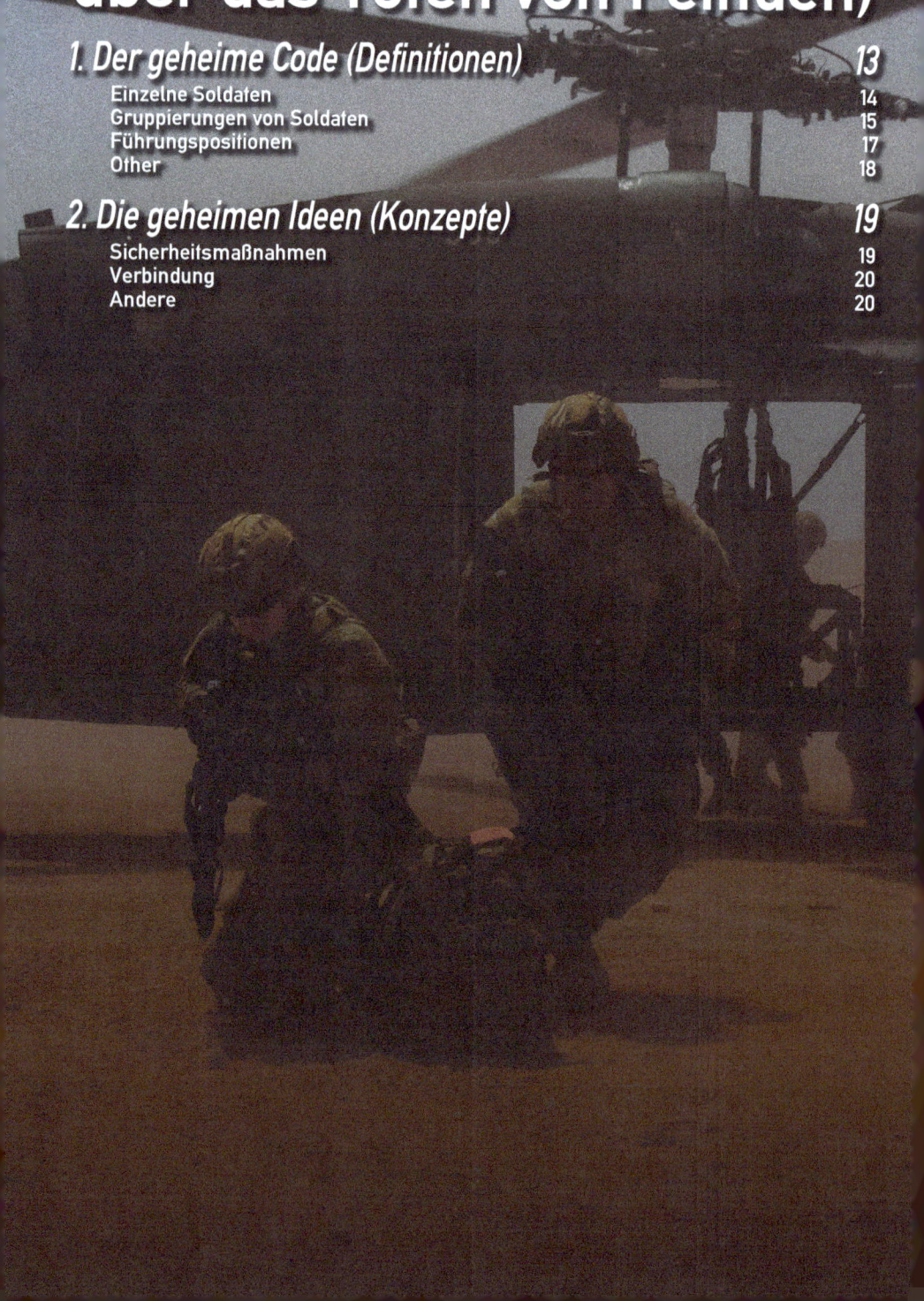

Joe geht zum Feind (Phase 1: Der Weg zum Objective)

Der Feind sieht Joe (Phase 2: Gegenmaßnahmen bei Feindberührung und Verwundetentransport)

Joe stellt eine Falle (Phase 3: Beziehen des Angriffsziels)

Joe greift den Feind an (Phase 4: Maßnahmen am Objective)

Joe geht nach Hause (Phase 5: Ausweichen zu einer Patrol-Base)

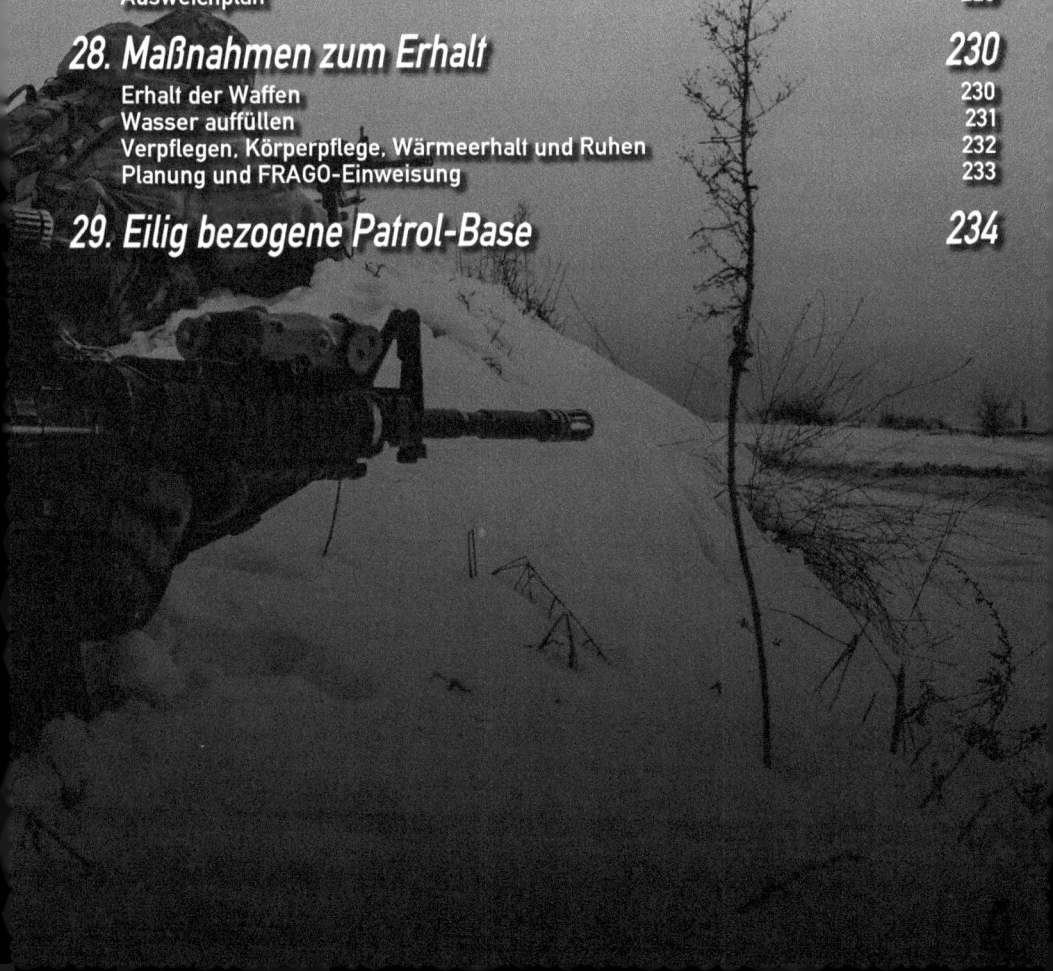

Anlagen

Legende

Die Farbe zeigt die Zugehörigkeit des Schützen:

Die Form zeigt die Bewaffnung des Schützen:

Alpha Trupp ↑

M4 ↑

Bravo Trupp ↑

M249 ↑

Gruppenebene ↑

M240B ↑

Zugebene ↑

AT4 ↑

Die Führung:

Truppführer

Stv. Zugführer

Gruppenführer

Zugführer

Deckungsgruppe
DGF

(siehe Glossar)
MED

In diesem Buch werden Schützen durchgängig durch die oben gezeigten Pfeile repräsentiert. Jeder Pfeil hat eine Farbe und eine Form, um die Zugehörigkeit zum Truppenteil und die Bewaffnung des Schützen darzustellen. Die Richtung des Pfeils ist die Richtung, in die der Schütze zeigt. Claymores werden per Fernzündung gezündet und deren Zeichen ist:

Einleitungsinhalt

Du bist Joe (Einleitung: Die Geschichte über das Töten von Feinden)

Sobald wir diese Folie verstanden haben, wird der Krieg gewonnen sein.
—*U.S. General Stanley McChrystal über ein unmögliches Powerpoint-Diagramm.*

Mit der Erzählung eines gesamten Einsatzes von Anfang bis Ende lehrt dieses Buch wie man einen einfachen und gleichzeitig vollständigen Hinterhalt anlegt. Soldaten gehen von A nach B, um den Feind mit einem Hinterhalt zu vernichten. Sobald das geschehen ist, kann jeder pünktlich zum Abendessen nach Hause. (!!!)

Mit über 250 Seiten deckt dieses Buch vieles ab. Allerdings beinhaltet jedes Kapitel nur die essenziellsten Punkte, die die kleine Kampfgemeinschaft zum Erfolg benötigt. (Offen gesagt wurde fast jeder Abschnitt mit Blut geschrieben und existiert, weil jemand diese Punkte nicht befolgt hat und deshalb starb.) Des Weiteren existiert im Militär eine eigene Sprache, weshalb dieses Kapital mit dem gängigen Fachjargon und Konzepten beginnt.

1. Der geheime Code (Definitionen)

Jede nachstehende Definition ist bei einer Patrol ein gängiger Begriff und wird von Infanteristen täglich genutzt. Das Ranger Handbook verwendet zwar viele dieser Begriffe, erklärt diese aber nicht immer im vollen Umfang. Es wird, zum Beispiel, eine Aufgabe als „berät den Patrol Leader in der Planungsphase" beschrieben, was so hilfreich und glasklar ist, wie der Schlamm am Stiefel. Unten stehen die wichtigsten Begriffe in der Reihenfolge, in der man sie lernen soll, um die Kampfweisen auf der Zug-, Gruppen- und Truppebene bestmöglich zu verstehen.

Im deutschen und im englischen militärischen Sprachgebrauch gibt es eine Vielzahl an Begriffen, die sich nicht eins zu eins übersetzen lassen. Des Weiteren haben es viele englische Wörter, zivil sowie militärisch, in den deutschen Sprachgebrauch geschafft. Deshalb behalten manche Begriffe in diesem Buch ihre originale englische Bezeichnung. Wörter wie „patrol" lassen sich in einem zivilen Zusammenhang einfach in „Patrouille" übersetzen. Die militärische „patrol" bezieht sich jedoch auf die „combat patrol", „reconnaissaince patrol" oder auch „sentry patrol". Im Deutschen wäre das respektiv mit einem „Jagdkommando", einem „Spähtrupp" und einer „Streife" gleichzusetzen. Auch die Führungsebenen lassen sich nicht direkt übertragen. Während ein „Jagdkommando" auf Kompanie- oder Zugebene aufgestellt wird, besteht die „combat patrol" gewöhnlich aus

Der geheime Code (Definitionen)

einem Zug oder einer Gruppe. In diesem Buch wird die „patrol" die Aufgaben einer „combat patrol" und „reconnaissance patrol" auf Zug- und Gruppenebene wahrnehmen, bzw. den Jagdkampf und die Aufklärung. Um unnötige Erklärungen zu vermeiden, wird der englische Begriff „Patrol" durchgehend genutzt und der Führer der Patrol als „Patrol Leader" bezeichnet. Bei anderen essenziellen englischen Begriffen wird zur Vereinfachung eine Übersetzung vermieden und mit einer Erklärung ergänzt.

1.a Einzelne Soldaten

(Gewehr-)schütze – Ein Soldat, der ein Gewehr trägt. Dieser hat keine Unterstellten, was sich aber auf dem Gefechtsfeld ändern kann. Während der Patrol erhält er schlichte Aufgaben wie mit präzisem Einzelfeuer gegen den Feind zu wirken in Übereinstimmung mit dem Bewegungsschema und der Zielzuweisung des Führers. Zusätzliche Verantwortlichkeiten können an ihn (!!!) übertragen werden wie: überprüfen der Marschrichtung am Kompass, Schrittzähler und Trägertrupp.

Pointman/Pointer (Erster Mann bzw. Nahsicherer) – Der erste Mann in einer sich bewegenden Formation. Seine Aufgabe ist es, nach Feind und nach Fallen Ausschau zu halten, da er auch am wahrscheinlichsten als erster angegriffen wird. Man sagt (nur halbwegs aus Spaß), dass der Pointer ein Köder ist. Er muss ständig zu seinem Truppführer für Richtungsangaben zurückzublicken, denn der Pointer ist zu sehr mit seiner Sicherheit beschäftigt, um sich mit dem Orientieren zu befassen.[1]

Squad Automatic Weapon (SAW) – Ein leichtes Maschinengewehr (Gewicht: 7,7 Kg, Kal.: 5,56 mm). Wie das M4-Gewehr wurde diese Waffe konzipiert, um im stehenden, knienden und liegenden Anschlag genutzt zu werden. Allerdings kann der SAW-Schütze, anders als wie beim M4, im stehenden und knienden Anschlag nicht präzise wirken. Deshalb ist immer der liegende Anschlag zu bevorzugen, wenn es die Situation erlaubt.

MG-Schütze/MG-1 – Der Bediener des M240 Allzweckmaschinengewehrs (Gewicht: 12,5 Kg, Kal: 7,62 mm). Dieser ist nur darauf fokussiert, dass Schüsse das Rohr verlassen.

MG-2 – Der Erfahrenste im Gun Team (MG-Trupp) und gleichzeitig der Führer des Trupps. Dieser steuert den MG-Schützen, indem er ihn zur Feuereröffnung kneift und ihm die Augen verdeckt, um das Feuer einzustellen. Der MG-2 vergewissert sich auch, dass der Patronengurt sauber in das M240 eingeführt wird (weshalb seine Position links vom MG-Schützen ist). Seine Funktion ist notwendig, weil es beim M240 schwierig ist gleichzeitig zu zielen, zu laden und Befehle zu erhalten. Er steuert nicht die Waffe, sondern den MG-Schützen.

Munitionsträger/MG-3 – Ein optionaler dritter Angehöriger des MG-Trupps. Dieser macht den MG-Trupp durch die Verteilung des Gewichts der Munition beweglicher. Er ist verantwortlich für den Rohrwechsel während des Schießens

---

[1] Anwendung: Wann kann es von Vorteil sein, zwei Pointer in einem Point-Trupp zu haben? Wie wäre es mit einem Pointer bzw. Nahsicherer an der Seite?

(weshalb seine Position rechts vom MG-Schützen ist). Falls während des Gefechts der Munitionsbestand niedrig wird, holt der Munitionsträger mehr Munition aus seinem Rucksack.

AG(Anbau-Granatwerfer)-Schütze – Ein Gewehrschütze, der auf Granaten spezialisiert ist. Diese Funktion ist nicht fest, da der M203 Unterlauf-Granatwerfer als Aufsatz für das M4 und M16 jeden Gewehrschützen zu einem AG-Schützen (auch wenn unerprobt) machen kann. Aus diesem Grund kann jeder Gewehrschütze in diesem Buch auch ein AG-Schütze sein.[1]

Fernmelder/Funker – Ein Soldat, der das Funkgerät bedient und den Funkverkehr unter Führung des Patrol Leaders verfolgt. Seine Funktion erlaubt es, dass dem Patrol Leader mehr Zeit für andere Aufgaben zur Verfügung steht. Der Funker behält auch in bestimmten Situationen die Zeit im Blick und berät den Patrol Leader, wenn nötig. Der Funker und der Patrol Leader sind immer zusammen.

Forward Observer (FO) – Ein militärischer Beobachter, der Artillerie- und Mörserfeuer auf Ziele lenkt. Der FO bleibt in der Nähe des Zugführers oder des Deckungsgruppenführers, um so zwischen Patrol und Feuerunterstützung zu koordinieren.

Medic/Sanitäter – Er ist für die erste Hilfe auf dem Gefechtsfeld verantwortlich. Er hilft auch beim Prüfen der personellen Vollzähligkeit und er gräbt einen Toilettengraben bei der Patrol-Base. Er ist immer beim stellvertretenden Zugführer im Zugtrupp.

1.b Gruppierungen von Soldaten

Truppenteil – Eine Gruppierung mit einer statischen und festdefinierten Befehlskette. Die Truppenteile in diesem Handbuch sind Zug, Gruppe, und Trupp.

Element – Jegliche Gruppierung, die einen Auftrag erteilt bekommen hat, zum Beispiel als Sturm- oder Deckungselement. Elemente können aus Soldaten bestehen, die aus unterschiedlichen Truppenteilen zusammengezogen wurden.

Trupp – Ein Trupp besteht gewöhnlich aus drei Schützen und einem Truppführer. Der Trupp übernimmt Aufträge, die ein einzelner Soldat allein nicht ausführen kann, wie das flankierende Werfen des Feindes oder Wasser an einer Wasserquelle auffüllen. Ein Truppführer kann bis zu vier Soldaten führen, ein Trupp kann zwischen drei und fünf Mann stark sein.

MG-Trupp – Der Trupp, der das M240 Maschinengewehr bedient, denn diese Waffe benötigt zwei Bediener: einen Gunner/MG-1 und einen Assistant Gunner/MG-2. Manchmal verfügt der Trupp auch noch über einen Munitionsträger. Obwohl der MG-Trupp in eine Gruppe von Gewehrschützen eingegliedert werden kann, ist er in einer Deckungsgruppe in einem Zug mit Gewehrschützen heimisch.

---

1 Anwendung: Wenn man bedenkt, dass verschiedene Waffensysteme andere Komplexitäten, Gewichte und Merkmale haben, welche Faktoren sollte ein Führer bei der Waffenverteilung beachten? Sollte der stärkste Mann auch die schwerste Waffe bekommen? Was ist, wenn der stärkste Mann auch der beste Schütze ist?

Der geheime Code (Definitionen)

Führungselement (Zugtrupp auf Zugebene) – Ein Element, das aus der Führung eines Truppenteils und der ihm direkt unterstellten Soldaten besteht. Zum Beispiel, der Funker ist immer Teil des Führungselements. Das Führungselement soll als eine Verlängerung des Patrol Leaders dienen. Das Führungselement hat auch die direkte Kontrolle über verschiedene Soldaten, wie den MG-Trupp und den Medic bei einer Gruppe.

Gruppe – Ein Truppenteil, der aus zwei oder mehreren Trupps und einem Gruppenführer besteht. In bestimmten Situationen, wie bei einem Hinterhalt, kann ein MG-Trupp bei einer Gruppe eingegliedert werden. Eine Gruppe nimmt die Aufgaben wahr, die der Trupp allein nicht wahrnehmen kann, wie zum Beispiel einen Hinterhalt durchführen.

Zug – Ein Truppenteil, der aus mehreren Gruppen und einem Führungselement bzw. Zugtrupp besteht (zum Beispiel: Zugführer und stellvertretender Zugführer). In der U.S. Armee ist der hauptsächliche Unterschied zwischen einem Zug und einer Gruppe (neben der Größe), dass ein Zug eine Deckungsgruppe hat. Schützenzüge der U.S. Armee haben gewöhnlich drei Gewehrschützengruppen, eine Deckungsgruppe und einen Zugtrupp. Ein U.S. Marine Corps Schützenzug hat gewöhnlich nur Schützengruppen und einen Zugtrupp. Allerdings stützt sich die Gliederung im U.S. Marine Corps stark auf Unterstellungen und Abgaben. Deshalb wird ein Zug des Marine Corps, der mit einem Zug der U.S. Armee vergleichbar ist, eine externe Deckungsgruppe unterstellt bekommen.

Kleine Kräftegruppierungen – Entweder ein Zug oder eine Gruppe. Diese sind ideal für die Durchführung von Aufträgen wie Handstreiche oder Hinterhalte. Kleinere Gruppierungen (wie Trupps) wären nicht in der Lage solche Aufträge durchzuführen, und größere (wie Brigaden) wären zu schwierig zu koordinieren.

Deckungsgruppe– Eine Gruppe, die für den Einsatz des Allzweckmaschinengewehrs verantwortlich ist (im Gegensatz zu einer üblichen Schützengruppe). Wenn sich ein Zug aufteilt, um Gruppenaufgaben zu bewältigen, kann ein MG-Trupp von der Deckungsgruppe abgegeben werden und einem Schützengruppenführer unterstellt werden.

Unterstützung durch Feuer/Niederhalten – Ein Deckungselement ist dafür verantwortlich, den Feind unmittelbar mit Feuer niederzuhalten. Dadurch soll einem anderen Element die Möglichkeit gegeben werden sich zu bewegen. Gruppen und Züge führen Maschinengewehre M240 mit sich mit, um die Bewegung eigener Elemente zu sichern. Deshalb ist Unterstützung durch Feuer oft gleichbedeutend mit MG-Trupps. Es können allerdings auch das SAW oder ganze Gruppen für solche Aufgaben eingesetzt werden. Andere Arten der Feuerunterstützung sind Luftnahunterstützung und Schiffsartillerie.

Patrol – Eine Gruppierung von Soldaten, die losgeschickt wird, um einen Auftrag zu erfüllen. Eine Patrol kann ein Zug sein, der einen Hinterhalt durchführt, oder eine Gruppe, die einen Spähauftrag durchführt.

1.c Führungspositionen

Truppführer – Der Soldat, der für die Koordinierung seiner unterstellten Soldaten verantwortlich ist, sodass Aufträge erfüllt werden, die der einzelne Soldat allein nicht erfüllen kann. Zum Beispiel, weil man zum Orientieren mehr als einen Mann benötigt, delegiert der Truppführer verschiedene Aufgaben wie Schritte zählen, in die Karte schauen und die Marschkompasszahl überprüfen, sodass diese Kampfgemeinschaft effektiv im Einklang arbeiten kann. Ein Mitglied des Trupps und der Gruppenführer sprechen selten miteinander, da der Truppführer für seinen Trupp direkt zuständig ist.

Alpha-Truppführer – Der Führer des Alpha-Trupps. Da der Alpha-Trupp gewöhnlich das Spitzenelement ist, ist der Alpha-Truppführer im Wesentlichen für das Orientieren verantwortlich. Dieser unterstützt auch den Bravo-Truppführer bei der Prüfung der Vollzähligkeit, wenn diese schnell durchgeführt werden muss.

Bravo-Truppführer – Der Führer des Bravo-Trupps. Da der Bravo-Trupp gewöhnlich das schließende Element ist, ist der Bravo-Truppführer im Wesentlichen für die Vollzähligkeit verantwortlich. Dieser weiß, wann die Gruppe vollzählig ist und prüft die Vollzähligkeit der Ausrüstung der Gruppe ständig. Er ist auch für das Auffüllen der Wasserbestände der Gruppe und jegliche medizinischen Angelegenheiten verantwortlich.

Gruppenführer – Der Soldat, der die Gruppe führt. Dieser führt seine Trupps, wie der Truppführer seine Schützen führt: d. h. er erteilt Aufträge nur an gesamte Trupps. Nur selten, wenn überhaupt, erteilt er Aufträge an einzelne Schützen.

Deckungsgruppenführer– Ein Posten auf Zugebene[1], der alle MG-Trupps im Zug führt. Dieser koordiniert die MG-Trupps, um deren Feuerkraft durch überschlagendes Schießen zu maximieren. (Siehe Handhabung, S. 237.) Der Deckungsgruppenführer ist auch für die Sauberkeit und die Instandhaltung der M240 Maschinengewehre verantwortlich. Falls die MG-Trupps aufgeteilt werden, führt der Deckungsgruppenführer das nächstgelegene M240, während andere Führer auf Zugeben, die übrigen M240 führen.

Stellvertretende Zugführer/Zugfeldwebel (engl.: Platoon Sergeant) [2]– Der höchste Berater des Zugführers. Dieser ist zum Zug, was der Bravo-

---

1 **Anmerkung des Übersetzers:** In den U.S. Streitkräften ist der Deckungsgruppenführer mit seinen MG-Trupps standardmäßig im Zugtrupp mit eingegliedert, wodurch dem Zugführer eine bessere Kontrolle über die MG-Trupps verschafft werden soll. Im Gegensatz befindet sich nach deutschem Verständnis in jeder Gruppe standardmäßig ein MG-Trupp. Zu bestimmten Zwecken werden die MG-Trupps ausgegliedert und in einer Deckungsgruppe gebündelt. Die Deckungsgruppe ist wie die Schützengruppe eine eigenständige Gruppe und der Deckungsgruppenführer meist ein erfahrener Unteroffizier, der die Gruppe auch eigenständig führt. Dadurch soll der Zugführer entlastet werden, um sich auf andere Aufgaben fokussieren zu können.

2 **Anmerkung des Übersetzers:** Ein Posten, der dem Platoon Sergeant bzw. Zugfeldwebel gleich ist, existiert in deutschen Infanteriezügen grundsätzlich nicht, wo der vergleichbare stellvertretende Zugführer gewöhnlich der erfahrenste Gruppenführer ist. In diesem Buch und gemäß den U.S. militärischen Grundsätzen ist dieser Posten im Zugtrupp mit eingegliedert.

Der geheime Code (Definitionen)

Truppführer zur Gruppe ist. Er ist insbesondere für die Vollzähligkeit und Gesundheit aller Soldaten, Waffen und Ausrüstung verantwortlich, sowie den MEDEVAC. Vor jeder Bewegung prüfen der stellvertretende Zugführer und der Medic die Vollzähligkeit der Soldaten (lautlos und mit gegenseitiger Bestätigung).

Zugführer – Der Soldat, der die gesamte Patrol führt. Während der Patrol liegt seine Hauptverantwortung darin, das Zusammenspiel der Gruppen zu koordinieren. Dieser entscheidet auch, welche Gruppe was macht. Bei Feindkontakt, zum Beispiel, entscheidet der Zugführer, wie viele und welche Gruppen darauf reagieren. Er wägt zwischen Schnelligkeit und Sicherheit ab, wenn die Patrol nicht im Zeitplan liegt. Er erteilt Aufträge nur an Gruppen. Er spricht Truppführer und einzelne Soldaten nicht an, außer wenn es absolut notwendig ist.

Patrol Leader – Der Führer der Patrol. Dieser kann ein Zugführer, Gruppenführer, Truppführer oder ein anderer Führer sein.

Stellvertretender Patrol Leader – In der Führerreihenfolge steht er nach dem Patrol Leader. Dieser kann ein Zugfeldwebel, der Bravo-Truppführer oder ein anderer Truppführer sein.

1.d Andere

Befehlskette – Die ersten Sechs in der Befehlskette eines Zuges sind der Zugführer, der stellvertretende Zugführer, der Deckungsgruppenführer, der erste Gruppenführer, der zweite Gruppenführer und der dritte Gruppenführer.

Gefechtsdrill – Ein kollektiver Handlungsablauf, der schnell durchführbar ist, ohne einen Entscheidungsfindungsprozess anwenden zu müssen.

Hinterhalt – Ein Überraschungsangriff aus verdeckten Stellungen gegen einen in der Bewegung befindenden oder kurzzeitig haltenden Feind, um diesen und seine Ausrüstung zu vernichten oder gefangen zunehmen/zu erbeuten.

Vorerkundung – Die Erkundung, die durch eine kleine Gruppe von Führern und Soldaten durchgeführt wird, indem sie sich der Stelle nähern, die später möglicherweise die gesamte Patrol nutzt. Diese bewertet die Sicherheit und den Nutzen der erkundeten Stelle für die Patrol.

Grundsätze einer Patrol – U.S. Army Ranger sagen, dass eine Patrol aus fünf Teilen besteht: Planung, Erkundung, Sicherheit, Kontrolle und gesunden Menschenverstand. Die letzten drei Grundsätze sind während der Patrol besonders wichtig. Sicherheit bedeutet, dass jede Richtung, aus der der Feind sich annähern kann, zu jeder Zeit überwacht wird, sodass die Patrol nicht überrascht werden kann. Kontrolle bedeutet, dass eine klare Kommunikation und Weitergabe von Informationen zwischen allen Soldaten in der Patrol existiert. Gesunder Menschenverstand kann vom KISS-Prinzip („Keep it simple stupid"), bis hin zu „folge einem Plan nicht, wenn es ein schlechter Plan ist," alles beinhalten.

2. Die geheimen Ideen (Konzepte)

Es gibt bestimmte Ideen, die in offiziellen militärischen Handbüchern nicht erwähnt werden, aber unerlässlich sind. Die meisten Soldaten lernen durch Ausprobieren und Fehlermachen (mit vielen Fehlern), aber du kannst diese Verfahrensweisen hier einfach lesen und beim ersten Mal alles richtig machen!

2.a Sicherheitsmaßnahmen

15°-Sicherheitsabstand – Nur wenige Centimeter an eigenen Kräften vorbeizuschießen ist nicht vertretbar. Das U.S. Militär hat entschieden, dass jegliches direktes Feuer einen Sicherheitsabstand von 15° in der Horizontalen und Vertikalen einhalten muss.

Einer ist Keiner – Ein Mann darf niemals ohne triftigen Grund allein irgendwo hingehen. Des Weiteren sind, selbst in einem Element, Stellungen von mehreren Soldaten besetzt, denn selbst das Tragen von Verwundeten beansprucht ein Durchwechseln. Falls sich ein Soldat jemals in solch einer Rolle allein wiederfindet, muss dies berichtigt werden.

Geräusch- und Lichtdisziplin – Das menschliche Ohr kann einen Druck von 1/50.000.000 der Atmosphäre erkennen und das menschliche Auge kann ein einzelnes Photon erkennen. Perfekte Disziplin ist unmöglich, aber manche Faustregeln treffen zu: Den Verschluss langsam nach vorne führen, um Lärm zu minimieren; kein Licht in der Nähe des Angriffsziels verwenden.

Sichern – Dies bezieht sich darauf, eine Waffe auf einen Bereich zu richten und bereit zu sein, auf alles, was sich bewegt zu feuern oder zum Halt zu bringen. Die Details können sich aber variieren. Sicherst du im liegenden oder knienden Anschlag? Wie groß ist der Bereich, auf den du wirken kannst? Falls ein Soldat nichts anderes zu tun hat, dann sichert er.

Sicherung – Ein Begriff, der in Bezug auf eine Patrol verschiedene Bedeutungen hat. Manchmal bezieht sich das auf den Anteil der aktiv sichernden Soldaten aus allen Soldaten, die sichern könnten. Zum Beispiel, wenn Maschinengewehre gereinigt werden und Führer koordinieren, aber alle anderen verfügbaren Soldaten sichern, dann liegt die Sicherung bei 100 Prozent. Andere Male bezieht sich die Sicherung auf den Raum, der von der Patrol gesichert werden kann. In diesem Fall ist die 100-prozentige Sicherung zu jeder Zeit unmöglich. (Es ist möglich 360° abzudecken, aber Menschen sind nun mal keine Roboter.)

Schnelligkeit bringt Sicherheit – Es gibt keine Grenzen dazu, wie sehr eine Patrol gesichert werden kann. Allerdings kann die erforderliche Zeit zur Verbesserung der Sicherung, den Aufenthalt der Patrol in einem Gefahrenbereich verlängern. Eine Patrol kann, zum Beispiel, beim Überwinden eines Gefahrenbereichs die Sicherung durch Herausdrücken verbessern und früher aufklären. Allerdings kann die Patrol die Sicherung auch verbessern, indem niemand rausgedrückt wird und der Bereich schneller überwunden wird. Manchmal ist Schnelligkeit, die sicherste Verfahrensweise.

2.b Verbindung

Verbindung – Die Fähigkeit Informationen von einer Person zu einer anderen weiterzugeben durch Sprechen, Handzeichen, usw. Eine effektive Verbindung erfordert, dass sich Führer in der richtigen Position befinden, um Befehle zu erteilen und, dass sich Soldaten in der richtigen Position befinden, um Befehle zu erhalten. Falls eine Formation auseinander bricht, muss jedes Soldaten-Führerpaar, egal was auch passiert, noch kommunizieren können, sodass sie in der Lage sind, sich untereinander zu koordinieren oder zumindest die Leiche des anderen zu tragen. Erstelle immer einen PACE-Plan für die Verbindung. (Siehe Legende, S. 11.)

Weitergabe von Informationen – Ein Führer muss relevante Informationen weitergeben. Jeder Soldat muss wissen was passiert. Zum Beispiel: „Dies ist der lange Halt vor unserem Angriffsziel. Das ist unser eigener Standort. (Er zeigt auf eine Karte.) Unser nächstes Ziel ist Richtung 290 Grad, 300 Meter zum Sammelpunkt vor dem Objective." Die Weitergabe von Informationen ist ein fortlaufender Prozess. Deshalb können Führer ihrer Kreativität freien Lauf lassen und, zum Beispiel, Soldaten auf dem Marsch Information der Reihe entlang weitergeben lassen.

Wiederholen – Jede Anweisung, die ausgerufen wird, muss von jedem wiederholt werden. Wiederholen ist nicht nur da, um den Lärmpegel zu erhöhen, sondern es bestätigt, dass der Wiederholende die Anweisung verstanden hat. Falls der Führer „Stopfen!" ruft, dann wird nicht fortgefahren, ohne dass jeder „Stopfen!" zurückruft.

Gefechtsfeldlyrik – Anweisungen müssen kurz sein, auf den Punkt kommen und für alle das gleiche bedeuten, um Verwirrung zu vermeiden. „Feuer einstellen!" ist besser als „Aufhören mit dem Betätigen des Abzugs auf der gesamten Linie." Deshalb ist „Feuer einstellen" immer die bessere Wortwahl.

2.c Andere

Vollzähligkeit – Führer müssen zu jeder Zeit die Vollzähligkeit ihrer Soldaten beachten. Jedes Mal, wenn eine Formation stehen bleibt, losläuft, sich aufteilt oder sammelt, muss durchgezählt werden. Das Konzept der Vollzähligkeit ist auf jeder Patrol allgegenwärtig.

Als wäre es Nacht – Viele Abläufe mögen so erscheinen, als hätten sie zu viele kleine Details, an die man sich erinnern muss. (Eine Patrol-Base aufzubauen ist fast wie ein choreografierter Tanz.) Allerdings finden die besten Hinterhalte nachts statt. Deshalb müssen im schlimmsten Fall alle Abläufe von gehirntoten, nachtblinden Soldaten ohne räumliche Sehfähigkeit durchführbar sein.

Gefahrenbereich – Ein Raum, der wegen seiner Geländecharakteristiken gefährlich ist. Patrols brauchen Deckung und Sichtschutz. Eine Freifläche ist ein offener Gefahrenbereich, weil diese nichts davon auf allen Seiten bietet.

Die geheimen Ideen (Konzepte)

Eine Straße ist ein linearer Gefahrenbereich, weil sie auf einer Linie keinen Schutz bietet.

Schlüsselgelände – Wenn du dich verschiebst, verschiebe dich immer zu einer besseren Position. Falls keine vorhanden ist, verschiebe dich nicht. (Manchmal ist irgendwo anders besser, als da wo du jetzt bist, zum Beispiel, bei Steilfeuer.) Die U.S. Armee definiert Schlüsselgelände als einen Teil des Raumes, dessen Besitz oder Behauptung für den eigenen Erfolg entscheidend ist. In Bezug auf das Führen von kleinen Kräftegruppierungen ist Schlüsselgelände nach drei Kriterien zu bewerten: 1) Der Führer kann seine Kräfte effektiv führen; 2) Die Position bietet Deckung und Sichtschutz; und 3) gute Wirkungsmöglichkeiten gegen den Feind.

Bewegen vs. Schießen – Jeder, der es schonmal ausprobiert hat weiß, dass Schießen in der Bewegung, äußerst unpräzise ist. Deshalb ist jedes sich bewegende Element auf den Feuerschutz eines anderen stationären Elements angewiesen. Ein oftmals auftretendes Thema in diesem Buch ist Feuer und Bewegung. Ein Element schießt (oder ist bereit zu schießen), während sich ein anderes Element bewegt. Danach wechseln sich diese ab.

Platz des Führers – Der Job eines Führers ist es, Informationen zu sammeln und Anweisungen zu geben. Deshalb muss er seinen Platz in der Formation so wählen, dass er das am besten gewährleisten kann. Zum Beispiel, auf dem Marsch ist der Führer in der Mitte seiner Formation, sodass er sich schnell zu einem anderen Element, das Anweisungen braucht, bewegen kann. Allerdings muss er sich gegebenenfalls bei Feindkontakt nach vorne bewegen können, um schnell Befehle zu erteilen und zu koordinieren.

Wirkungs- und Beobachtungsbereich – Wann immer man stationär ist, ist es wichtig, dass man einen Soldaten hat, der bereit ist auf Feind, egal aus welcher Richtung, zu schießen. Werden Wirkungs- und Beobachtungsbereiche nicht eingeteilt, bekommen Soldaten einen Tunnelblick, sobald der erste Schuss bricht. Sie ignorieren alles andere und werden anschließend von hinten angeschossen. Deshalb erhalten Soldaten nur die Verantwortung über einen begrenzten Raum vor ihnen, was man den „Wirkungs- und Beobachtungsbereich" nennt. Außer der Führer befiehlt etwas anderes, lassen Soldaten den Feuerkampf außerhalb ihres zugewiesenen Wirkungs- und Beobachtungsbereich außer Acht. Standardmäßig hat ein Soldat die dauerhafte Anweisung für einen Wirkungs- und Beobachtungsbereich von 10 Uhr bis 2 Uhr. Falls ein Führer die Zeit hat, ist es einer seiner obersten Prioritäten Wirkungs- und Beobachtungsbereiche zuzuweisen und Lücken zwischen den Bereichen zu schließen.

Kampfweisen für kleine Kräftegruppierungen – Die Kunst Gruppen und Züge von Soldaten zu organisieren und einzusetzen, um Krieg zu führen. Ein Hauptmerkmal dieser Kampfweise ist es, nur wenige bis gar keine Spuren zu hinterlassen, was die Gefahr entdeckt zu werden vermindert und Jagdkampf- und Aufklärungseinsätze hinter feindlichen Linien ermöglicht.

Phase 1 Inhalte

Joe geht zum Feind (Phase 1: Der Weg zum Angriffsziel)

Erscheine dort wo der Feind sich hasten muss, um zu verteidigen; marschiere züigig dorthin, wo du nicht erwartet wirst.

—Sun Tzu, Die Kunst des Krieges

Falls du einen Hinterhalt anlegst, bist du höchstwahrscheinlich im feindlichen Gebiet und jeder, dem du über den Weg läufst, wird versuchen dich zu töten. Deshalb ist Sicherheit die oberste Priorität. Die ersten Bewegungen erfolgen im Zug-Rahmen. Allerdings können sich Gruppen ausgliedern, um einen eigenen Hinterhalt durchzuführen.

3. Der fahrzeuggestützte Marsch

Während man mit Fahrzeugen verbracht wird, befindet man sich in einer angreifbaren Position. Die meisten Soldaten können von innerhalb des Fahrzeugs nicht effektiv wirken. Die folgenden Verfahren dienen dazu, die Gefahr in diesem Zeitfenster zu minimieren, indem sichergestellt wird, dass viele Soldaten so schnell wie möglich in alle Richtungen sichern.

3.a Beladen eines LKWs[1]

Soldaten können sich in einem LKW auf einen Haufen legen, aber das wäre nicht die sicherste Art und Weise sich fortzubewegen. Stattdessen ist das Sichern der Straße eine viel bessere Option. Wo auch immer sich eine Öffnung im Transportfahrzeug befindet (oder wenn oben eine Waffe angebracht ist), die größten und lautesten Waffen halten Ausschau.

Bei vielen Fahrzeugen, wie bei den meisten LKWs, hat nur die Rückseite eine Öffnung. Die Soldaten ganz hinten halten ihre Maschinengewehre bereit und ihre Mündungen verborgen. (Es gibt keinen Grund zusätzliche Aufmerksamkeit auf sich zu ziehen.) Direkt dahinter befindet sich der Führer, der befiehlt, wann die Maschinengewehre das Feuer eröffnen sollen.[2]

---

[1] **Zitat:** Frage: Wie viele Soldaten bekommt man in einen Truppentransporter hinten rein? Antwort: Mindestens noch einen mehr. – Unbekannt

[2] **Anwendung:** Falls der Gruppenführer in der Kabine mitfährt, welche Mittel zur Kommunikation oder einfache Signale kann er verwenden, um nach hinten Verbindung zu halten? Wie viel Vorplanung wird dieses Verfahren beanspruchen?

Bild 2: Ein Pionier, der 251st. Engineer Company (Sapper), sichert mit seinem leichten Maschinengewehr aus einem LKW. Base Gagetown, New Brunswick, Kanada, 16 Aug 2017. **Er ist bereit das Feuer in jedem Moment zu eröffnen.**

Wenn man auf das Fahrzeug aufsitzt, ist hauptsächlich zu beachten, dass man schnell absitzen kann. In erster Linie muss die Patrol schnell auf einen Angriff reagieren können. Darüber hinaus kann ein gut organisiertes Fahrzeug die Patrol schneller von der Straße wegbewegen. Falls sich die abgesessene Patrol Richtung Osten bewegen wird, dann wird das Spitzenelement (z.B. der Alpha-Trupp) Richtung Osten vom LKW absitzen. Dies beansprucht in der Planung eine genaue Vorhersage der Richtung und des Standorts des LKWs, verhindert aber, dass sich die gesamte Patrol nach dem Absitzen reorganisieren muss. (Siehe Bild 3, S. 25.)

3.b Verbringung zur Drop-Off Site

Die Verbringung zur Drop-Off Site ist eine der verwundbarsten Augenblicke während der Patrol, weil Soldaten nicht unmittelbar das Feuer erwidern, in Deckung gehen, oder den Feind identifizieren können. Im Grunde verzögern sich die Gegenmaßnahmen bei Feindberührung um einige kritische Minuten. (Siehe Gegenmaßnahmen des Einzelschützen, S. 72.) Deshalb ist das schnelle Absitzen aus einem ausgefallenen Fahrzeug eine entscheidende Aufgabe, die in Anbetracht vieler Eventualitäten vorgeübt und vorgeplant werden muss. Bewege dich relativ langsam und falls nötig, steige aus dem Fahrzeug aus und erkunde die Straße vor dir.

Truck Formation

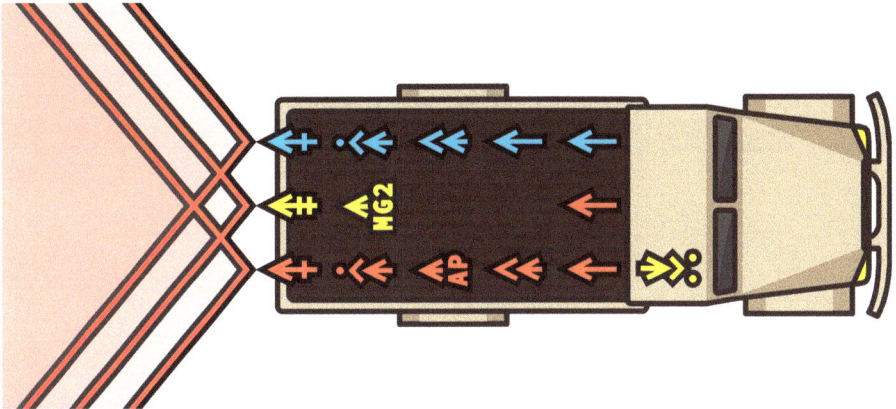

Bild 3: Da die Anzahl der Plätze begrenzt ist, werden die Waffen mit der höchsten Schadenswirkung (hier: die Maschinengewehre) dort platziert, wo sie am besten sichern können (hier: hinten). Diese Patrol beabsichtigt den Fußmarsch von der rechten Seite des Fahrzeuges aus zu starten, weil der Alpha-Trupp (rot) von der rechten Seite des Fahrzeugs absitzen will. **Der Führer sitzt vorne in der Kabine, um den Fahrer Anweisungen zu geben, weil er letztendlich für die Patrol verantwortlich ist.**

Um die Gefahr etwas zu verringern, fährt der Führer vorne beim Fahrer in der Kabine mit und beteiligt sich aktiv an der Verbringung. Er vergewissert sich, dass der richtige Marschweg eingehalten wird. (Vertraue den Erfolg des gesamter Auftrag nicht dem Orientierungssinn des Fahrers an.) Eine Möglichkeit für den Führer die Strecke zu prüfen ist es Checkpoints auszumachen, die in der Planung schon festgelegt wurden. Sobald der Führer einen Checkpoint sieht, gibt er diese Information an die Soldaten hinten im Fahrzeug weiter, sodass jeder weiß, wo man sich befindet. Des Weiteren hat jeder Checkpoint einen eigenen Sammelpunkt, sodass man sich im Falle eines Angriffs während der Verbringung zum letzten Sammelpunkt zurückbewegen kann. (Siehe Notfall Sammelpunkte (Sammelpunkte auf dem Marsch), S. 31.)

Der Führer sucht auch nach Gründen, um eine Alternativroute zu nehmen, z.B. die Silhouette eines Fahrzeugs, Anzeichen von IEDs, usw. Vor der Abfahrt zurrt der Führer alle schweren Gegenstände fest, sodass bei einem Überschlagen oder einem Angriff nichts durch die Kabine fliegt.

Bild 4: 3rd Infantry Division. Soldaten üben das Absitzen von einem LKW. Fort Stewart, Georgia, 16 März 2017. Die Sicherung ist immer die Priorität. **Der erste Soldat, der absitzt ist der MG-Schütze** der die wahrscheinlichste Anmarschrichtung des Feindes überwacht. Danach sitzen die Führer ab, um zu koordinieren.

Bild 5: Soldaten der 2nd Armored Brigade (Panzer), 1st Cavalry Division sitzen von ihrem Bradley Schützenpanzer ab. Fort Hood, Texas, 09 Feb 2019. Sobald alle Soldaten **im Halbkreis um den Wagen herumstehen**, können sie sich unmittelbar vom Weg wegbewegen.

3.c Verlassen eines Fahrzeugs[1]

Sobald der LKW anhält, wird so schnell wie möglich die Sicherung gestellt. Die schwersten Waffen verlassen den LKW zuerst. In der Abbildung sind das der MG 1 und der MG 2, gefolgt vom SAW-Schützen und deren Truppführern. (Siehe Bild 6, S. 27.) **Die 360° Sicherung** beim Drop-Off ist mit den zuerst absitzenden Kräften vorgeplant. Es ist üblich das M240 des ersten Fahrzeugs auf 12 Uhr sichern zu lassen; das M240 vom schließenden Fahrzeug auf 6 Uhr sichern zu lassen; und die M240 der mittleren Fahrzeuge auf entgegengesetzten Richtungen des Fußmarsches sichern zu lassen (3 Uhr und 9 Uhr). SAW-Schützen schließen die Lücken.

Nicht alle Bereiche werden gleich abgedeckt. Die Abbildung zeigt, dass die Straße mehr gesichert wird als die Seiten, weil der Feind diese eher als Anmarschweg nutzen wird.

Der Bravo- und Alpha-Trupp sitzen gleichzeitig als erste von beiden Seiten des LKWs ab, während das Führungselement beim Abladen der Rucksäcke unterstützt. Falls es Ausrüstung zum Abladen gibt, ist es besser diese von LKW runterzureichen. Es wäre unklug von einem Soldaten, vollbeladen vom LKW zu

---

1. **Realität:** Das Absitzen von einem Fahrzeug ist ein sehr gefährlicher Augenblick, weil es unter feindlichem Feuer, wie bei einem Hinterhalt, geschehen kann. Die U.S. Armee hat dafür sogar den Gefechtsdrill 12 (Absitzen von einem Schützenpanzer und Transportpanzer) und Gefechtdrill 13 (Aufsitzen auf einem Schützenpanzer und Transportpanzer) eingeführt. Die Verbringung mit Fahrzeugen erfordert ein geplantes und vorgeübtes Absitzen mit genau dem Fahrzeugmodel, das auch eingesetzt wird.

Verlassen eines Trucks

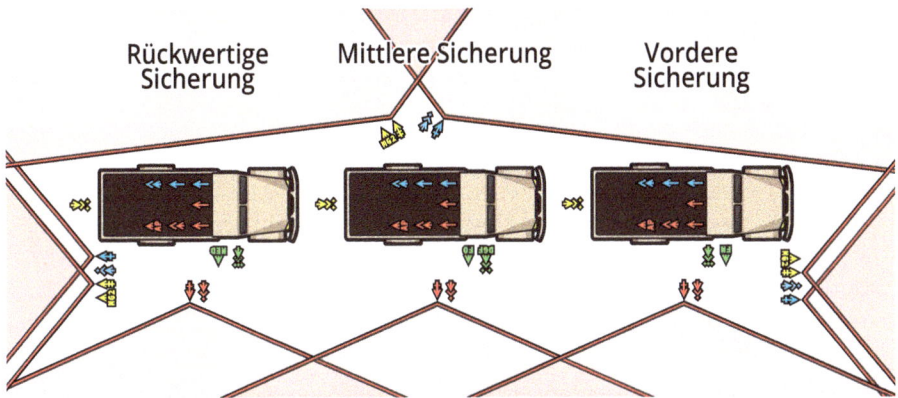

Bild 6: Die erste Priorität ist immer die 360° Sicherung. Zuerst sitzen die Maschinengewehre ab und sichern den Umkreis. Danach sitzen die Führer ab, um zu koordinieren und die Umgebung zu beurteilen. Diese Abbildung zeigt eine Momentaufnahme dieses Zeitpunkts. Jedes Maschinengewehr hat einen Führer oder einen MG 2 neben sich und bekommt einen überschneidenden Wirkungs- und Beobachtungsbereich zugewiesen. Diese Patrol bereitet sich darauf vor sich Richtung Süden zu bewegen, weil der Spitzentrupp (die roten Pfeile) den Raum Richtung Süden überwacht.

springen, vor allem wenn seine Beine noch vom stundenlangen eingequetschten Sitzen taub sind.

Nachdem die Maschinengewehre das Fahrzeug verlassen haben, **sitzen die Schützen ab und bilden einen Halbkreis um den LKW.** (Siehe Bild 5, S. 26.) Wenn die Alpha- und Bravo-Trupps fertig abgesessen sind, hat jeder LKW einen groben Kreis von Soldaten um sich. Der Alpha-Trupp blick in die Fußmarschrichtung und der Bravo-Trupp in die entgegengesetzte Richtung. Das Führungselement bleibt in der Nähe der LKWs und ist bereit abzumarschieren und Befehle zu geben.

Sobald alle Soldaten vom Alpha-Trupp des ersten Fahrzeugs fertig sind und ihre Rucksäcke auf haben, beginnen diese sich in Marschrichtung zu bewegen, egal ob die anderen Elemente fertig sind. (Trotzdem müssen sie immer Verbindung halten.) Das spart Zeit, weil Bravo und das Führungselement fertig sein werden, bis Alpha den richtigen Abstand gewonnen hat.

Das Führungselement des Zuges geht immer dorthin, wo es gebraucht wird. Es muss beachten, wann jede Gruppe losmarschiert, sodass es sich an der richtigen Stelle mit dem MG-Trupps eingliedern kann. (Siehe Marschformationen im Zugrahmen, S. 44.)

Die Formation bewegt sich in Marschrichtung bis sie sich außerhalb der Sicht-, Horch- und Handwaffenreichweite von der Straße aus gesehen befindet.[1] Sobald sich die Formation weit genug von der Fahrzeug-Drop-Off Site entfernt hat, kann der Gruppenführer oder der Alpha-Truppführer einen kurzen

---

1 Realität: Falls du die Straße sehen kannst, kann die Straße auch dich sehen. Viele Guerrillakämpfer kaufen sich Nachtsehgeräte im Internet.

oder langen Halt beantragen, um die richtige Marschrichtung zu bestimmen und mit dem Orientieren zu beginnen.

3.d Verbringung mit Hubschrauber

Die Grundsätze hinter der Verbringung mit einem Hubschrauber oder einem LKW sind gleich. Jedoch ist der hauptsächliche Unterschied die Ladekapazität und der gezwungene Ausstieg auf einer Freifläche. Um einen Hubschrauber zu verlassen, zieht ein Soldat seinen Rucksack weg vom Hubschrauber. Jeder Rucksack und jeder Soldat müssen zwei Meter vom Hubschrauber entfernt sein, sodass genug Platz für andere Soldaten zum Aussteigen ist und für den Hubschrauber zum Abheben. Alle Soldaten legen sich dann vor ihren Rucksäcken mit überschneidenden Wirkungs- und Beobachtungsbereichen um den Hubschrauber herum.[1]

Um die Gefahr der Landung auf einer Freifläche etwas zu verringern, spricht sich die Patrol mit der Luftfahrzeugbesatzung in der Planungsphase ab. Zum Beispiel wird die Luftfahrzeugbesatzung in den ersten Sammelpunkt der Patrol eingewiesen, sodass beide wissen, wo die erste Bewegung zu Fuß hinführt. Die Patrol muss auch den „Lade- und Bumpplan" vorbereiten, d.h. ein Plan um Soldaten zwischen Fahrzeuge zu verschieben, falls ein oder mehrere Fahrzeuge ausfallen.

Sobald der Hubschrauber abhebt, nimmt einer nach dem anderen seinen Rucksack auf unter Einhaltung der **360° Sicherung**. Falls die Verbringung mehrere Wellen beansprucht, verschiebt man sich an die Waldkannte und wartet bis die Nächsten eintreffen. Sobald der erste Sammelpunkt erreicht ist, erkundet die Patrol den Raum, um einen Platz zu finden, der genug Deckung und Sichtschutz für alle nachkommenden Kräfte bietet. Die ersten Elemente müssen ihren genauen Standort weitergeben, um Eigenbeschuss durch nachstoßende Kräfte zu vermeiden. Soldaten, die im Wald warten, führen einen langen Halt durch. (Siehe Den langen Halt sicherstellen, S. 123.)

4. Der Marsch zu Fuß (Einzelne Soldaten)

Sich in der Wildnis leise zu bewegen, ohne erschossen zu werden, erfordert Können und Technik. Beachte die Bodenbeschaffenheit, das Gelände, deinen eigenen Standort, den Standort deiner Kameraden, mögliche Standorte des Feindes und ein duzend anderer Sachen. Vor allem aber musst du darauf achten, was du mit dir selbst machst.

---

[1] **Anwendung:** Was wäre beim Ausstieg aus einer Chinook anders? (Eine Chinook hat einen Heckausgang.)

Bild 7: Polnische Soldaten der Multi National Battle Group East sitzen bei einer Hot und Cold Load Ausbildung zügig von einem UH-60 Black Hawk Hubschrauber ab, um im liegenden Anschlag zu sichern. Camp Novo Selo bei Pristina, Kosovo, 08 Dez 2017. **Es ist zu beachten, wie weit die Soldaten vom Hubschrauber entfernt sind**.

4.a Gelände zu deinem Vorteil nutzen

Gutes Gelände bietet im Falle eines feindlichen Angriffs Deckung und Sichtschutz. Ignoriere solche Geländemerkmale nicht. Anstatt in einer geraden Linie zu laufen, wenn du dich vorwärtsbewegst, springe zwischen vorteilhaften Geländepunkten (wie Bäumen oder Felsen) wie ein Tischtennisball. Passe auch deine Geschwindigkeit an. Beschleunige, wenn du dich von einem vorteilhaften Punkt zum nächsten bewegst. Sobald du angekommen bist, nehme dir einen Augenblick, um nach feindlichen Stellungen Ausschau zu halten und um dein nächstes Sprungziel zu bestimmen. Achte auch auf Fallen und auf Kameraden, die dir versuchen etwas mitzuteilen.

Während der Bewegung ist es essenziell innerhalb der Sicht- und Rufweite des Führers des Elements zu bleiben. Falls der Führer ein „Freeze" befehlen muss, weil die Patrol gerade auf ein Minenfeld aufgelaufen ist, dann sollte jeder Soldat in der Lage sein dieses Kommando mitzubekommen. Behalte das im Hinterkopf, wenn du dich wohin verschiebst. Sei nicht so gut gedeckt, dass dein eigener Trupp keine Verbindung mehr zu dir hat. Eine weitere Faustregel ist sich im Takt nach einer bestimmten Schrittzahl umzudrehen, z.B. nach zehn Schritten hinter sich zu blicken. Eigene und Feinde geben wichtige Informationen von hinten nach vorn.

4.b Hinknien, Hinlegen und Rucksäcke Abnehmen

Bei einem Halt kniet sich ein Soldat standardmäßig hin. Nach 30 Sekunden geht er in den liegenden Anschlag, um gegen feindlicher Waffenwirkung bestens geschützt zu sein. Allerdings kann ein Soldat sich dazu entscheiden auf den Knien zu bleiben, falls es die Situation erfordert. Der liegende Anschlag mag mehr Schutz bieten, aber der kniende Anschlag bietet oft bessere Sichtstrecken, Wirkungsbereiche und Gefahrenerkennung. Zum Beispiel, falls ein liegender Soldat im hohen Gras nichts sehen kann, geht er hoch auf ein Knie.

Die Sichtstrecke ist äußerst wichtig. Ein kniender Soldat, der den Feind in der Ferne aufklärt, ist oft besser als ein liegender Soldat, der den Feind heranschleichen lässt. So oder so, das menschliche Auge kann Bewegungen besonders gut wahrnehmen, weshalb das Vermeiden von Bewegungen ein effektives Mittel zum Sichtschutz ist. (Siehe Bild 8, S. 31.)

Egal ob liegend oder kniend, wenn ein Soldat seinen Rucksack absetzt, muss die Sicherung gegeben sein. Deshalb sichert ein Soldat auf einem Knie, während der andere Soldat seinen Rucksack absetzt. Setzte deinen Rucksack immer vorsichtig ab, ohne ihn auf den Boden fallen zu lassen. So wird verhindert, dass Lärm entsteht oder Ausrüstung beschädigt wird. Sobald wie möglich weist der Führer Wirkungs- und Beobachtungsbereiche zu. (Siehe 360° Sicherung (Wirkungs- und Beobachtungs-bereichen zuweisen), S. 130.)

5. Der Marsch zu Fuß (Elemente)[1]

Wenn viele Soldaten zusammen marschieren, dann treten zusätzliche Herausforderungen auf, die das gesamte Element betreffen. Auf nur einem kurzen Marschabschnitt kann sich das Gelände, die Höhenmeter, der Sichtschutz, die Einsehbarkeit, die Möglichkeiten des Feindes und vieles mehr stark variieren.

5.a Gelände zu deinem Vorteil nutzen

Wenn man sich dem Platz eines Hinterhalts annähert, ist es von höchster Priorität, dass die Patrol schnell ist und unerkannt bleibt. Die besten Anmarschwege werden während der Planung festgelegt. Allerdings zeigen Karten nicht jede kleine Erhöhung oder jedes Loch im Boden. Deshalb werden die besten Entscheidungen bezüglich Bewegung immer vor Ort getroffen.

Im hügeligen Gelände ist der beste Bereich sich zu bewegen die „militärische Höhenrippe". Die militärische Höhenrippe besteht aus einem Hang, der in einer Senke beginnt und drei vertikale Meter in die Höhe ragt. (D.h. ein Soldat ist von

---

[1] **Zitat:** Wir marschieren weiter und falls die Panzer kommen, dann möge Gott den Panzern beistehen. – Kommandeur der U.S. Army Ranger, Colonel. William O. Darby

Bild 8: Zwei Soldaten der A Company, 2nd Battalion, 23rd Infantry Regiment, 4th Brigade Combat Team, 2nd Infantry Division, gehen im hohen Gras in Deckung, um zu sichern. Muqdadiyah, Irak, 19 Dez 2007. **Sich hinzulegen würde die Sicht und die Wirkungsbereiche einschränken.**

Bild 9: Ein Soldat der A Company, 29th Engineer Battalion, 25th Infantry Division versucht bei der Gefechtsausbildung im Jungle Operations Training Center (JOTC) Feind aufzuklären. Hawaii, 17 Mär 2016. Dieser Soldat kann wahrscheinlich im Liegen bei dieser Vegetation nichts sehen.

der anderen Seite der Höhe nicht einsehbar.) Sich dieser Höhe entlangzubewegen, bietet guten Sichtschutz ohne viel Höhengelände aufgeben zu müssen. Am Tag bewegt sich die Patrol so weit oben auf der Höhenrippe wie möglich, um so viel wie möglich unterhalb einsehen zu können (und toten Raum zu eliminieren). Nachts bewegt sich die Patrol so tief wie möglich (aber immer noch außerhalb der Senke), sodass am Kamm feindliche Silhouetten vor dem Hintergrund des Nachthimmels zu sehen sind.

Beim Überwinden von Straßen ist es zweckmäßig den Tiefpunkt zwischen zwei Höhen zu nutzen. Die Höhen bieten Sichtschutz vor weitreichender Aufklärung und sind gute Checkpoints beim Orientieren. Versuche Kurven zu nutzen, wo dich der Feind nicht einsehen kann. Patrols, die eine gerade Straße überspringen, sind auf der gesamten Länge der Straße einsehbar. Beim Überwinden einer Senke, suche in der Karte nach Stellen, wo die Höhenlinien nah aneinander liegen, was auf eine kürzere und steilere Senke hindeutet.

Es gibt unzählige weitere Faktoren, die ein Patrol Leader beachten muss. Dichtbewaldetes Gelände kann guten Sichtschutz bieten. Wenn allerdings Artilleriefeuer eine Bedrohung darstellt, kann sich die gute Deckung aus dicken Bäumen zu bösem Schrapnell umwandeln. Bei Hunden kann ein Bellen die einheimische Bevölkerung darauf hinweisen, dass sich Fremde in der Nähe befinden. **Was auch immer der Fall sein mag, orientiere dich nie an geraden Linien ohne Grund, sondern nutze das Gelände zu deinem Vorteil.**

5.b Notfall Sammelpunkte (Sammelpunkte auf dem Marsch)

Sammelpunkte sind Stellen, an dem Soldaten aufeinandertreffen und auf andere Soldaten warten. Sammelpunkte werden von der Patrol auch auf dem Marsch festgelegt. Sammelpunkte auf dem Marsch sind Punkte, die ein Soldat im Notfall

Der Marsch zu Fuß (Elemente)

Militärische Höhenrippe

Toter Raum (nicht einsehbar) · Durchstoßt die Höhensilhouette · Militärische Höhenrippe am Tag

Höhensilhouette

Militärische Höhenrippe nachts

Bild 10: Die militärische Höhenrippe eines Geländeabschnitts. Im Idealfall kann der Soldat den gesamten Hang einsehen, ohne dass seine Silhouette oben auf der Höhe zu sehen ist.

anlaufen kann, wenn er die Verbindung zu eigenen Kräften verloren hat. Dort kann er später wieder eingesammelt werden.

Sammelpunkte auf dem Marsch müssen bei Tag und Nacht leicht erkennbar sein. Denke daran, dass Stress ausgesetzte Soldaten diese nachts finden müssen können. **Ein Sammelpunkt, den man nicht finden kann, ist nutzlos.** Obwohl sich im Wald unzählige tote Bäume finden lassen, werden diese trotzdem oft als Sammelpunkte benutzt. Größere Geländepunkte, wie tiefe Senken, sind dafür besser geeignet.[1] Obwohl Sammelpunkte letztendlich vor Ort entschieden werden, vergesse nicht ein paar Gute vorzuplanen. (Siehe Bild 11, S. 34.)

Sammelpunkte auf dem Marsch werden mit Hand- und Armzeichen festgelegt. Jedes Zeichen wird von jedem Soldaten zweimal gegeben: einmal, um zu bestätigen; ein zweites Mal, um es weiterzugeben. Zeichen werden nur von dem Soldaten weitergegeben, der sich physisch am nächsten zum Sammelpunkt befindet. Das hilft dabei den genauen Ort des Sammelpunkts zu erkennen. Um sicherzustellen, dass jeder Soldat diesen Punkt passiert hat, wird dieser Sammelpunkt nur aktiv, sobald der nächste Sammelpunkt festgelegt wird.

Sammelpunkte auf dem Marsch werden auch vor der Überwindung eines Gefahrenbereichs festgelegt. (D.h. Falls es gefährlich ist einen bestimmten Raum zu betreten, dann wird vorher ein Ort zum Ausweichen festgelegt.) Ein diesseitiger Sammelpunkt wird 300 Meter vor dem Gefahrenbereich festgelegt. Ein jenseitiger Sammelpunkt wird 300 Meter hinter dem Gefahrenbereich festgelegt. Der Sammelpunkt jenseits wird auch vor dem Überwinden des

1 Anwendung: Oft sind die besten Sammelpunkte Geländemerkmale, die schwer zu überwinden sind wie Tiefen oder Höhen. Besteht die Möglichkeit während der Planungsphase einen guten Marschweg festzulegen, der auch vorteilhafte Sammelpunkte beinhaltet? Ziehe in Erwägung, eine Höhe zu umgehen und die Kuppe zum Sammelpunkt zu machen.

Gefahrenbereichs festgelegt, um einen Angriff in den Rücken während des Überwindens vorzubeugen.

Falls Soldaten während einer Feindberührung oder des Lösens vom Feind getrennt werden, legen die Ersteintreffenden am Sammelpunkt schnellstmöglich die Sicherung aus. Sobald mehr Soldaten eintreffen, übernimmt der Dienstgradhöchste und weist Sicherungsbereiche zu und behält die Vollzähligkeit im Blick. Das Zeitlimit für das Verbleiben an einem Sammelpunkt muss in der Planungsphase festgelegt werden. Ansonsten kann die Patrol in einem Raum mit einer großen feindlichen Gruppierung festsitzen. Diese Feindkräfte können das Ausweichen zum Sammelpunkt erzwungen haben, wo die Patrol vergeblich auf weitere Soldaten wartet. Ein übliches Zeitlimit für einen Sammelpunkt auf dem Marsch ist zwei Stunden nachdem das erste Mitglied der Patrol eintrifft.

5.c Verantwortung für das Orientieren[1]

In der Theorie ist der Patrol Leader für das Orientieren verantwortlich. Aber weil alle Führer in den Marschweg eingewiesen werden, ist jeder Führer dafür verantwortlich, dass die Patrol den richtigen Weg einhält. Tatsächlich sollte jeder den geplanten Marschweg kennen, weil jeder während der Befehlsausgabe detailliert eingewiesen wurde. In der Praxis fällt die Verantwortung für das Orientieren auf das erste Element in der Formation.[2]

Das Orientieren ist zu komplex und zu wichtig, um eine einzelne Person dafür einzuteilen. Es beinhaltet Aufgaben, wie nach Geländemerkmalen Ausschau zu halten und diese mit der Karte abzugleichen, Schritte zu zählen, die richtige Marschkompasszahl einzuhalten und nach Checkpoints und markanten Geländepunkten Ausschau zu halten, um Sammelpunkte festzulegen. **Ein guter Truppführer delegiert viel.**[3]

Wie auch immer der Truppführer diese Aufgaben delegiert, es existieren ein paar gute Richtlinien, die er befolgen kann. Jeder Schütze hält einen Kompass und zählt die Schritte. Der Pointer und SAW-Schütze sind hauptsächlich für die Sicherung verantwortlich und sind deshalb nie für das Orientieren zuständig. Da der Pointer sich vor dem Orientierungstrupp bewegt, muss er stets und

---

[1] **Zitat:** Krieg ist Gottes Art, den Amerikanern Geografie beizubringen. – Ambrose Bierce, Soldat im Amerikanischen Bürgerkrieg

[2] **Anwendung:** Bei einer Gruppe ist das Spitzenelement normalerweise der Alpha-Trupp und bei einem Zug der erste Alpha-Trupp. Was passiert, wenn sich die Bewegungsreihenfolge ändert, wie zum Beispiel beim Überwinden eines Gefahrenbereichs und der Bravo-Trupp plötzlich das Spitzenelement ist? Entweder muss sich die Gruppe umorganisieren oder der Bravo-Trupp wird das neue Spitzenelement und übernimmt das Orientieren.

[3] **Realität:** Obwohl viele konservative Experten enormen Wert auf klassische Mittel wie Geodreiecke und Kompasse legen und die Nutzung von GPS bestreiten, wird es immer deutlicher, dass auf einer Patrol ein gutes GPS-Gerät genauso wichtig ist wie ein Gewehr. Es wird auch deutlich, dass Papierkarten den gleichen Lauf nehmen werden wie das Bajonett. Viele GPS-Geräte sind leicht, robust, nicht aufklärbar und erlauben ein generell besseres Orientieren. Sie können auch weiteres Unheil vermeiden, wenn ein Element getrennt wird.

Bild 11: Ein **guter Sammelpunkt** ist markant und groß genug, um nachts gefunden zu werden. Gewässer kann man auch oft hören. Ein Abstand kann auch festgelegt werden, wie zum Beispiel 70 Meter südwestlich des Teichs.

Bild 12: Marines der K Company, 3rd Marine Battalion, 4th Marine Regiment. Big Bear Lake, Kalifornien. Dies ist ein **schlechter Sammelpunkt**. Obwohl dieser zunächst als markant erscheinen mag, findet man im Wald unzählige tote Bäume.

ständig einen Blick nach hinten werfen, um sich zu vergewissern, dass sich die Marschrichtung nicht geändert hat.

Im Idealfall hat sich jeder den Weg und das Gelände eingeprägt. Dennoch ist es besser einen Orientierungshalt zu machen als sich zu verlaufen. Orientierungshalte binden Führer und erfordern bei Nacht die Nutzung von Licht, weshalb mehr Aufmerksamkeit als bei einem normalen Halt geboten ist. Um einen Standort zu bestätigen, wird ein kurzer Halt durchgeführt. Falls der Führer vermutet, dass sich die Patrol verlaufen hat, wird ein langer Halt durchgeführt. (Siehe Formation für den kurzen/Sicherungs-Halt, S. 47.) (Siehe Den langen Halt sicherstellen, S. 123.)

Alle Führer bewegen sich in die Mitte. Der Patrol Leader legt sich hin und setzt seinen Rucksack ab, um seine Silhouette zu verkleinern. Bei Nacht wird der Patrol Leader mit etwas komplett Lichtundurchlässigem verdeckt, während er mit Licht auf die Karte schaut.[1]

Falls es aus irgendeinem Grund keine Einweisung in den Marschweg gab, oder falls Soldaten diesen vergessen haben, muss so bald wie möglich eine Einweisung stattfinden. Jeder Soldat ist selbst dafür verantwortlich, 1) den Marschweg und die Alternativroute zu kennen, 2) zu wissen, wo er sich gerade befindet und, am wichtigsten, 3) wie er sich verhalten soll, falls er getrennt wurde und allein ist.

5.d Vollzähligkeit (Chokepoints)

Ein Chokepoint ist ein Ort, an dem der Führer alle Soldaten in seinem Element zählt. Chokepoints können zu jedem Zeitpunkt auf einer Patrol genutzt werden, d.h. jedes Mal, wenn ein Element damit beginnt sich zu bewegen, wie zum

---

[1] **Realität:** Auch wenn man einen U.S. Army-dienstlich gelieferten Poncho doppelt schichtet, reicht das nicht aus, um das Licht aus einer modernen hellen Stirnlampe zu verbergen. Um die Helligkeit zu verringern, ziehe in Erwägung die Stirnlampe mit lichtdurchlässigem Klebeband abzudecken.

Bild 13: U.S. Soldaten der Bandit Troop, 1st Squadron, 3rd Cavalry Regiment durchlaufen einen Chokepoint während eines Gefechtsschießens für Reaktionskräfte. Irak, 31 Okt 2018. Zwei Soldaten **zählen leise und bestätigen sich** am Ende gegenseitig.

Beispiel nach dem Ausweichen bei Feindkontakt, den Marsch nach einem Halt fortsetzen usw.

Der Führer, der für die Vollzähligkeit verantwortlich ist, wie zum Beispiel der Bravo-Truppführer läuft an die Spitze der Formation vor. Danach wählt er einen Baum oder einen anderen Soldaten und lässt jeden Mann aus dem Element zwischendurchlaufen. **Der Führer berührt jeden Soldaten, der durchläuft, während er zählt.** Falls der Chokepoint mit einem anderen Soldaten gebildet wird, zählt dieser leise mit, sodass er und der Führer ihre Zählwerte vergleichen können, sobald der letzte Soldat durch ist. (Siehe Bild 13, S. 36.)

Falls ein Element in einer bestimmten Entfaltungsform auf einem Chokepoint aufläuft, wird die Formation erst aufgelöst, wenn man am Chokepoint angekommen ist. Nach dem Chokepoint wird dieselbe Formation wieder eingenommen und jeder Soldat geht auf die gleiche Position zurück. Dies verhindert, dass sich die ganze Formation vor und nach jedem Chokepoint zu einer Reihe deformiert. Halte Ausschau nach Soldaten, die den Chokepoint verpassen und vorbeilaufen.

Sobald die Vollzähligkeit abgeschlossen ist, erhalten alle Führer eine Zahl und ein Resultat der Vollzähligkeit, wie zum Beispiel „15 Mann vollzählig" oder „14 Mann, einer fehlt." Ignoriere es nicht, wenn eine Vollzähligkeit höher als erwartet ausfällt. Die Vollzähligkeit muss exakt genau sein und darf keine Fehler enthalten. Wie man sich verhält, wenn man unvollzählig ist, wird in der Planungsphase festgelegt und ist äußerst situationsabhängig. (Siehe Bild 14, S. 37.)

5.e Die Rückwärtige Sicherung

Die stets und ständige 360° Sicherung ist ein oft auftretendes Thema in diesem Buch. Das trifft auch bei Bewegungen zu Fuß zu. Soldaten, die sich hinten in der Formation befinden, schalten oft ab, weil der meiste Feindkontakt vorn geschieht. Allerdings weiß das ein schlauer Feind und wird versuchen eine

Bild 14: Teilnehmer der 352nd Battlefield Airmen Trainingsgruppe an der Combat Control School marschieren durch dicht bewaldetes Gelände. Camp Mackall, North Carolina, 03 Aug 2016. **Der schließende Soldat blickt nach hinten, um die rückwärtige Sicherung zu gewährleisten.**

Formation von hinten anzugreifen. Ein effektives schließendes Element blickt stets hinter sich. Eine gute Herangehensweise ist es eine Schrittzahl miteinzuarbeiten, wie zum Beispiel sich nach alle zehn Schritt umzudrehen. (Siehe Bild 14, S. 37.)

6. Der Marsch zu Fuß (Formationen)

Soldaten, die sich geschlossen bewegen, müssen dies als eine organisierte Einheit verrichten, um Führbarkeit zu maximieren und Feuerkraft zu verteilen. Jede erdenkliche Art und Weise, auf die man vier Soldaten oder Elemente ausrichten kann, hat einen Namen. (Siehe Bild 15, S. 38.) Auch jede Führungsebene hat ihre eigene Formation. Zum Beispiel, eine „Gruppen-Linie, Trupp-Box" ist eine Linie von Trupps in der Box-Formation. All diese Kombinationen können sehr schnell verwirren, weshalb meist nur die gängigsten Formationen angewendet werden.

Für Gruppen und Züge sind der „Keil" und der „modifizierte Keil" (technisch gesehen eine Zugreihe, Gruppenreihe und Truppkeil) die zwei meistbenutzten Formationen. (Siehe Bild 22, S. 46.) Eine weitere gängige Formation ist „eine Reihe", die nur in bestimmten Situationen in diesem Buch angewendet wird. Der Keil ist in den meisten Situation die standardmäßige Form der Bewegung.

Die Anwendung einer Keil- oder modifizierten Keilformation ist ein Abwägen zwischen Sicherheit und Schnelligkeit. Die Keilformation ist gegen einen Angriff von vorn besser geschützt als der modifizierte Keil, weil er eine breitere Front hat. Die Patrol kann den Keil schnell zu einer nach vorn gerichteten Feuerlinie umgliedern. Die Keilform ermöglicht auch ein schnelles umgliedern gegen Angriffe auf die Flanken.

37

Der Marsch zu Fuß (Formationen)

Tabelle 3-1. Grundformationen

Name/Formation/Zeichen (falls verfügbar)	Merkmale	Vorteile	Nachteile
Linie	- Alle Elemente nebeneinander - Hauptbeobachtungs- und Feuerrichtung nach vorn gerichtet - Alle unterstellten Kräfte müssen ihren eigenen Weg durchs Gelände schlagen - Alle Kräfte müssen mit einem festgelegten Soldaten auf gleicher Höhe bleiebn	Fähigkeiten: - Feuerüberlegenheit nach vorn zu generieren - Eine große Fläche abzudecken - Auflockern - Übergang in den Sprung, ins Überwachen, Niederhalten oder den Sturm	- Führung erschwert bei eingeschränkter Sicht und im durchschnittenen Gelände - Erschwert die Einteilung eines Manöverelements -Schwacher Schutz an Flanken - Hohe Signatur
Reihe	- Ein Element an der Spitze - Hauptbeobachtungs- und Wirkungsrichtungen an den Flanken; minimal nach vorn - Ein Marschweg bedeutet, dass nur Hindernisse auf diesem bestimmten einen Weg einen Einfluss haben	- Einfachste Formation zu führen (solange der Führer Verbindung zum Spitzenelement hat) - Ermöglicht es ein Manöverelement zu generieren - Geschützte Flanken - Schnelligkeit	- Fähigkeit Feuerüberlegenheit zu erringen eingeschränkt - Deckt einen eingeschränkten Raum ab und konzentriert die Kräfte - Übergang in den Sprung, ins Überwachen, Niederhalten oder den Sturm erschwert - Die tiefe der Reihe macht es ein gutes Ziel für Luftangriffe und Maschinengewehre
V-Formation	- Zwei Elemente an der Spitze - Folgende Elemente bewegen sich zwischen den beiden Spitzenelementen - Der „Breitkeil" - Formation benötigt zwei Spuren/Wege	Fähigkeiten: - Feuerüberlegenheit nach vorn zu generieren - Ein Manöverelement zu generieren - Geschützte Flanke - Eine große Fläche abdecken -Auflockern Übergang in den Sprung, ins Überwachen, Niederhalten oder den Sturm	- Führung erschwert bei eingeschränkter Sicht und im durchschnittenen Gelände - Potenziell langsam
Box-Formation	- Zwei Elemente an der Spitze - Schließende Elemente folgen den Spitzenelementen - Rundumsicherung	Siehe Vorteile V-Formation	Siehe Nachteile V-Formation
Keil-Formation	- Ein Element an der Spitze - Folgende Elemente nebeneinander auf einer Höhe an den Flanken - Genutzt bei unklarer Lage	Fähigkeiten: -Einfach zu führen, auch bei eingeschränkter Sicht und schwierigem Gelände - Folgende Elemente zum Niederhalten oder zum Sturm einteilen - Umgliedern zur Linie oder Reihe	- Folgende Elemente müssen ihren eigenen Weg durchs Gelände schlagen - Muss im durchschnittenen Gelände oft zur Reihe umgegliedert werden
Diamant-Formation	-Ähnlich wie die Keil-Formation -Viertes Element folgt dem Spitzenelement	Siehe Vorteil Keil-Formation	Siehe Nachteile Keil-Formation
Staffel (rechts)	-Elemente werden schräg links oder rechts eingesetzt - Beobachtung und Wirkung nach vorn und zur Seite - Alle unterstellten Kräfte auf der Linie müssen ihren eigenen Weg durchs Gelände schlagen	Möglichkeit Wirkungs- und Beobachtungsbereiche nach vorn und zur Seite einzuteilen	- Verbindunghalten erschwert zwischen unterstellten Kräften - Schwacher Schutz auf der gegenüberliegenden Flanke

Bild 15: Dies sind die Grundformationen gemäß der U.S. Army Vorschrift FM 3-21.8 - Der Infanteriezug und die Gruppe, Kapitel 3. Im Wesentlichen wurde jede mögliche Art wie man vier Soldaten in eine Formation gliedern kann hier gezeigt. **Obwohl es für alles oben Genannte eine Anwendung gibt, sind in der Realität manche Formationen viel zweckmäßiger als andere.** Dieses Buch nutzt nicht die V-Formation oder Staffel, weil diese nur in speziellen Situationen Anwendung finden.

Standardmäßige Entfaltungsformen

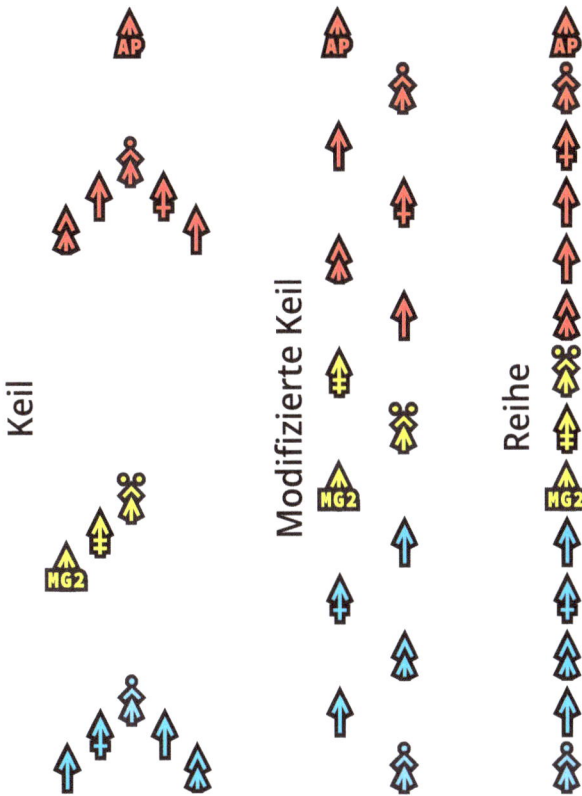

Bild 16: Die drei meistgenutzten Entfaltungsformen. Die breitere und aufgelockertere Keilformation bietet eine gleichmäßigere Sicherung, aber kann auch schwieriger zu führen sein. Der **modifizierte Keil ist schneller, aber weniger geschützt** bei einem Angriff von vorn. Die Reihe ist äußerst ungeschützt und nur bei einer kurzen, vorgeplanten Strecke anzuwenden.

Der modifizierte Keil hingegen muss sich komplett umgliedern, um vorn eine Linie zu bilden. Dabei schneidet er gegen Angriffe in die Flanke nur genauso gut ab wie der Keil. Die Reihen in einem modifizierten Keil sind auch schwach gegen Maschinengewehrfeuer von vorne geschützt, weil dieses komplett durch eine Reihe durchschießen kann. Der Vorteil des modifizierten Keils besteht darin, dass das Marschieren in zwei versetzten Reihen schnell ist, weil ein Soldat nur seinem Vordermann folgen muss, anstatt einen neuen Weg durchs Gelände zu schlagen. Ein kleineres Profil bedeutet auch, dass einfacheres Gelände wie Wege oder Flussbette genutzt werden können.

Da der Feind meistens von vorn angreift, wird die Keilformation in jeder Situation, in der mit Feind zu rechnen ist, bevorzugt. Die Keilformation ist am verwundbarsten bei einem Angriff im 45° Winkel in den Rücken, wo der letzte Keil nur wenige Soldaten in einer Reihe hat. Dennoch überwiegen die Vorteile einer geschützten Front sowie die Einfachheit, jeden Trupp in der gleichen Gliederung zu haben, dieses Risiko.

Die Reihe wird nur genutzt, wenn das Risiko eines Angriffs von vorn durch andere Faktoren übertroffen wird. Zum Beispiel, wenn man schwieriges Gelände, wie ein Moor durchquert, kann eine kleine Entfernung von nur ein paar Metern ein Element aufsplittern. Auch wenn sich Soldaten zu einem Ort bewegen, der von eigenen Kräften besetzt ist, d.h. kein Feind in Bewegungsrichtung, ist die Reihe zweckmäßig.

Um die Kontrolle über ein Element zu behalten, kann sich der Gruppenführer überall innerhalb der Gruppe frei bewegen. Auch der Bravo-Truppführer ist innerhalb des Trupps freibeweglich. Bei dem Alpha-Trupp ist das etwas anders. Da dieser am wahrscheinlichsten in Feindkontakt gerät, muss er sich so positionieren, dass er den Alpha-Trupp lenken kann.

6.a Keilformation

In dieser Entfaltungsform sind die Trupps wie ein Keil geformt und in einer Reihe hintereinander ausgereichtet. Deshalb ist der vollständige Name des „Keils": „Gruppenreihe, Truppkeil." Allerdings wird in diesem Buch nur die Bezeichnung „Keil" verwendet. Um einen **Keil** zu bilden:

1) Platziere jeden Führer in einer geraden Reihe 20 bis 40 Meter auseinander. Das wird die Spitze des jeweiligen Keils sein.
2) Platziere die Soldaten des jeweiligen Führers, sodass sie sich in einem 30 bis 45° Winkel, 5 bis 25 Meter von ihrem Führer entfernt befinden. Diese bilden den Keil.
3) Platziere einen Pointer vor die Formation, um als Frühwarnung für das gesamte Element zu dienen.
4) Falls Feindkontakt wahrscheinlich ist, schiebe das Spitzenelement 50 bis 100 Meter vor, um so das schließende Element vor dem Feind zu verbergen. Ein verdecktes Element kann bei manchen Manövern hilfreich sein, wie zum Beispiel beim Flankieren. Dies wird als „Überwachung während des Marsches" bezeichnet. Die reguläre Ausdehnung wird als „Marsch" bezeichnet.
5) Platziere den MG 2 an die linke und munitions-zuführende Seite des MG-Schützen.
6) Teile Maschinengewehre und Panzerabwehrwaffen gleichmäßig an gegenüberliegenden Enden zwischen den Trupps auf.

Gemäß der Doktrin der U.S. Army beträgt der Abstand zwischen Elementen 20 Meter, wobei sich das erste Element 50 Meter vor dem zweiten Element befindet. **Unterschiedliche Geländemerkmale und Bedingungen erfordern eine Anpassung dieser Abstände.** Wenn tagsüber die Möglichkeit von feindlichem Artilleriefeuer besteht, können Soldaten einen Abstand von 20 m einhalten, um zu verhindern, dass ein einziges Artilleriegeschoß mehrere Soldaten vernichtet. In diesem Fall wird es jedoch schwierig einen verwundeten Soldaten unter Beschuss zu bergen, der 20 Meter weit entfernt liegt. Geringere Abstände begünstigen eine

Gruppen-Keilformation

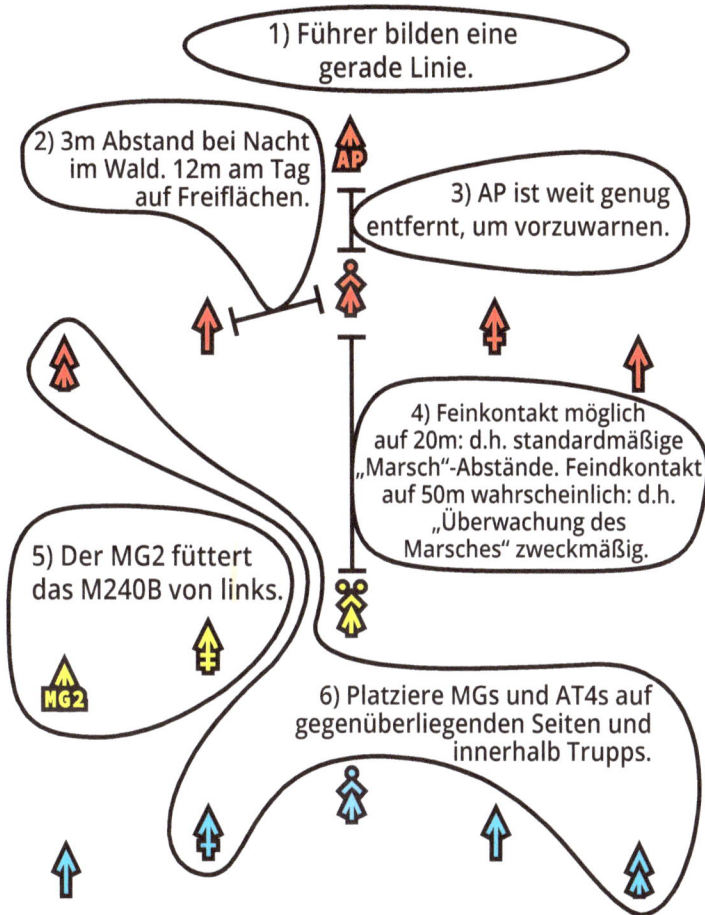

1) Führer bilden eine gerade Linie.

2) 3m Abstand bei Nacht im Wald. 12m am Tag auf Freiflächen.

3) AP ist weit genug entfernt, um vorzuwarnen.

4) Feinkontakt möglich auf 20m: d.h. standardmäßige „Marsch"-Abstände. Feinkontakt auf 50m wahrscheinlich: d.h. „Überwachung des Marsches" zweckmäßig.

5) Der MG2 füttert das M240B von links.

6) Platziere MGs und AT4s auf gegenüberliegenden Seiten und innerhalb Trupps.

Bild 17: Keile erfordern viel Koordinierung und ein ständiges Neuausrichten. **Das wichtigste bei einem Keil ist eine gute Verbindung.**

schnellere Kommunikation und ein schnelleres Manövrieren. Nachts in einem Moor sind die Abstände so gering, dass sich Soldaten fast berühren.

Der Pointer eines Keils befindet sich vor dem Spitzenelement zur Sicherung der Patrol in einer besonderen Position. Der Pointer beobachtet und bewertet seine Umgebung zu jeder Zeit und ist nicht am Orientieren beteiligt. Diese Position existiert, weil das Spitzenelement einer Patrol am wahrscheinlichsten auf Feindkontakt stößt oder diesen vorbeugen kann. Dadurch wird die Wahrscheinlichkeit, dass die Patrol (insbesondere der Pointer) den Feind erkennt, bevor der Feind die Patrol erkennt, maximiert. Denn ein einzelner Mann macht weniger Geräusche als ein ganzes Element.

Bild 18: U.S. Army Ranger des 2nd Battalion, 75th Ranger Regiment nähern sich ihrem Angriffsziel in der **Keilformation**. Task Force Training. Fort Hunter Liggett, Kalifornien, 22 Jan 2014.

Bild 19: Marines aus Guatemala reagieren auf Feind aus einer Keilformation. Guatemala, 09 Mär 2016. **Warum mag dieser Geländeabschnitt eine engere Ausdehnung erfordern als bei den Soldaten links?**

Ähnlich wie der Pointer, befindet sich der erste Mann eines Keils weiter vorn als der Rest des Elements.[1] Ein vorgeschobenes Spitzenelement erlaubt den Feind nur die wenigsten Soldaten aufzuklären. Die übrigen unentdeckten Kräfte können effektiver einen Angriff in die Flanke oder ein Ausweichmanöver durchführen. (Siehe Flankierend Angreifen (Gefechtsdrill 1), S. 85.) 50 Meter mag eine gute Abschätzung sein, aber das Spitzenelement kann noch weiter vorgeschoben werden, solange es zum Führer noch leicht Verbindung halten kann.

Die Abstände in einer Formation sind (grob) gleichmäßig verteilt. Hat das Spitzenelement ein SAW an der rechten Flanke, dann hat das schließende Element eine SAW an der linken Flanke. Hat das Spitzenelement eine AT4 (Panzerabwehrhandwaffe) links, hat das schließende Element eine AT4 rechts. Wenn aber die potenzielle Bedrohung von einer Seite größer ist, ist mehr Feuerkraft auf diese Seite zu richten, d.h. eine konzentrierte Aufteilung bzw. ein Schwerpunkt.

Waffensysteme können auch am Ende eines Keils platziert werden, um schneller auf einen Angriff in die Flanke reagieren zu können. Währenddessen erleichtert die Platzierung in der Mitte eines Keils dem Truppführer das Führen. Zum Beispiel, ein guter SAW-Schütze, dem man zutrauen kann, selbständig eine gute Stellung einzunehmen, ist am besten an der Kante eines Keils zu platzieren.

---

1 Anwendung: Der Pointer und das erste Element sind meistens vorgeschoben, weil vorne die Wahrscheinlichkeit auf Feindberührung am höchsten ist. Falls Feindkontakt von der linken Seite am wahrscheinlichsten ist, (zum Beispiel, wenn sich dort eine Straße befindet) wo würde der Patrol Leader einen Pointer und seine Elemente platzieren?

Bild 20: Guatemaltekische Marines marschieren im modifizierten Keil während einer Ausbildung durch ein U.S. Marine Security Cooperation Team. Guatemala, 09 Mär 2016. Falls du der Feind wärst und dich seitlich der Straße befinden würdest, würde es mehr Chaos verursachen den aufmerksamen Pointer anzugreifen, oder **die Mitte, wo Führer und Soldaten eher nachlässig sind?**

6.b Die modifizierte Keilformation (versetzte Reihe)

Die modifizierte Keilformation wird für eine schnellere Fortbewegung genutzt wann immer der Keil zu breit oder zu schwierig zu führen ist. (Der modifizierte Keil ist im deutschen Verständnis vergleichbar mit der Schützenreihe auf Gruppenebene.) Dieser ist modifiziert, weil die zwei Flügel sich zu zwei Reihen einklappen. (Siehe Bild 16, S. 39.) In den Reihen wird versetzt marschiert, sodass sich zwei Soldaten nie nebeneinander befinden. Dadurch kann jeder Soldat bei einem Angriff in die Flanke wirken.

Ein schmaler, modifizierter Keil kann notwendig sein bei dem:

▸ Durchqueren von dichtem Bewuchs.

▸ Bewegen bei Nacht, (um das Führen zu erleichtern).

▸ Bewegen entlang einer Senke oder einer Höhe (unter Nutzung der „militärischen Höhenrippe"), um verdeckt zu bleiben. (Siehe Bild 10, S. 32.) Falls die Formation zu breit ist, kann ein Soldat über die Kuppe erkannt werden und den Standort der Patrol preisgeben.

Der modifizierte Keil lässt Soldaten versetzt marschieren, um die Auswirkung eines Angriffs in die Flanke zu verringern, sodass nur ein Soldat getroffen wird anstatt zwei. Ein einfacher Weg, um die Staffelung einzuhalten ist es nie zu überholen und den Abstand zum diagonalen Vordermann einzuhalten. Dem direkten Vordermann folgen ist eine schlechte Methode zum Einhalten der Staffelung.

Falls es die Lage erlaubt, wird der modifizierte Keil beim Durchqueren einer Senke gegenüber der einzelnen Reihe bevorzugt. Der modifizierte Keil kann doppelt so viele Soldaten verschieben (zwei kurze Reihen anstatt einer Langen) und ist deshalb doppelt zu schnell. Im natürlichen Gelände wird die Reihe nur in bestimmten Situationen genutzt, wie bei Chokepoints, Senken mit dichtem Bewuchs und Sturmausgangsstellungen.

6.c Marschformationen im Zugrahmen

Wenn sich zunehmend viele Soldaten in einer Formation befinden, wird diese sehr schnell sehr kompliziert. (Siehe Bild 21, S. 45.) Die einfachste Entfaltungsform auf der Zugebene entsteht, indem man alle Gruppen im Keil in einer Reihe platziert. Drei Gruppen im Keil kann man hintereinander platzieren, um einen Zugreihe, Gruppenreihe, Truppkeil zu bilden (im Folgenden: „Zugkeil"). Drei Gruppen im modifizierten Keil können auch hintereinander platziert werden, um einen sehr langen Zug-modifizierten-Keil zu bilden. (Siehe Bild 22, S. 46.)

Überlege wie lange eine Zugformation sein kann. Gemäß manchen Standardratschlägen für die Ausdehnung eines Keils, kann das bei einem Zug mit drei Gruppen bis über 300 Meter betragen. (Siehe Keilformation, S. 40.) Das kann zum Problem werden, weil ein Zug nicht einsehbar sein soll, wenn er an einem Gefahrenbereich hält, die über 200 Meter lang sind. Deshalb bräuchte ein 300 Meter langer Zug 700 Meter (300 Meter plus 200 Meter Pufferzone davor und danach) für einen sicheren kurzen Halt zwischen zwei Straßen, was oft nicht möglich ist.[1] Die Länge beeinflusst auch die Reaktionszeit des Zugführers bei Feindberührung. Deswegen teilt sich das Führungselement auf, um besser aus nächster Nähe führen zu können.

Wenn man aus den Gruppen eine Zugformation bildet, ist die Position und die Aufgabe jeder Gruppe vom Auftrag abhängig und wird in der Planungsphase festgelegt. Zum Beispiel, falls es der Auftrag ist einen Zug-Punkthinterhalt durchzuführen, ist gewöhnlich eine Sicherungsgruppe an der Spitze zu platzieren. (Siehe Platz des Führers, S. 180.) Das Sicherungselement trägt, während der Hinterhalt durchgeführt wird weniger Verantwortung, weshalb es zum Orientieren eingeteilt wird, und auch das Spitzenelement ist.

Bei manchen Aufträgen (wie bei einem Raumhinterhalt) muss der Zug seine Gruppen aufteilen, welche dann zu ihrem Gruppen-spezifischen Räumen marschieren. Dort haben alle Gruppen ähnlich unterschiedliche Hinterhalte,

---

1 **Anwendung:** Wie können SOPs angepasst werden, um einen kurzen Halt auf einem kleineren Raum durchzuführen? Beim Festlegen von Richtlinien für eine bestimmte Patrol, beginne mit dem, was geschehen muss. Eine Keilformation ist komprimiert genug, um zügig zu marschieren, aber im Falle von Steilfeuer auch genug aufgelockert. Das erste Element wird vorgeschoben, um als Frühwarnung zu dienen.

TrpFhr TrpFhr   TrpFhr TrpFhr   TrpFhr TrpFhr
AG LMG LMG AG   AG LMG LMG AG   AG LMG LMG AG
Schtz ←——— GrpFhr ———→ Schtz   Schtz ←——— GrpFhr ———→ Schtz   Schtz ←——— GrpFhr ———→ Schtz
MG   ⊗ZgFhr   MG
PzAbw   FO   ZgFhr   DGrpFhr GrpFhr   ⊞   ZgFw   PzAbw
MG3   FO Fm   MED   MG3
Fm

GRUPPE LINKE FLANKE   GRUPPE MITTE   GRUPPE RECHTE FLANKE

LEGEND

AG	AG-SCHÜTZE	MG3	MUNITIONSTRÄGER
DGrpFhr	DECKUNGSGRUPPE	PzAbw	PANZERABWEHR
Fm	FERNMELDER	Schtz	SCHÜTZE
FO	FORWARD OBSERVER	Spz	SPEZIALIST
GrpFhr	GRUPPENFÜHRER	TrpFhr	TRUPPFÜHRER
LMG	LEICHTES MASCHINENGEWEHR	ZgFhr	ZUGFÜHRER
MG	MASCHINENGEWEHR(TRUPP)	ZgFw	ZUGFELDWEBEL

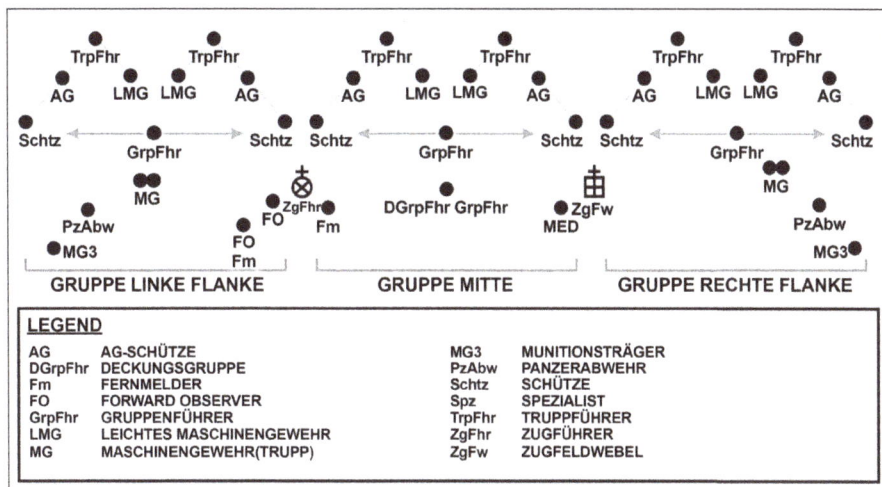

Abbildung 2-12. Zuglinie, Gruppenlinie

Bild 21: Dieser Ausschnitt ist aus der offiziellen U.S. Army ATP 3-21.8, April 2016. Die Formation ist übertrieben verwirrend und kompliziert und ist hier nur mitaufgeführt, um zu zeigen, dass dem Aufbau von Formationen keine Grenzen gesetzt sind.

wobei bei der Einteilung auftragsexterne Faktoren beachtet werden müssen, wie Rotationen und Fähigkeiten.

Wenn sich jede Gruppe zu ihrem Platz innerhalb eines Raums für den Hinterhalt bewegt, dann verlassen diese einfach die Formation und die übrigen Gruppen marschieren weiter bis sie sich auch ausgliedern. Es ist unnötig anzuhalten, um eine Gruppe, die in eine andere Richtung weitermarschiert, auszugliedern.

Wenn die Patrol ein Zug und keine Gruppe ist, schließen sich die M240 MG-Trupps zusammen, um für die Zugebene ein verfügbares Element zu werden, was man als Deckungsgruppe bezeichnet. Die Position der MGs ist dermaßen wichtig, dass die Formation auch einen zweiten Namen bekommt, der sich auf die Positionierung bezieht.

Die Abbildung eines Zugkeils ist eine "**schließende, Spitzen, Spitzen**" Formation, weil der erste MG-Trupp hinter (d.h. der Schließende) der ersten Gruppe ist, der zweite MG-Trupp vor (d.h. die Spitze) der zweiten Gruppen und der dritte MG-Trupp auch vor der dritten Gruppe marschiert.[1]

6.d Feind aufklären (SLLS)

Ein Raum ist so gefährlich wie die Dauer des Aufenthalts dort. Wenn sich eine Patrol bewegt, ist kein Raum besonders gefährlich, weil die Patrol relativ schnell kommt und geht. **Wenn aber die Patrol stehen bleibt, kann dieser Raum sehr gefährlich werden.** Feind, der sich in der Nähe befindet, hat zusätzliche Zeit

---

1   Anwendung: Wann mag eine andere Kombination nützlich sein, zum Beispiel „schließend, schließend, Spitze" oder „schließend, schließend, schließend"?

Der Marsch zu Fuß (Formationen)

Zugkeilformation

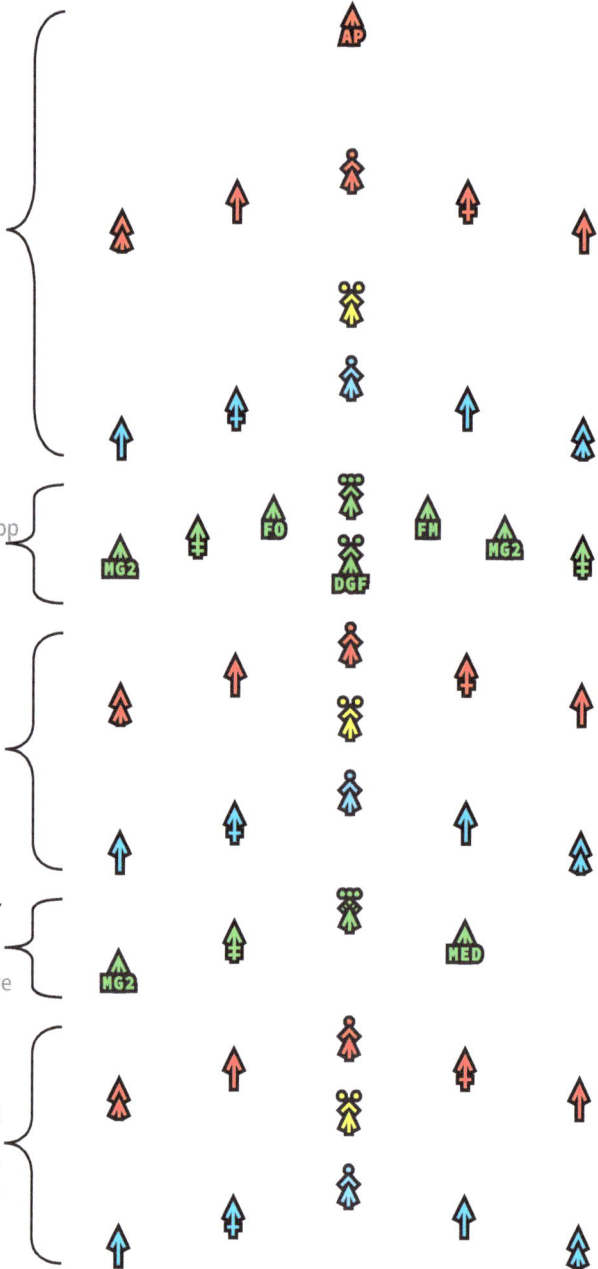

Spitzengruppe/Grp 1
(Der Alpha-Pointer und Trupp sind immer noch weitgenug zum Vorwarnen aufgelockert.)

Führungselement 1/ Deckungsgruppe
(Bei „Schließend, Spitze, Spitze": Es folgt ein MG-Trupp der Gruppe 1 und ein MG-Trupp jeweils vor Gruppe 2 und Gruppe 3.)

Mittlere Gruppe/Grp 2
(Pointer werden zur Frühwarnung eigesetzt. Die mittlere und die schließende Gruppe haben keine Pointer.)

Führungselement 2/ Stellvertretender Zugführer
(Es ist notwendig das Führungselement aufzuteilen, um eine bessere Führung zu ermöglichen.)

Schließende Gruppe/Grp 3
(Bei 10 Meter Abstand zwischen den Männern und 50 Meter zwischen den Spitzenelementen, wird der letzte Mann 350 Meter vom Pointer entfernt sein.)

Bild 22: Zugkeilformation. **Der Zugkeil besteht aus drei Gruppenkeilen hintereinander.** Die MG-Trupps werden ausgegliedert, um Teil einer neuen Gruppe zu werden, die man als Deckungsgruppe bezeichnet. Die Deckungsgruppe wird vom Zug-Führungselement geführt.

anhaltende Soldaten zu erkennen, zu melden und anzugreifen. Deshalb muss bei jedem Halt der Führer die Anweisung zu SLLS geben. **SLLS** („Sills" ausgesprochen) beinhaltet:

Stop – alle Bewegungen mit absoluter Stille einstellen.

Look (sehen) – Ausschau halten nach Feindbewegung und allem, was unnatürlich aussieht.

Listen (horchen) – der Umgebung zuhören. Die Abwesenheit von Geräuschen kann auch etwas bedeuten.

Smell (riechen) – die fünf Fs: Food (Nahrung), Fuel (Treibstoff), Fire (Feuer), Feces (Fäkalien), Freshly turned-up soil (frisch aufgegrabene Erde).

SLLS wird bei einem Halt so lange wie es der Führer für nötig erachtet durchgeführt (in der Regel drei bis fünf Minuten). In gefährlicheren Situationen, wie bei der Annäherung ans Angriffsziel, muss ein längeres SLLS durchgeführt werden. Absolute Stille ist ein Muss und knirschende Rucksäcke müssen still sein, um richtig horchen zu können.

SLLS soll die Patrol davor bewahren zufällig auf Feind aufzulaufen. Auch falls die Patrol verfolgt wird, besteht die Wahrscheinlichkeit, dass der Tracker direkt in das SLLS-Element reinläuft. Wenn abgeschlossen, bestätige deinen Verdacht mit allgemeinen Fragen an die Soldaten. Zum Beispiel: „Habt ihr etwas gerochen?" anstatt „habt ihr Rauch gerochen?" Das verhindert, dass den Soldaten Ideen in den Kopf gesetzt werden.

Falls etwas Verdächtiges auffällt, muss dies untersucht werden. Und falls eine Bedrohung aufgeklärt wird, muss die Patrol entweder diese umgehen oder angreifen. Die Patrol kann die Bedrohung nicht ignorieren.

SLLS kann leiser durchgeführt, indem man die Patrol sich hinlegen lässt mit dem Rucksack auf einer Schulter. Ein Zug benötigt nicht viel mehr Zeit, um sich hinzulegen und die zusätzliche Geräuschreduzierung ist kostbar. Auf einem Knie hin und her zu wackeln, führt dazu, dass Rucksäcke knirschen, was die Wirksamkeit von SLLS reduziert (besonders bei jungen Soldaten, fremden Soldaten und sehr schweren Rucksäcken). (Siehe Bild 23, S. 48.)

6.e Formation für den kurzen/ Sicherungs-Halt[1]

Ein kurzer Halt ist eine temporäre Marschunterbrechung von weniger als fünf Minuten.[2] Dieser wird gewöhnlich für den Blick in die Karte genutzt. Allerdings kann dieser auch genutzt werden, um eine neue Gefahr anzuzeigen, wie das

---

[1] Zitat: Infanterie muss sich vorwärtsbewegen, um an den Feind ranzukommen. Sie muss schießen, um sich zu bewegen. Unter Beschuss stehen zu bleiben ist Dummheit. Unter Beschuss stehen zu bleiben und nicht zurückzuschießen ist Selbstmord. – U.S. General George S. Patton

[2] Realität: Führer unterschätzen oft die Dauer eines Halts. Falls eine Patrol drei 15-minutenlange Halte durchführt, sind das 45 Minuten insgesamt, die Soldaten mit schweren Rucksäcken auf ihren Rucken verbringen. Das könnte auch ein langer Halt sein, bei dem Soldaten im Liegen besser sichern können.

Bild 23: Marines der A Company, 1st Recon Battalion (Aufklärungsbataillon), 1st Marine Division führen ein SLLS durch während einer Spähausbildung. Bellows, Hawaii, 19 Nov 2015. Diese Marines sitzen. Im Vergleich zum Knien, wird in dieser Position die Sichtstrecke eingeschränkt und es ist schwieriger sich zu bewegen, falls eine Bedrohung auftritt. **Wie vergleicht sich das Liegen zum Sitzen? Beeinflusst die Größe des Rucksacks, ob man liegt oder sitzt?**

Entdecken einer unbekannten Straße im Vorfeld. **Deshalb kann jeder einen kurzen Halt einberufen.**

Wenn der Gruppenführer oder höher einen kurzen Halt angibt, bewegen sich die Alpha- und Bravo-Truppführer zu ihm. Wenn ein Truppführer oder niedriger einen kurzen Halt anzeigt, kann dieser an seinem Kragen ziehen, um den Gruppenführer zu signalisieren, dass dieser zu ihm kommen soll, oder der Truppführer geht direkt zum Gruppenführer.

Wenn ein kurzer Halt befohlen wird, komprimiert sich die Formation. (D.h. ein Trupp hört nicht auf sich zu bewegen, bis er unmittelbar in der Nähe des vorderen Trupps ist.) Sobald der kurze Halt zu Ende ist, lockert sich die Formation wieder auf, d.h. ein Trupp fängt nicht an sich zu bewegen bis der Trupp davor genug Abstand gewonnen hat. Die Metrik für „nah" und „fern" wird durch überschneidende Wirkungs- und Beobachtungsbereiche definiert. Zum Beispiel, während der Alpha-Trupp dort bleibt, wo er stehen geblieben ist, hält der Bravo-Trupp nicht bevor er mit dem Alpha-Trupp überschneidende Wirkungs- und Beobachtungsbereiche sicherstellen kann.

Der kurze Halt nimmt grob die Form eines Kreises an. Um einen Kreis zu bilden, muss sich der Keil oder der modifizierte Keil nur minimal verformen. Bei einem Keil muss sich das letzte Element eindrehen, um einen umgekehrten Keil zu bilden. Bei einem modifizierten Keil sichern alle Soldaten in der Mitte die Seiten und die Soldaten hinten sichern den rückwärtigen Raum. (Siehe Bild 24, S. 49.) (Siehe Bild 25, S. 50.)

Solange die Formation zum kurzen Halt eingenommen ist, befindet sich jeder Soldat kniend hinter einer Deckung und Sichtschutz, bereit zu wirken und sichert.

48

Formation für den Kurzen Halt

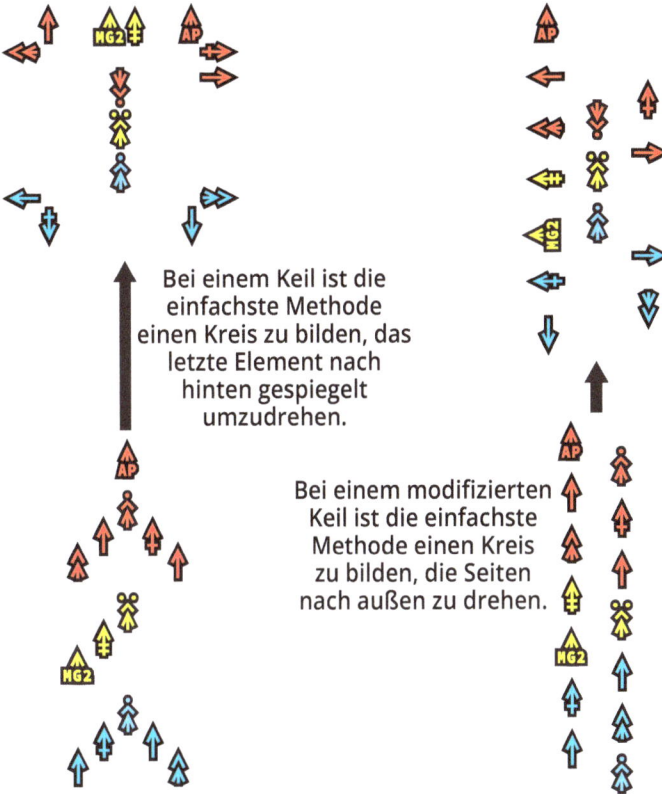

Bei einem Keil ist die einfachste Methode einen Kreis zu bilden, das letzte Element nach hinten gespiegelt umzudrehen.

Bei einem modifizierten Keil ist die einfachste Methode einen Kreis zu bilden, die Seiten nach außen zu drehen.

Bild 24: Die Abbildung zeigt, wie sich jede Marschformation für den kurzen Halt zu einem Kreis umwandelt. **Im Kreis kann die Sicherung besser gestellt werden und die Mitte bietet einen Ort, wo sich Führer sammeln können.** Soldaten können sich jedoch in einem großen Kreis nicht sehr gut bewegen. Deshalb opfern Marschformationen, wie der Keil oder modifizierte Keil, etwas ihrer Sicherung zugunsten der Beweglichkeit.

49

Bild 25: U.S. Fallschirmjäger vom 2nd Battalion, 503rd Infantry Regiment, 173rd Airborne Brigade **führen einen Halt während eines Gefechtsschießens** auf der Übung Rock Knight durch. Pocek Range, Postonja, Slowenien, 19 Jul 2017. Es ist anzunehmen, dass der Halt übungsbedingt auf der Freifläche stattfindet, anstatt gedeckt jenseits der Waldkante.

(Kein Soldat kniet sich einfach hin, wo er stehen geblieben ist, ohne nach Deckung oder Sichtschutz im unmittelbaren Umfeld zu schauen.)

Bei jedem Halt entscheidet der Patrol Leader unmittelbar, wo der/ die M240 MG-Trupp(s) in Stellung gehen, anhand der wahrscheinlichsten Anmarschrichtungen des Feindes, der vermuteten Absicht des Feindes und der METT-TC Analyse (Mission[Auftrag], Enemy[Feind], Terrain/Weather[Gelände/ Wetter], Troops Available[verfügbare Kräfte], Time[Zeit], Civilians[Zivilisten] (d.h. alles was dir einfällt)). Die gewöhnliche Antwort ist auf 12 Uhr, denn da wo die Patrol hin möchte, befindet sich der größte Unsicherheitsfaktor.

Bei einem Halt ist der Spitzentrupp oder die Spitzengruppe für die 180° Sicherung in Marschrichtung verantwortlich und das schließende Element übernimmt die 180° Sicherung nach hinten. Da ein Keil grob seine Form behält, ist es möglich, dass Soldaten in der Mitte keinen Wirkungsbereich haben. **Die Priorität des Truppführers besteht darin, Wirkungs- und Beobachtungsbereiche zuzuweisen und sicherzustellen, dass seine Soldaten abmarschbereit sind.**

Falls der Marsch perfekt verläuft, sind kurze Halte nicht notwendig, weil der kurze Halt eine Korrekturmaßnahme ist. Allerdings kann der Führer bei eingeschränkter Sicht regelmäßige kurze Halte in Erwägung ziehen, um SLLS durchzuführen.

Bild 26: U.S. Fallschirmjäger vom Kompanietrupp, 2nd Battalion, 503rd Infantry Regiment, 173rd Airborne Brigade bei einem kurzen Halt. Truppenübungsplatz Grafenwöhr, 28 Jan 2017. Das M240 ist in Stellung Richtung des wahrscheinlichsten Anmarschweges des Feindes gegangen. Nur der MG-Trupp hat die Rucksäcke abgenommen, weil **Waffen mit Gurtzuführung nicht effektiv im Knien wirken können.**

6.f Erster Standort nach Verlassen des Fahrzeugs (Erster Sammelpunkt)

Der erste Sammelpunkt, wie der Name schon sagt, ist der erste Notfallpunkt, den ein Zug nach dem Drop-Off bzw. Verlassen des Fahrzeugs anläuft. Dieser ist vorgeplant und wird für die ersten Bewegungen als Orientierungspunkt genutzt, oder als Notfallsammelpunkt, falls die Patrol während der Infil (Infiltration bzw. das Einfließen ins Feindgebiet) mit Feind in Berührung kommt. Der Weg vom Fahrzeug Drop-Off Point zum ersten Sammelpunkt ist normalerweise im rechten Winkel zur Straße, um die Patrol so schnell wie möglich von der Straße wegzubekommen.

Der erste Sammelpunkt wird in der Planungsphase festgelegt und ist außer Horchweite, Sichtweite und Reichweite von Handwaffen (so nah oder so weit entfernt wie das auch sein mag). Plane immer einen alternativen ersten Sammelpunkt, der grob in die entgegengesetzte Richtung des ursprünglichen ersten Sammelpunkts ist, sowie eine Helicopter Landing Zone (HLZ) und einen Verwundeten-Übergabepunkt für mögliche Verwundete während der Infil.

Am ersten Sammelpunkt konsolidiert sich die Patrol und führt ein SLLS durch, um zu prüfen, dass sie nicht aufgeklärt wurde. Das Führungselement blickt in die Karte, um zu prüfen, dass der geplante Drop-Off Point erreicht wurde. Der Fernmelder meldet mit einer Spare-Meldung, dass die „Infil abgeschlossen" ist. (Siehe Spare-Report, S. 242.) Vom ersten Sammelpunkt bewegt sich die Patrol zu einer guten Stelle für den langen Halt, um den Hinterhalt vorzubereiten. (Siehe Den langen Halt sicherstellen, S. 123.)

7. Überwinden einer linearer Gefahrenbereich[1]

Ein linearer Gefahrenbereich ist ein Abschnitt im Gelände, der in den Flanken schwach gegen feindliche Aufklärungs- und Wirkungsmöglichkeiten geschützt ist. Ein linearer Gefahrenbereich kann möglicherweise keine Deckung bieten, oder sehr viel Deckung bieten. Beispiele eines linearen Gefahrenbereichs sind Straßen, Wege, Flüsse und Senken. Flüsse und Senken sind lineare Gefahrenbereiche, weil diese die Patrol so sehr verlangsamen, dass die Patrol während der Durchquerung nicht effektiv Reagieren kann. (Siehe Bild 28, S. 53.)

Eine Patrol stößt selten auf einen linearen Gefahrenbereich im perfekten rechten Winkel. Deshalb muss sich jeder Führer den Verlauf des Gefahrenbereichs, den er überwinden will, bewusst sein, um seine Formation richtig zu lenken.

7.a Eine Stelle zum Überwinden auswählen

Die Stelle, an der ein linearer Gefahrenbereich überwunden werden soll, wird im Voraus in der Karte festgelegt. Allerdings kann die Patrol auf lineare Gefahrenbereiche treffen, die nicht gangbar oder nicht in der Karte eingezeichnet sind. In diesen Fällen muss der Alpha-Pointer dem Patrol Leader signalisieren, dass eine andere Stelle zum Überwinden gewählt werden muss. Der Entschluss des Patrol Leaders wird dann der Formation entlang weitergegeben und bestätigt.

Wenn du nach einer Stelle zum Überwinden suchst, wähle eine Stelle, die gute Einsehbereiche zum Sichern bietet und die Wahrscheinlichkeit aufgeklärt zu werden minimiert.[2] Die nächstgelegene Stelle ist nicht immer die beste Stelle. Ein paar Beispiele von **guten Geländemerkmalen**, die die Aufklärung durch Feindkräfte erschweren sind:

---

1 Anwendung: Dieser Abschnitt legt den Fokus auf wie man einen geraden Weg überwindet. Lineare Gefahrenbereiche können jedoch sehr komplex sein. Wie würdest du zwei aufeinander folgende lineare Gefahrenbereiche überwinden? Was ist mit einem Schützengraben?

2 Zitat: Entweder werde ich einen Weg finden oder einen bauen. – Hannibal Barkas, Oberbefehlshaber des karthagischen Heeres, als ihm seine Generale sagten, dass es unmöglich sei die Alpen mit Elefanten zu überschreiten.

Bild 27: Marines der Kilo Company, 3rd Battalion, 4th MarineRegiment. Big Bear Lake, Kalifornien, 8 Sep 2016. Das ist per se kein Gefahrenbereich. Dennoch **ist der Mangel an Sichtschutz und Deckung Grund für eine erhöhte Aufmerksamkeit**.

Bild 28: Dies ist kein linearer Gefahrenbereich. Die Sicht auf eigene Elemente ist auf dem Weg und abseits des Weges gleich. Der schlammige Weg voller Laub zeigt auch, dass dies keiner rasant schneller Anmarschweg für den Feind ist.

- ▸ Zwischen zwei Wegbiegungen (d.h. eine Unebenheit),
- ▸ Tiefliegende Stellen,
- ▸ Stellen mit Sichtschutz und
- ▸ Deckung in der Nähe des linearen Gefahrenbereichs

Schlechte Geländemerkale zum Überwinden sind:

- ▸ Straßen-/Wegekreuzungen,
- ▸ Höhen,
- ▸ Oder Stellen, die keine Deckung und keinen Sichtschutz bieten.

Der Patrol Leader muss auch bedenken, dass der Raum jenseits des linearen Gefahrenbereichs adäquaten Schutz bietet und gangbar ist, sodass die Patrol den Marsch unmittelbar fortsetzen kann.

7.b Die Vorgehensweise wählen

Ist der lineare Gefahrenbereich vorgeplant, ist auch die Art des Überwindens vorgeplant. Der Alpha-Pointer oder der Alpha-Truppführer kann unmittelbar handeln und das Zeichen für das was auch immer vorgeplant wurde geben, egal ob es in der Deliberate-Formation (nachfolgend erklärt) ist, der Bump-Formation oder im geschlossenen Sprung im Trupp-Rahmen. Allerdings kann der Alpha-Pointer einer Patrol oft auf einen ungeplanten linearen Gefahrenbereich stoßen, wo er weitere Anweisungen zum Überwinden benötigen wird.

Bei einem ungeplanten Auftreffen auf einen linearen Gefahrenbereich, wird dies vom Alpha-Pointer an seinem Truppführer gemeldet, der einen kurzen Halt einleitet. Bei einer Patrol in Gruppenstärke, benachrichtigt der Alpha-Truppführer den Gruppenführer, der die Lage beurteilt und ein Zeichen zum geschlossenen Sprung, der Bump- oder der Deliberate-Formation gibt (was alles ein eigenes Hand- und Armzeichen hat). Bei einem Zug benachrichtigt der Gruppenführer den Zugführer und wartet anschließend auf seine Entscheidung.

Sobald der Patrol Leader auf den linearen Gefahrenbereich aufmerksam gemacht wurde, bewegt er sich zum Alpha-Pointer, um den Bereich einzusehen und seinen Entschluss weiterzugeben. Da ein kurzer Halt nahe eines ungeplanten linearen Gefahrenbereichs umständlich ist und gefährlich werden kann, darf dies nicht zu viel Zeit beanspruchen. Deshalb delegiert der Führer diese Entscheidung oft an einen unterstellten Führer, zum Beispiel den Führer der 1. Gruppe eines Zuges. Wenn der unterstellte Führer diese Entscheidungsfreigabe erhält, kann er keinen Vorgesetzten um Rat bitten, sondern muss seinem Gewissen vertrauen und selbstständig handeln.

7.c Im geschlossenen Sprung

Die Formation für den geschlossenen Sprung ist nur eine leichte Anpassung an die Keil-Formation und soll das Überwinden eines linearen Gefahrenbereichs etwas sicherer machen. Sobald sich jeder Trupp den Gefahrenbereich angenähert hat, wird der Keil in eine Linie umgegliedert. Nachdem die Linie den Gefahrenbereich übersprungen hat, kehrt jeder Trupp zum ursprünglichen Keil zurück. (Siehe Bild 29, S. 55.)

Die Logik dahinter ist, dass alle Soldaten gleichzeitig die Straße überspringen. Das verringert nicht nur die Zeit, die die Soldaten auf der Straße verbringen. Es verhindert auch, dass Feindkräfte (die womöglich den Sprung gesehen haben) die Anzahl der Soldaten zählen können. Während sich der Trupp als Linie auf der Straße befindet, zeigen die Waffen der außenstehenden Soldaten der Straße entlang. Die mittigen Soldaten jeden Elements richten ihre Waffen in Richtung jenseits der Straße.

Falls der Führer sich dazu entscheidet geschlossen zu springen, übermittelt er das Hand- und Armzeichen an jeden. Der Alpha-Pointer bleibt an der Spitze der Formation stehen und wartet bis das erste Element auf seiner Höhe eine Linie gebildet hat. Während sich jedes Element den linearen Gefahrenbereich nähert, verlangsamt der Führer des Keils sein Tempo bis sein Element auf seiner Höhe eine Linie bildet.

Nach dem Überwinden müssen der Alpha-Pointer und die Truppführer sich zügig nach vorn bewegen, um den Keil wiederherzustellen, während die Enden der Linie gleichermaßen ihr Tempo verlangsamen. Außerdem müssen sich alle Elemente relativ gleichschnell zueinander bewegen. Bewegt man sich zu schnell, kann man die Verbindung zum folgenden Element verlieren.

7.d Bump-Verfahren

Die Bump-Formation ist eine beschleunigte Methode, um einen Gefahrenbereich zu überwinden, wenn man sich im modifizierten Keil bewegt. Der Grundgedanke hinter jeder Bump-Formation ist, dass Soldaten aus jeder Reihe sich den linearen Gefahrenbereich annähern und in beide Richtungen sichern. Die versetzte Reihe bewegt sich weiter und der nächste Soldat nähert sich dem sichernden Soldaten an und drückt ihn oder stuppst ihn an (engl.: „bump"). Der Soldat, der gesichert hat, überwindet nun den linearen Gefahrenbereich. (Siehe Bild 30, S. 56.)

Einen linearen Gefahrenbereich im Bump zu überwinden ist sicherer als im geschlossenen Sprung, weil immer eine stationäre Sicherung ausgelegt ist.

54

Im geschlossenen Sprung

Schritt 1 Keilformation	Schritt 2 Keil wird aufgelöst	Schritt 3 Linie	Schritt 4 Keil wird wiedergebildet	Schritt 5 Keilformation

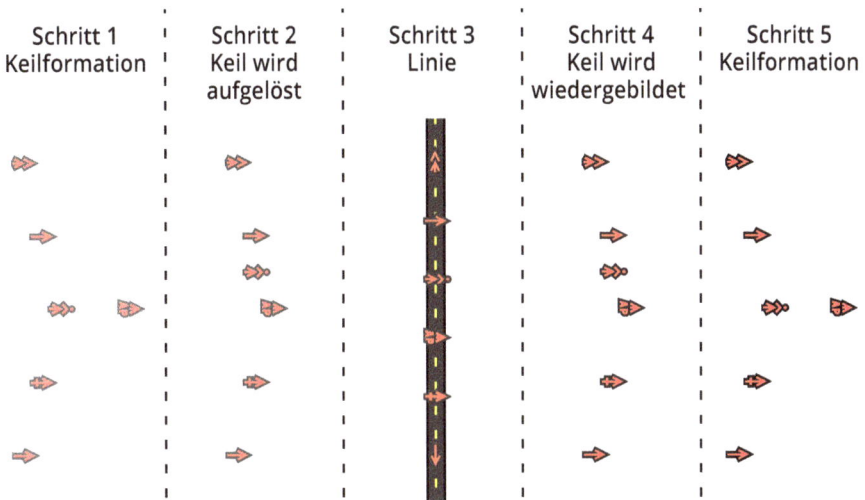

Bild 29: Im geschlossenen Sprung überwindet ein Element im Keil einen linearen Gefahrenbereich als Linie ohne anzuhalten. **Beachte, dass die zwei außenstehenden Soldaten beim Springen entlang der Straße sichern.** In einer Formation mit mehreren Keilen springt jeder Keil einzeln.

Allerdings ist es nicht so sicher wie die Deliberate-Formation, weil beim Bump der hauptsächliche Zweck der Sicherung es ist Feuerkraft zu bieten. (Siehe Systematisches-Verfahren, S. 56.) Anders als bei Deliberate, kann diese nicht frühzeitig Aufklären, wegen der Nähe zu eigenen Kräften.

Der Bump oder das Rausdrücken kann auch in der Keilformation durchgeführt werden. Der äußerst linke und der äußerst rechte Mann des Keils sprinten nach vorn, bevor sich der Keil unmittelbar am Straßenrand befindet. Zur selben Zeit wird die Patrol langsamer und jeder Keil gliedert sich zur Linie um, um den linearen Gefahrenbereich zwischen den beiden sichernden Soldaten zu überwinden (genau wie im geschlossenen Sprung). Auf beiden Seiten verbleibt der sichernde Soldat in seiner Position bis er, wie beim Bump, ersetzt wird und den nächsten Soldaten rausdrückt oder den Marsch fortsetzt.

Eine weitere Methode, um den Bump im Keil durchzuführen besteht daraus, die Formation nur für den linearen Gefahrenbereich zum modifizierten Keil umzugliedern. Jeder Flügel des Keils klappt ein, d.h., wird modifiziert, um zwei Reihen zu bilden bzw. den modifizierten Keil bilden.

Bump-Verfahren

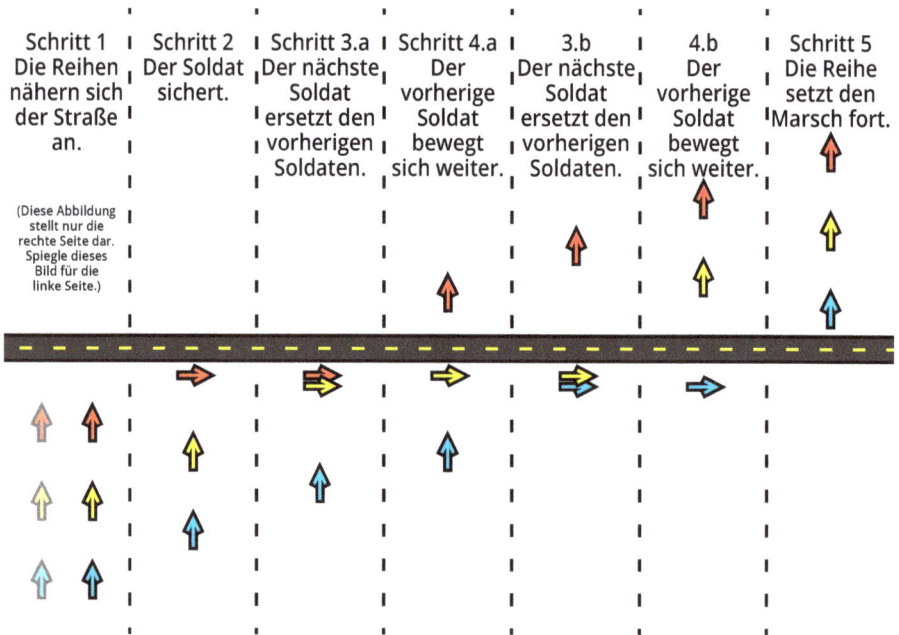

Schritt 1 Die Reihen nähern sich der Straße an.	Schritt 2 Der Soldat sichert.	Schritt 3.a Der nächste Soldat ersetzt den vorherigen Soldaten.	Schritt 4.a Der vorherige Soldat bewegt sich weiter.	3.b Der nächste Soldat ersetzt den vorherigen Soldaten.	4.b Der vorherige Soldat bewegt sich weiter.	Schritt 5 Die Reihe setzt den Marsch fort.

(Diese Abbildung stellt nur die rechte Seite dar. Spiegle dieses Bild für die linke Seite.)

Bild 30: Hier führt eine Seite eines modifizierten Keils einen Bump durch, um einen linearen Gefahrenbereich zu überwinden. **Es sichert immer ein Soldat der Straße entlang, während ein anderer Soldat die Straße überspringt**. Obwohl Schritt 2 bis einschließlich 5 nur die rechte Seite der versetzten Reihe darstellen, spiegeln sich die Schritte der linken Seite genau in die andere Richtung. Schritt 3 und 4 wiederholen sich, bis jeder Soldat, der gesichert hat, die Straße übersprungen hat. **Bei nur einer Reihe**, dreht sich der erste Soldat um und sichert in die entgegengesetzte Richtung, nachdem er die Straße übersprungen hat, sodass die Sicherung in beide Richtungen steht. Auf der anderen Seite bleibt der Soldat in der Sicherung stehen. Danach drückt jeder nachfolgende Soldat seinen Vordermann diesseits und jenseits der Straße raus.

7.e Systematisches-Verfahren

Die sicherste und einfachste Methode zum Überwinden eines linearen Gefahrenbereichs ist das „Deliberate-" (dt: bedachte) Verfahren.[1] Anders als der geschlossene Sprung, der eine bewegliche Sicherung nutzt und der Bump, der eine stationäre Sicherung einsetzt, hat das Deliberate-Verfahren eine vorgeschobene stationäre Sicherung.

Der Zweck der vorgeschobenen Sicherung ist es Feind frühzeitig aufzuklären, sodass die Patrol genügend Zeit hat sich zu verstecken und in

---

1. **Realität:** Das Deliberate-Verfahren kann auch eine erhöhte Gefahr darstellen, indem sich die Patrol länger vor einem Gefahrenbereich aufhält. Außerdem sind Gruppen klein genug, um schnell und leise über eine Straße zu springen. Deshalb nutzen Gruppen das Deliberate-Verfahren meistens nur bei größeren Teerstraßen, wohingegen größere Elemente das Deliberate-Verfahren öfter nutzen. Wie klein muss eine Patrol sein, bevor es unzweckmäßig ist das Element aufzuteilen, um jenseits der Straße eine Vorerkundung durchzuführen?

Deckung zu gehen. Falls das Vorschieben der Sicherung an eine naheliegende Höhe zehn Sekunden an Frühwarnung gewinnt, aber das in Deckung Gehen auch 10 Sekunden beansprucht, dann ist das Vorschieben der Sicherung unzweckmäßig.

Ebenso können Trupps in der Sicherung nicht vorwarnen, wenn sie keine Verbindung zum Hauptelement haben. Deshalb ist die Sicherung nie ohne PACE-Plan für die Verbindung auszugliedern. Ein PACE (Primary[Primär], Alternate[Alternativ], Contingency[Eventualität], Emergency[Notfall]) ist ein Notfallplan für den Fall, dass ein Verbindungsmittel ausfällt. Dadurch wird verhindert, dass der gesamte Auftrag, zum Beispiel von nur einem Funkgerät abhängt. (Siehe Verbindung halten, S. 242.)

Vor und nach dem Ausgliedern, führt das Sicherungselement eine Funküberprüfung durch, um sicherzugehen, dass eine Frühwarnung auch übermittelt werden kann. Falls keine Funkverbindung besteht, müssen diese sich verschieben oder zurückkehren.

Um die Verbindung zu verbessern, kann ein Trupp als Relais zwischen dem Hauptelement und der vorgeschobenen Sicherung eingesetzt werden und Sichtzeichen übermitteln. Ein Relais-Trupp besteht aus zwei Soldaten, die in gegenüberliegende Richtungen auf verschiedene Elemente blicken. Wenn eine Nachricht von einem Element übermittelt wird, gibt der Soldat, der sie sieht, diese an seinen Kameraden weiter. Dieser leitet die Nachricht an das andere Element weiter. Eine binäre Nachricht, wie „Gefahr" und „derzeit keine Feindaufklärung" ist leicht zu übermitteln.

Die Sicherung wird durch den zweiten Trupp einer Gruppe in der Marschreihenfolge gestellt, oder der zweiten Gruppe eines Zugs. Der zweite Trupp oder die zweite Gruppe stellen die Sicherung anstatt dem schließenden Element aus zwei Gründen: 1) Sie müssen sich weniger weit bewegen, um in die Sicherung zu gehen. 2) Die Sicherung wird nach dem Sammeln zum schließenden Element, um nach dem Marschieren eine etwas längere Pause zu erhalten. Falls es der Patrol Leader für notwendig erachtet, kann er jedem Sicherungstrupp ein MG-Trupp unterstellen.

Falls der Patrol Leader sich dazu entscheidet den linearen Gefahrenbereich im Deliberate-Verfahren zu überwinden, **wird die Patrol erst ein SLLS durchführen, um festzustellen wie befahren die Straße ist.** Danach legt der erste Truppführer oder Gruppenführer einen Sammelpunkt diesseits und jenseits der Straße fest. Jeder wird in die Ausrichtung des linearen Gefahrenbereichs eingewiesen, weil eine Kurve oder eine schräge Straße zu überspringen sehr irreführend sein kann.

Die Sicherungstrupps gehen auf ihren Führer zu, der ihnen dann links und rechts Stellungen zuweist. Sobald sie in Stellung gegangen sind, hat jede Seite mindestens einen Soldaten, der entlang des linearen Gefahrenbereichs sichert und bereit ist zu wirken. Der andere Soldat blickt in Richtung seines Führers, um Verbindung zu halten. Die übrigen Soldaten sichern den rückwärtigen Raum der Formation. Der Erhalt der 360° Sicherung ist entscheidend. (Siehe Bild 31, S. 58.)

Nachdem die Sicherung „feindfrei" gemeldet hat, zählt der Bravo-Truppführer oder der stellvertretende Zugführer, die Soldaten des Elements (der Alpha-Trupp,

Linearer Gefahrenbereich Deliberate-Verfahren Teil 1, Vorbereitung

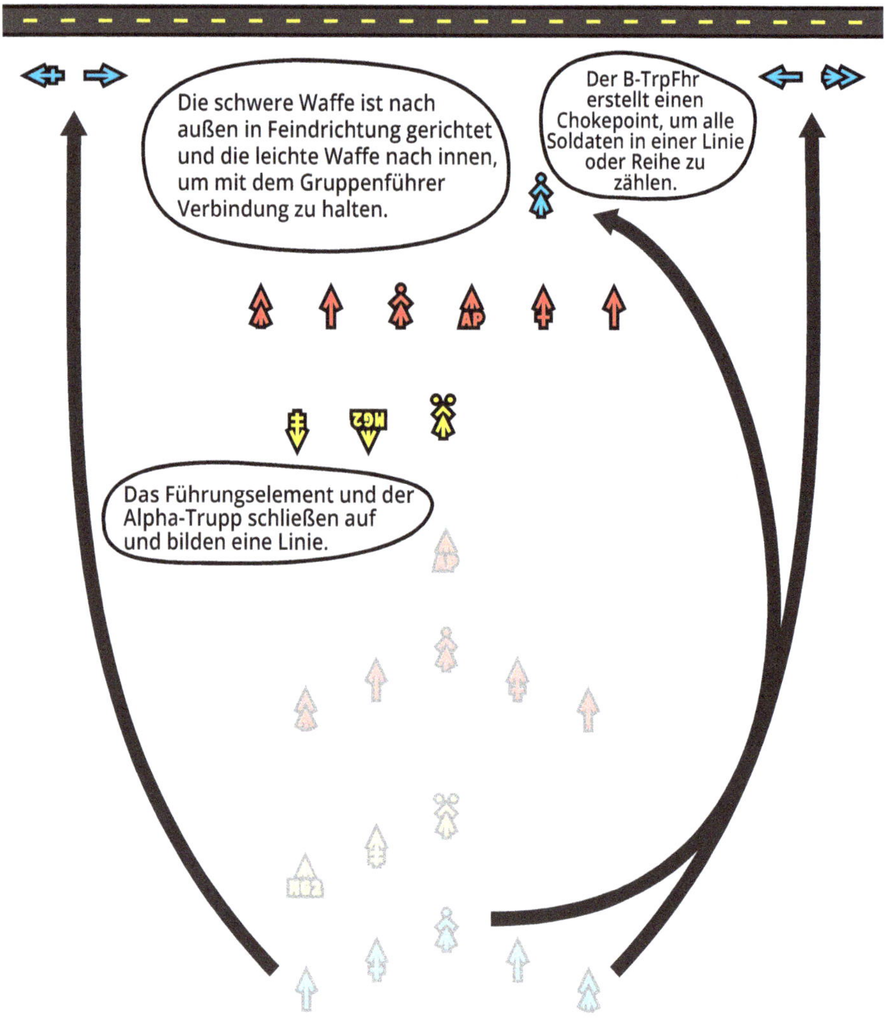

Die schwere Waffe ist nach außen in Feindrichtung gerichtet und die leichte Waffe nach innen, um mit dem Gruppenführer Verbindung zu halten.

Der B-TrpFhr erstellt einen Chokepoint, um alle Soldaten in einer Linie oder Reihe zu zählen.

Das Führungselement und der Alpha-Trupp schließen auf und bilden eine Linie.

Bild 31: Wenn sich die Patrol zum Überwinden des linearen Gefahrenbereichs vorbereitet, bewegen sich alle Elemente gleichzeitig. Die oberste Priorität ist Sicherheit. Der Bravo-Trupp sichert die Straße. Der Alpha-Trupp bereitet sich darauf vor, die gegenüberliegende Seite zu erkunden und das Führungselement wartet bis der Alpha-Trupp die Erkundungsergebnisse meldet. **Bei Nacht muss der Chokepoint in einer Reihe durchlaufen werden.** Entweder kann die Straße in einer Reihe überwunden werden, oder es kann eine Linie kurz vor dem Sprung über die Straße gebildet werden. Falls der Chokepoint-Verantwortliche am Tag jeden einzelnen Soldaten klar erkennen kann, kann es als SOP festgelegt werden, dass man in einer Linie verbleibt und dass jeder Soldat auf Sicht gezählt wird.

Linearer Gefahrenbereich Deliberate-Verfahren Teil 2, Erkundung

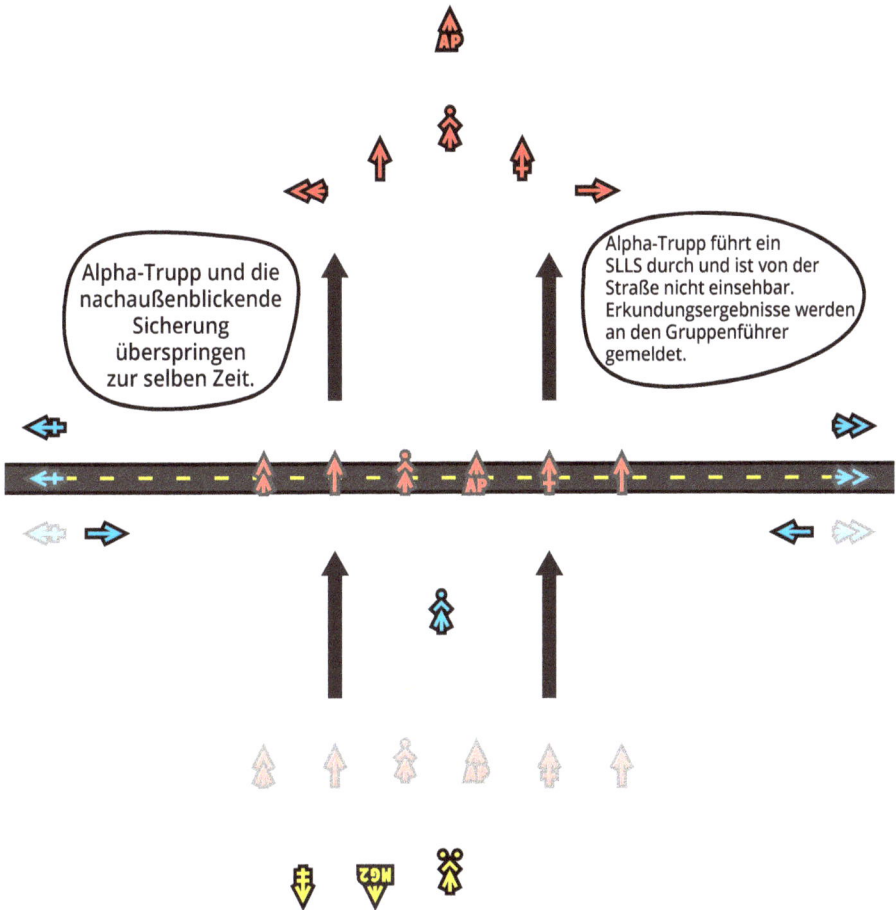

Alpha-Trupp und die nachaußenblickende Sicherung überspringen zur selben Zeit.

Alpha-Trupp führt ein SLLS durch und ist von der Straße nicht einsehbar. Erkundungsergebnisse werden an den Gruppenführer gemeldet.

Bild 32: Bevor das gesamte Element auf die gegenüberliegende Seite springt, **führt erst ein kleineres Element eine Erkundung durch**. Was sich auf der gegenüberliegenden Seite des linearen Gefahrenbereichs befindet, ist ungewiss. Deshalb verbleibt die Masse der Kräfte auf der Stelle, um ein Ausweichen des erkundenden Elements zu überwachen. Wenn das Erkundungselement springt, springt auch das nach außen blickende Sicherungselement, um die Anzahl der Sprünge möglichst gering zu halten.

Linearer Gefahrenbereich Deliber-
ate-Verfahren Teil 3, Der Sprung

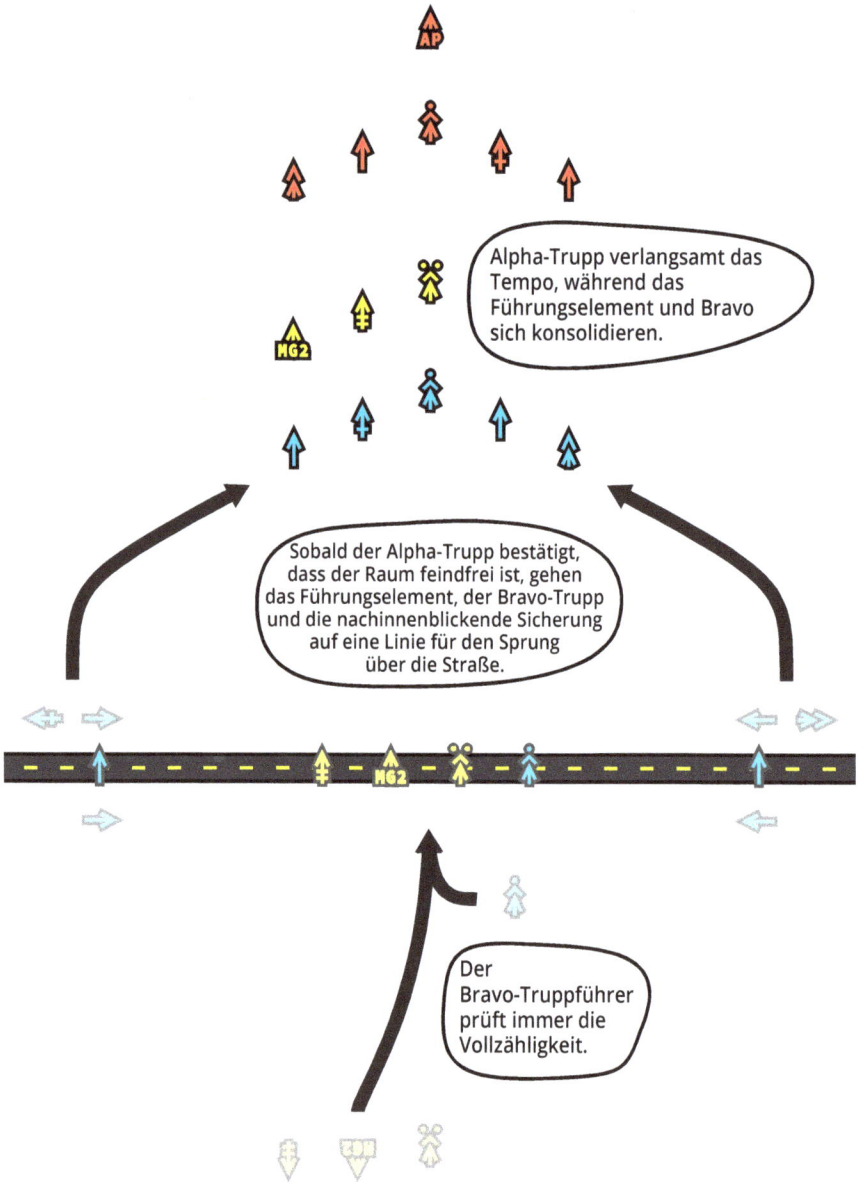

Alpha-Trupp verlangsamt das Tempo, während das Führungselement und Bravo sich konsolidieren.

Sobald der Alpha-Trupp bestätigt, dass der Raum feindfrei ist, gehen das Führungselement, der Bravo-Trupp und die nachinnenblickende Sicherung auf eine Linie für den Sprung über die Straße.

Der Bravo-Truppführer prüft immer die Vollzähligkeit.

Bild 33: Wenn das Erkundungselement meldet, dass die andere Seite feindfrei ist, können die nachfolgenden Kräfte springen. Um die Anzahl der Sprünge zu minimieren, springen die übrigen Soldaten geschlossen in einer Linie. Bei einem Zug springt ein Element nach dem anderen.

Bild 34: Marines des 2nd Platoon (Zug), FAST Company Europa (FASTEUR) überwinden im Gefechtsdienst einen linearen Gefahrenbereich. Marinestützpunkt Rota, Spanien, 10 Nov 2016. **Soldaten sichern entlang beider Richtungen der Straße.** Aus welchem Grund sichert der Soldat vom Straßenrand aus, anstatt weiter verborgen im Gebüsch?

---

oder Gruppe 1), das als erstes über die Straße springt. Bei den Sicherungstrupps springen die nach innen blickenden Soldaten zeitgleich mit. Auf der anderen Seite blicken die Soldaten nach außen, während die Soldaten diesseits sich nach innen drehen und mit der zweiten Welle springen. (Siehe Bild 32, S. 59.)

Auf der anderen Seite angekommen bildet das erste Element wieder einen Keil und durchkämmt den Raum. „Durchkämmen" bedeutet sicherzustellen, dass der Raum auch sicher ist. Das erste Element verschiebt sich so weit nach vorn, sodass die gesamte Patrol dahinter passt. Wenn genug Abstand vorhanden ist, führt das Element ein SLLS durch. Falls ein Soldat etwas aufklärt, wird dem Hauptelement „Gefahr" gemeldet. Falls nichts aufgeklärt wird, meldet der Führer „feindfrei" unter Nutzung des PACE-Plans. Bei Nacht ändert sich der PACE-Plan.[1]

Nachdem die Meldung „feindfrei" angekommen ist, überwinden die übrigen Soldaten die Straße. Bei einer Gruppe bilden die übrigen Soldaten (das Führungselement, der Bravo-Truppführer, die rückwärtige Sicherung, usw.) eine Linie, um zu springen. Bei einem Zug ist die Anzahl der Wellen zu minimieren. Das erste Element verlangsamt das Tempo in Marschrichtung, bis alle Soldaten der Patrol wieder zur Keilformation aufgegangen sind. Nochmals wird durch den Bravo-Truppführer oder den stellvertretenden Zugführer eine Vollzähligkeit mit einem Chokepoint durchgeführt. Sobald fertig durchgezählt wurde und alle Soldaten vollzählig sind, wurde der lineare Gefahrenbereich erfolgreich überwunden[2] (Siehe Bild 33, S. 60.)

---

1 **Anwendung:** Die andere Seite „Optisch zu durchkämmen" bedeutet, dass man nur auf die andere Seite des linearen Gefahrenbereichs blickt, anstatt ein einziges Element für ein SLLS rüberzuschicken. Wann würdest du dich dafür entscheiden und wann wäre es möglich die andere Seite nur optisch zu durchkämmen?

2 **Anwendung:** Was für ein bocksprungartiges Verfahren könnte man nutzen, um zwei hintereinander liegende lineare Gefahrenbereiche zu überwinden, wo nicht genügend Platz für eine Umgliederung zum Keil vorhanden ist?

7.f Verfahren zum Überwinden von Senken

Das Überwinden von Senken beansprucht viel Zeit. Soldaten betreten die Senke im normalen Tempo und geraten dann in eine lange Reihe mit ihrem „Sack am Hintern" des Vordermanns **Einen engen Haufen zu bilden ist sehr schlecht,** weil es dem Feind das perfekte Ziel bietet, um sich von hinten ranzuschleichen und alle wie wehrlose Opfer zu erschießen. Deshalb ist es wichtig, dass ein Element nur damit beginnt eine Senke zu überwinden, wenn das vorausgegangene Element genug Platz gemacht hat. (Siehe Bild 35, S. 63.)

Während des Wartens, kann das folgende Element einen kurzen Halt durchführen und sich nach hinten richten, um den rückwärtigen Raum zu sichern. Auf der anderen Seite führt das erste Element nach dem Überwinden einen kurz Halt durch, und marschiert anschließend im halben Tempo, solange bis die nachfolgenden Kräfte aufgeschlossen sind.

7.g Verhalten bei Aufklärung

Falls eine potenzielle Bedrohung von der Sicherung aufgeklärt wird, wird das Hauptelement alarmiert. Beide Soldaten, die in der Sicherung liegen, halten stets Körperkontakt, sodass sie durch Antippen lautlos kommunizieren können. Zum Beispiel, ein Soldat tippt seinen Kameraden einmal an, um zu zeigen, dass alles in Ordnung ist. Der andere Soldat bestätigt auch mit einmal tippen, dass alles in Ordnung ist. Ein Soldat tippt zweimal an, falls er etwas gesehen oder gehört hat. Dreimal Tippen bedeutet, dass der Soldat den Feind sieht oder hört und dass das Element handeln muss. In diesem Fall muss die Sicherung sofort in den liegenden Anschlag wechseln.

Beim Überwinden eines linearen Gefahrenbereichs richtet jeder Soldat seine Aufmerksam entweder auf die Sicherung oder auf den verantwortlichen Führer, der die Sicherung im Blick hat. Alle Führer halten sich bereit Meldungen weiterzugeben, falls sich etwas Unbekanntes annähert. Falls eine Bedrohung aufgeklärt wird und der Führer sieht, dass die Sicherung in den liegenden Anschlag gegangen ist, muss er sicherstellen, dass jeder Soldat sofort Deckung aufsucht und Schusskanäle beachtet. Schusskanäle während des Überwindens eines linearen Gefahrenbereichs sind besonders gefährlich, weil die feindliche Bewegungsachse direkt durch das Element verläuft.

Falls der Feind den linearen Gefahrenbereich entlangfährt und in der Mitte der Patrol hält, kann die Patrol wegen der Gefahr des Beschusses eigener Kräfte nicht das Feuer eröffnen. Deshalb sind Wirkungsbereiche sorgfältig zu wählen und zuzuweisen.

Bild 35: Spezialkräfte des guatemaltekischen Heeres, auch bekannt als „Kalibes", führen eine Dschungel-Patrol-Übung für U.S. Marines durch. Poptun, Guatemala, 11 Sep 2010. **Dies ist eine Situation, in der eine Reihe genutzt werden muss,** weil ein Keil oder mehrere Reihen nicht führbar wären. Es ist zu beachten, wie nah die Soldaten aneinander sind, obwohl Raum zum Auflockern vorhanden ist.

7.h Feindkontakt während des Überwindens eines Gefahrenbereichs

Falls der Feind während des Überwindens einer Senke angreift, führt die Patrol dieselben Gegenmaßnahmen durch, wie bei jedem anderen Angriff. (Siehe Der Feind schießt auf Joe (Gefechtsdrill 2), S. 71.) Dies trifft zu, egal ob der Feind das Erkundungselement jenseits der Straße angreiftoder die rückwärtige Sicherung.

Allerdings stellen lineare Gefahrenbereiche einen besonderen Fall dar, der sich von den meisten feindlichen Angriffen unterscheidet. Falls nur ein Teil der Patrol die Straße überwunden hat, kann der Feind mit einem Fahrzeug in die Mitte der Patrol fahren und das eine Element vom Rest abschneiden. Befindet sich der Feind in der Mitte der Patrol, können Soldaten nicht effektiv auf den Feind wirken aufgrund des Risikos, eigene Kräfte statt den Feind zu treffen. Um den Feind aus der Mitte der Patrol zu entfernen und ein Schussfeld freizumachen, **muss der Patrol Leader ein Element befehlen sich nach links oder nach rechts zu verschieben.** Wenn sich dieses Element auf die Seite bewegt, kann das andere Element auf den Feind wirken ohne eigene Kräfte auf der anderen Seite zu treffen. Ab dann führt die Patrol die gleichen Gegenmaßnahmen durch, wie bei einem normalen Angriff. (Siehe Bild 36, S. 65.)

8. Überwinden eines offenen Gefahrenbereichs

Ein offener Gefahrenbereich bezieht sich nicht immer strikt auf eine Freifläche, sondern eher auf einen Raum, der keinen Sichtschutz bietet. **Ob es in einem Raum an Sichtschutz fehlt, hängt von den Fähigkeiten des Feindes ab.** Falls der Feind keine Mittel zur Überwachung aus der Luft besitzt, ist der Sichtschutz von oben irrelevant. Umgekehrt ist der ebenirdische Sichtschutz irrelevant, falls der Feind nur luftgestützte Mittel besitzt.

Ein offener Gefahrenbereich unterscheidet sich vom linearen Gefahrenbereich, indem die Formation auch von vorn zusätzlich ungeschützt ist. Obwohl keine genauen Entfernungen einen „offenen Bereich" definieren, kann ein Gefahrenbereich als „offen" bezeichnet werden, wenn durch Sprungverfahren das Überwinden deutlich sicherer gemacht werden kann. (Siehe Bild 37, S. 66.)

8.a Direktes Überwinden der Freifläche (Springen)

Denke daran: der Zweck dieses Buchs ist zu lehren, wie man einen Hinterhalt durchführt und keine Show of Force bzw. eine Demonstration seiner militärischen Fähigkeiten. Der Marsch sollte gedeckt und unter guter Eigensicherung verlaufen. Patrols vermeiden offene Gefahrenbereiche, weil **diese aufgrund ihrer natürlichen Eigenschaften es einer Patrol erschweren sich zu verbergen und zu verteidigen**. Ein offener Gefahrenbereich wird nur überwunden, wenn er diese beiden Kriterien erfüllt:

1) Dieser Gefahrenbereich war nicht in der Karte eigenzeichnet, die in der Planungsphase verwendet wurde, d.h., er war ungeplant.
2) Dieser Gefahrenbereich kann nicht umgangen werden, ohne die zeitlichen Auflagen des Auftrags zu verfehlen.

Falls ein offener Gefahrenbereich überwunden werden muss, wird dies mit Sprüngen (engl.: bounds) gemacht. Die Patrol teilt sich in zwei Elemente auf (entweder Trupps oder Gruppen). Der Führungstrupp sammelt sich mit den schwersten Waffen in der Mitte, um so die Formation bestmöglich zu koordinieren. Dann entscheidet der Patrol Leader, ob er überschlagend oder raupenartig vorgehen will. (Siehe Bild 40, S. 67.)

Im **raupenartigen Vorgehen** kniet sich das Spitzenelement hin und sichert, während das schließende Element sich nach vorn bewegt, bis es sich auf einer Linie (und nicht weiter) mit dem Spitzenelement befindet. Dann springt das Spitzenelement weiter vor. Sobald beide Elemente gesprungen sind, springt das schließende Element wieder auf eine Höhe, um den Zyklus fortzusetzten.

Feind greift während des Überwindens eines linearen Gefahrenbereichs an

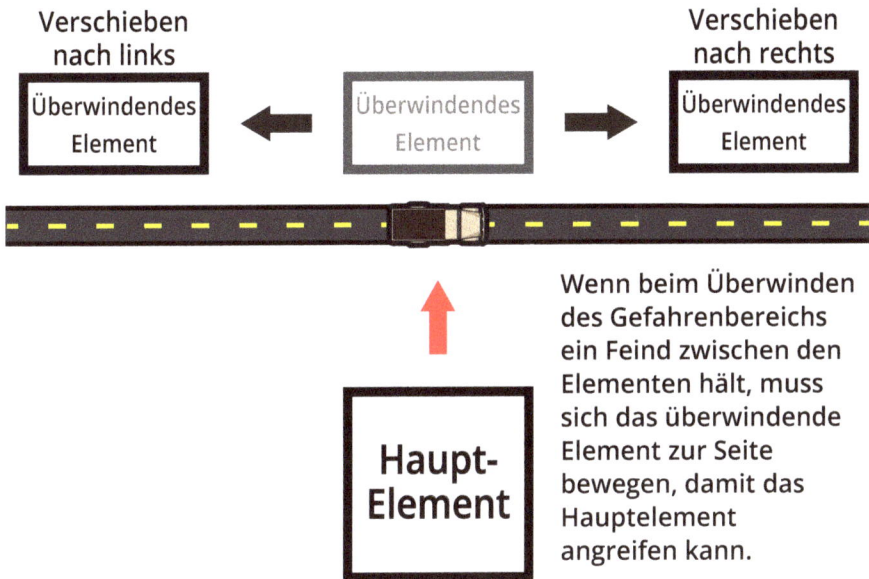

Verschieben nach links		Verschieben nach rechts
Überwindendes Element	Überwindendes Element	Überwindendes Element

Haupt-Element

Wenn beim Überwinden des Gefahrenbereichs ein Feind zwischen den Elementen hält, muss sich das überwindende Element zur Seite bewegen, damit das Hauptelement angreifen kann.

Bild 36: Überwinden eines linearen Gefahrenbereichs mit Feind zwischen den Elementen. Hält der Feind zwischen den Elementen, kann das dazu führen, dass die Patrol paralysiert wird. **Falls dann ein eigenes Element das Feuer eröffnet, läuft es Gefahr eigene Kräfte hinter dem Feind zu treffen.**

Im **überschlagenden Vorgehen** springt wieder das schließende Element zuerst. Es überholt das Spitzenelement und tauscht Positionen. Das schließende Element wird zum neuen Spitzenelement, bleibt stehen und sichert. Das neue schließende Element beginnt zu springen und der Ablauf wechselt sich ab, sodass immer ein Element springt und eines steht.

Die M240 Maschinengewehre (die Waffe mit der höchsten Schadenswirkung in einer Patrol) sichert das vorderste Element bei einem Sprungverfahren. Aus diesem Grund gliedert sich der MG-Trupp und der Führungstrupp beim überschlagenden Vorgehen aus, wenn das schließende Element das Spitzenelement überholt, um sich beim neuen schließenden Element einzugliedern. **Deshalb wird das überschlagende Vorgehen nicht bevorzugt, wenn ein MG-Trupp vorhanden ist,** weil es für den MG-Trupp eine Herausforderung ist, den Gurt doppelt so oft einzulegen oder zu wechseln als wie beim raupenartigen Vorgehen. Das überschlagende Vorgehen wird bevorzugt, wenn kein MG-Trupp vorhanden ist und viel Raum, wie beim Sturm, schnell überwunden werden muss. (Siehe Sturm auf das Objective, S. 197.)

Bild 37: U.S. Fallschirmjäger der 173rd Airborne Brigade bewegen sich zur Waldkante nach einem luftgestützten Einsatz (z.B. eine Verbringung mit Hubschraubern). Hohenfels, Deutschland, 26 Sep 2019. Dies ist ein klassischer **offener Gefahrenbereich**. Hier ist zu sehen wie exponiert die Soldaten sind.

Bild 38: Ein Gerätebediener des Naval Mobile Construction Battalion 3 (mobiles Bau-Bataillons) der U.S. Navy fährt ein Grader. Fort Hunter Liggett, Kalifornien, 09 Nov 2019. **Ein linearer Gefahrenbereich, der einen offenen Gefahrenbereich durchkreuzt, ist immer noch ein offener Gefahrenbereich.** Bleibe nicht mitten im Feld stehen, um einen linearen Gefahrenbereich zu überwinden.

Sprungverfahren erfordern einfache Anweisungen von beiden Elementen. Wenn ein Element anfängt zu springen, ruft es, „Springt!" Wenn es stehen bleibt und bereit ist zu wirken, ruft es, „Stand!" Dadurch wird der Zyklus neu gestartet und lässt den anderen Trupp springen und „springt!" rufen.

8.b Umgehen der Freifläche

Die zwei gängigen Verfahren zum Umgehen eines offenen Gefahrenbereichs sind: das Konturenverfahren und das Boxverfahren. (Siehe Bild 41, S. 69.) Das Konturenverfahren besteht daraus, dass der Patrol Leader einen jenseits erkennbaren Punkt festlegt. Die Patrol bewegt sich dann an den Kanten des offenen Gefahrenbereichs entlang zu diesem erkennbaren Punkt und bleibt dabei stets im nicht-einsehbaren Gelände. An diesem erkennbaren Punkt angekommen, setzt die Patrol den Marsch in die ursprüngliche Marschrichtung im normalen Tempo fort.

Das Boxverfahren beinhaltet vier 90° Drehungen, um so eine Box um den offenen Gefahrenbereich zu bilden. Wenn der Patrol Leader sich dazu entscheidet, das Boxverfahren anzuwenden, befiehlt er den Truppführer, der für das Orientieren verantwortlich ist, sich um 90° nach links oder nach rechts zu drehen und für eine Seitwärtsbewegung die Schritte zu zählen. Die Patrol bewegt sich seitlich am Gefahrenbereich vorbei, wo sie die ursprüngliche Marschrichtung einnimmt, bis sie sich wieder am Gefahrenbereich vorbei bewegt hat. Sobald sie sich jenseits des Gefahrenbereichs befindet, dreht sich die Patrol um 90° in die entgegengesetzte Richtung der ersten Drehung, nach links oder rechts, und zählt die seitliche Schrittzahl rückwärts. Wenn die seitliche Schrittzahl bei Null angekommen ist, dreht sich die Patrol wieder um 90°, um die ursprüngliche Marschrichtung einzunehmen.

Bild 39: Burkina Faso Soldaten springen während Flintlock 2017. Camp Zagre, Burkina Faso, 01 Mär 2017. Der Trupp im Hintergrund verbleibt in Stellung zum Überwachen und Niederhalten, während der Trupp im Vordergrund springt. **Es ist zu beachten, wie der Führer sich hinter der Linie befindet, da die Linie sehr breit ist.**

Sprungverfahren

Raupenartig Springen

Das schließende Element und der Führungstrupp gehen auf eine Höhe. Dann bewegt sich das schließende Element vor.

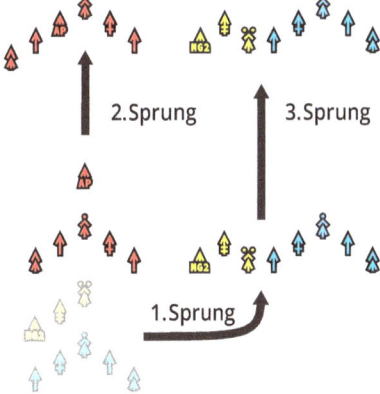

Überschlagend Springen

Trupps springen aneinander vorbei. Der Führungstrupp springt immer zum schließenden Element.

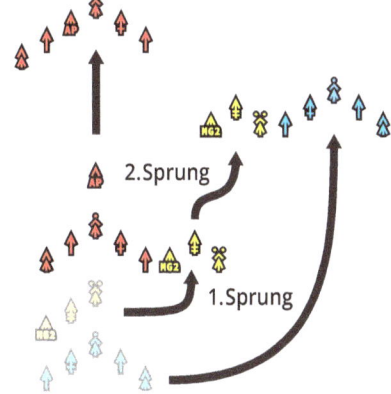

Bild 40: Trupp-Sprungverfahren. Es ist zu beachten, wie Soldaten in dieser Abbildung in der Keilformation mit dem Truppführer auf einer Höhe springen. Es ist auch zweckmäßig, als Linie mit dem Truppführer dahinter zu springen. (Siehe Bild 39, S. 67.)

Überwinden eines offenen Gefahren-bereichs

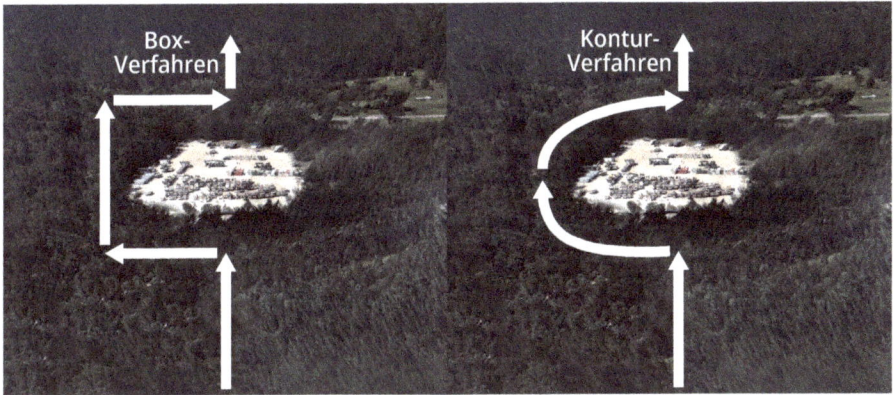

Bild 41: Zwei Verfahren zum Umgehen eines offenen Gefahrenbereichs. Das Boxverfahren erfordert eine Karte und einen Kompass zum Orientieren, während das Konturenverfahren nur das menschliche Auge und einen Bezugspunkt benötigt. Beide Verfahren sind effektiv.

Phase 2 Inhalte

Der Feind sieht Joe (Phase 2: Gegenmaßnahmen bei Feindberührung und Verwundetentransport)

Falls du nicht schießt, solltest du nachladen. Falls du nicht nachlädst, solltest du dich bewegen. Falls du dich nicht bewegst, wird dir jemand den Kopf abschneiden und auf einen Stock aufspießen.
—Clint Smith, U.S. Marine Corps Veteran

Der Marsch vom Lager bis zum Hinterhalt ist voller Gefahren. Nach stundenlangem erschöpfenden Marschieren, ist die Patrol übermüdet und angreifbar und der Feind weiß das ganz genau. Dieser Abschnitt wird zeigen, wie man handelt, wenn der Feind zuerst angreift.

9. Der Feind schießt auf Joe (Gefechtsdrill 2[1])[2]

Die Gegenmaßnahmen bei Feindberührung erfordern von jedem Element viele unterschiedliche Vorgehensweisen, die alle äußerst lageabhängig sind. Tatsächlich kann man sogar als erster schießen! Wenn sich alle Elemente gleichzeitig verschieben, um verschiedene Aufträge zu bewältigen, muss jedes Element mit jedem dieser Aufträge vertraut sein, um so eine schnelle und effektive Koordierung zu gewährleisten.

Falls das noch nicht kompliziert genug war, die Feindberührung kann aus jeder Richtung erfolgen. Deshalb sind die Gegenmaßnahmen einer Gruppe zum Beispiel, nicht dem Alpha- oder Bravotrupp zugewiesen, sondern dem Element, dass zuerst im Feindkontakt steht (das Kontaktelement) und dem Element, dass

---

[1] **Realität:** Die Nummerierung der Gefechtsdrills ist gemäß der offiziellen Doktrin der U.S. Army. In diesem Buch wird eine andere Reihenfolge gewählt, um das Erklären verständlicher zu machen.

[2] **Zitat:** Kein Plan überlebt die erste Feindberührung. – Helmuth von Moltke, deutscher Generalfeldmarschall und Chef des Generalstabs

sich vom Kontakt weit entfernt befindet (das ferne Element).[1] (Obwohl dieser Abschnitt die Gruppenebene in den Bildern darstellt, gelten diese Angaben genauso auf der Zugebene.)

9.a Gegenmaßnahmen des Einzelschützen[2]

Die Idee hinter den sofortigen Gegenmaßnahmen ist, so viel Feuer wie möglich, so schnell und so sicher wie möglich an den Feind zu bringen. **Alle Soldaten suchen sofort und gleichzeitig eine Deckung auf, rufen das REZ (die Richtung, Entfernung und das Ziel) aus und erwidern das Feuer.** Die Truppführer halten stets die Verbindung zu allen Soldaten in ihrem Trupp.

Der wichtigste Aspekt eines Hinterhalts ist es, so früh wie möglich zu entkommen, um zu besseren Stellungen auszuweichen. Lasse den Feind nie den Ort des Gefechts bestimmen. Gutes Gelände bietet Deckung, Sichtschutz und Wirkungsbereiche, erleichtert es die Verbindung zu halten und kann so einfach wie ein Wall oder ein Graben sein. Gutes Gelände allerdings zu finden kann weitaus schwieriger sein als auf den ersten Blick erscheint. Ein 7,62 Geschoss kann mit Leichtigkeit einen dicken Baum durchschlagen und eine AK-47 kann eine Backsteinmauer durchschlagen. Der schlaue Feind verlegt Minen hinter der besten Deckung und versucht mit scheinbar unpräzisen Schüssen Soldaten dorthin zu lenken. Im dichten Bewuchs mag viel Sichtschutz vorhanden sein, aber falls der Feind dich nicht sehen kann, kannst du ihn vielleicht auch nicht sehen und deshalb nicht auf ihn wirken. Außerhalb des Motorblocks bieten standardmäßige Fahrzeuge in keinster Weise Deckung. **Bevor die Patrol mit dem Einsatz beginnt, ist es entscheidend zu wissen, was der Einsatzraum an Deckung und Sichtschutz bietet.**

Richtung, Entfernung und die Beschreibung des Ziels sind in der Reihenfolge ihrer Wichtigkeit aufgeführt. Im Eifer des Gefechts kann es schwierig sein, den genauen Standort des Feindes festzustellen. Deshalb werden die Richtung und die Entfernung als erstes weitergegeben. Nicht zu wissen, wo der Feind ist, ist schlimmer, als eine unvollständige Aufklärung über ihn zu haben. Genau genommen muss der Führer in diesem Kapitel durchgehend sicherstellen, dass seine Soldaten erkannt haben, auf was sie schießen, oder ihnen zumindest durch Zielzuweisungen etwas geben, auf das sie schießen können. Jedes Mitglied

---

1 Anwendung: Beim Lesen dieses Abschnitts, überlege welche Befehle ein Gruppenführer einem Charlie-Trupp erteilen würde, wenn es einen solchen Trupp geben würde. Nicht alle Gruppen sind auf einen Alpha-Trupp und einen Bravo-Trupp begrenzt. Wie könnte der Patrol Leader einen Charlie-Trupp als Reserve positionieren im Falle eines zweiten feindlichen Angriffs? Wie wäre es damit das feindliche Ausweichen zu stoppen, wenn der Feind für Hit and Run Taktiken bekannt ist?

2 Realität: Die zwei wichtigsten Arten der Stress-Sensibilisierung, die geübt werden müssen, sind, wenn der Feind das Feuer eröffnet und sich keiner bewegen will und wenn Deckung gefunden wurde und sich keiner bewegen will.

Bild 42: 2. Irakische Armeedivision. **Irakische Soldaten gehen an einem Hinterhang in Deckung** während einer Ausbildung zum Hinterhalt durch die U.S. Army 2nd Division. Military Transition Team. Mosul, Irak, 27 Nov 2017.

der Gruppe wiederholt die Richtung, die Entfernung und das Ziel, sodass der Gruppenführer die Lage bestmöglich beurteilen kann.[1]

Wenn ein Führer einem Soldaten das Kommando zum Schießen erteilt, dann erfolgt dies nach einem standardisierten Schema zum Zweck der Deutlichkeit. Zum Beispiel:[2]

Einheit – Anruf und Einteilung des Soldaten

Richtung – Die Richtung des Ziels

Entfernung – Die Entfernung des Ziels

Ziel – Eine Beschreibung des Ziels

Ausführung – Schussfolge wie z.B. „Feuerstoß", „schnelles Einzelfeuer", „Dauerfeuer"

Das Kommando zum Feuern – Um unverzüglich zu feuern, rufe „Feuer!"

9.b Bewegungsweisen des Einzelschützen

Unter Feindbeschuss ist es eine schlechte Idee mit vollem Tempo auf den Feind zuzurennen. Stattdessen ist es besser sprungweise vorzugehen, im hohen, oder im tiefen Gleiten.

Aufzustehen, zu laufen und sich wieder hinzulegen bezeichnet man als einen „Rush" (dt: kurzer Sprung, bzw. **sprungweise Vorgehen**). Führe den Rusch

---

1 **Beispiel** Richtung, Entfernung, Ziel:
Schütze – „12 Uhr, 50 Meter, 3 feindliche Schützen."

2 **Beispiel** Feuerkommando:
Gruppenführer – „SAW-Schütze, 12 Uhr, 50 Meter, 3 feindliche Schützen, Feuerstoß, Feuereröffnung auf Befehl"

durch bzw. springe immer unter der Überwachung eines anderen Elements und immer von einer Deckung zur Nächsten. Vergewissere dich, dass du auch weißt, wohin dein nächster Sprung führen sollen!

Der Feind braucht circa drei bis fünf Sekunden, bis er einen Soldaten ins Visier genommen hat. Deshalb ist es eine gute Idee, ich davor auf den Boden zu werfen. (Drei bis fünf Sekunden sind leicht abzuschätzen, indem man zu sich selbst sagt: „Bin oben! Man sieht mich! Bin unten!") Egal, ob man sich allein oder überschlagend mit einem anderen Element bewegt, der Rush sollte innerhalb dieses Zeitrahmens bleiben. (Das Äquivalent des Rushs für längere Entfernungen ist der Bound (ein längerer Sprung.)) (Siehe Direktes Überwinden der Freifläche (Springen), S. 64.)

Beim **hohen Gleiten**, der Kopf nach vorn gerichtet und die Hüfte berührt fast den Boden. Schaukel mit der Hüfte hin und her, um dich vorwärts zu bewegen. Ein Soldat hält sein Gewehr in der Beuge beider Ellenbogen. (Siehe Bild 44, S. 75.) Oftmals wird wegen der tiefen Position der Hüfte das hohe Gleiten mit dem tiefen Gleiten verwechselt. Allerdings besteht der entscheidende Unterschied darin, dass das hohe Gleiten dem Soldaten gerade noch erlaubt nach vorn zu blicken.

Das wahre **tiefe Gleiten** ist viel unangenehmer und erfordert, dass das Gesicht sowie die Hüfte den Boden berühren, während ein Arm und ein Bein dazu dienen, den Körper vorwärts zu ziehen. Unter feindlichem Beschuss ist Gleiten nur wirklich von Bedeutung, um sich zu einer besseren Deckung zu verschieben, weil es sehr langsam ist. (Allerdings ist eine kleine Silhouette sehr nützlich, wann immer die Situation eine geringe Signatur erfordert, wie zum Beispiel das Anlegen eines Hinterhalts auf einer Linie.) (Siehe Bild 46, S. 75.)

9.c Gegenmaßnahmen des Kontaktelements[1]

Neben deren individuellen Maßnahmen, ist die erste Priorität des Führers des Kontaktelements, seinen Trupp zu einer Linie umzugliedern. **Soldaten, die sich nicht vorne auf der Linie befinden, können oftmals nicht wirken, ohne dem Risiko von Friendly Fire zu entgehen.** Auf einer Linie fokussiert sich jeder Soldat auf seinen eigenen Wirkungsbereich und ignoriert jeden schon bekämpften Feind in anderen Bereichen. Wenn sich alle Soldaten auf den ersten Feind, der auftritt fokussieren würden, dann wird der Feind, der später aus einer anderen Richtung auftritt, unbemerkt bleiben.

Die zweite Priorität des Führers des Kontaktelements ist es, Soldaten grob überschneidende Wirkungs- und Beobachtungsbereiche zuzuweisen. Ein guter Platz für den Truppführer ist leicht hinter seinem Trupp, um seinen Trupp effektiv führen zu können und gleichzeitig mit dem Gruppenführer Verbindung zu halten. (Siehe Bild 48, S. 78.)

---

[1] Zitat: Zwinge deinen Angreifer dazu, sich durch eine Wand aus Kugeln zu bewegen. Ich werde vielleicht mit meiner eigenen Waffe getötet werden, aber er wird mich damit totschlagen müssen, weil sie leer sein wird. – Clint Smith, United States Marine Corps Veteran

Bild 43: Soldaten der New Jersey National Guard, Charlie Company, 1st Battalion, 114th Infantry führen **drei-bis-fünf-Sekunden-Sprünge** durch. Base McGuire-Dix-Lakehurst, New Jersey, 09 Apr 2018.

Bild 44: Ein Rekrut der Golf Company, 2nd Recruit Training Battalion (Grundausbildung) beim **hohen Gleiten**. Marine Corps Camp Pendleton, Kalifornien, 30 Aug 2019.

Bild 45: Ein Soldat der Alpha Company, 1st Bataillon, 26th Infantry Regiment, 101st Airborne Division. Äthiopien, 26 Jun 2019. **Die Silhouette ist zu hoch für ein korrektes hohes Gleiten.**

Bild 46: Rekruten der Hotel Company, 2nd Recruit Training Battalion (Grundausbildung), **beim tiefen Gleiten** während der Abschlussübung „Crucible". Marine Corps Rekrutenlager Parris Island, South Carolina, 09 Jan 2020.

Der Feind schießt auf Joe (Gefechtsdrill 2)

Soldaten können ihre Rucksäcke abwerfen, wenn diese ihre Fähigkeit zu kämpfen einschränken. Falls es allerdings eine mögliche Option ist auszuweichen, dann muss das Element auf die Anweisung eines Führers warten, ob die Rucksäcke abgeworfen werden sollen oder nicht. Während des Ausweichens bewegt sich das Kontaktelement mit den Rucksäcken auf den Schultern, da ein Ab- und Aufsetzen eine zu große Zeitverschwendung wäre.

9.d Gegenmaßnahmen des Führungselements[1]

Allgemein ist das Führungselement während der Feindberührung damit beschäftigt, die Lage zu beurteilen und eigene Kräfte zu koordinieren. Erstens muss sich der Patrol Leader vergewissern, dass sich der Führer des Kontaktelements an einer guten Stelle befindet, um auch zu wirken. Dann hält er mit dem Führer des angeschossenen Elements Rucksprachen über das weitere Vorgehen, oder er trifft eine eigenständige Entscheidung. (Siehe Bild 48, S. 78.)

Sobald es angemessen ist, muss der Patrol Leader zwei Entscheidungen treffen und diese an die gesamte Patrol weitergeben:

▸ Welcher Gefechtsdrill wird angewendet (z.B., flankierend Angreifen, Peel, Ausweichen, Angreifen, usw.).

▸ Welche Richtung (links oder rechts) für den Gefechtsdrill eingeschlagen wird. Dies (sowie allen anderen Anweisungen) werden von den Soldaten wiederholt, um die Lautstärke des Befehls zu erhöhen und um deren Kenntnisnahme zu bestätigen.

Für alle Gefechtsdrills und Richtungen werden in der Planungsphase Codewörter festgelegt. Zum Beispiel, ein gängiges Codewort für ein Ausweichen ist „Rot" und ein Codewort für einen flankierenden Angriff ist „Grün". Ein Codewort für nach links ist „Kalifornien" und ein Codewort für nach rechts ist „New York". Um also einen rechtsumfassenden Angriff zu signalisieren, würde der Gruppenführer „Grün New York!" ausrufen. Dies verhindert, dass ein Feind, der die selbe Sprache spricht, das weitere Vorgehen von der anderen Seite des Gefechtsfelds mitbekommt.

Als nächstes bringt der Patrol Leader die MG-Trupps seitlich der Bewegungsrichtung des Kontaktelements in Stellung. Dies beinhaltet die Zuweisung eines Wirkungs- und Beobachtungsbereichs (d.h., eine linke Grenze, rechte Grenze und eine Hauptschussrichtung), eine Schussfolge[2] und die Maßgaben zur Feuereröffnung.

Da sich der Patrol Leader bald von den MG-Trupp(s) entfernen wird, muss er die Verantwortung über den Trupp an einen anderen Führer übergeben (wie z.B.,

---

1 **Zitat:** Ich habe mehr Angst vor einer Armee von 100 Schafen, die von einem Löwen geführt wird, als von einer Armee von 100 Löwen, die von einem Schaf geführt werden. – Charles Maurice de Talleyrand, französischer Außenminister

2 **Realität:** Die Schussfolge ist eine wichtige Information. Falls ein MG-Trupp 2 400 Schuss (70 Kg) mit sich trägt und ein M240 eine Kadenz von 900 Schuss pro Minute hat, wie schnell wird dem MG-Trupp die Munition ausgehen?

Bild 47: U.S. Marine Corps Zugführer in der Charlie Company, 1st Battalion, 3rd Marine Regiment koordiniert seinen Zug bei simulierten Feindbeschusses während des koreanischen Marine Austauschprogramms 17-14. North West Islands, Republik Korea, 11 Aug 2017. **Sei sehr, sehr laut!**

der Führer des angeschossenen Elements, den Deckungsgruppenführer, usw.). Der Patrol Leader kann dem MG-Trupp bzw. Trupps Befehle erteilen und sich dann zum Führer des Kontaktelements bewegen. Es mag auch eine Standard Operating Procedure (SOP) sein, dass ein Truppführer sich zur MG-Stellung bewegt. Wann immer jemand eine Anweisung erhält, wiederholt derjenige sie, um zu zeigen, dass er sie auch verstanden hat. Anschließend bewegt sich der Patrol Leader zum fernen Element.

Sobald es die Situation zulässt, muss das Führungselement eine SALUTE Meldung an die Führung abgeben.[1] SALUTE ist eine Feindmeldung. Diese werden an andere Patrols weitergegeben, um vor Feind und potenziellen Gefahren zu warnen. Eine **SALUTE** Meldung beinhaltet:

Size (Stärke) – Die Anzahl der Personen und Fahrzeuge

Activity (Verhalten) – Was genau der Feind macht.

Location (Ort) – Die Grid-Koordinate (MGRS), oder im Bezug auf ein Schlüsselgelände.

---

1 **Beispiel** SALUTE Meldung:

Size –	„Vier PAX, abgesessen."
Activity –	„Verlegen IEDs an der Hauptstraße."
Location –	„14WPH 8324 9183."
Unit/Uniform –	„Örtliche Miliz mit Al-Qaida-Abzeichen."
Time –	„Beobachtet um 23:11, 04 Jan 2018."
Equipment –	„Vier AK-47 mit möglicher verdeckter Sekundärbewaffnung."

Der Feind schießt auf Joe (Gefechtsdrill 2)

Gegenmaßnahme bei Feindberührung

Wenn die Patrol angegriffen wird

Alle Elemente reagieren gleichzeitig

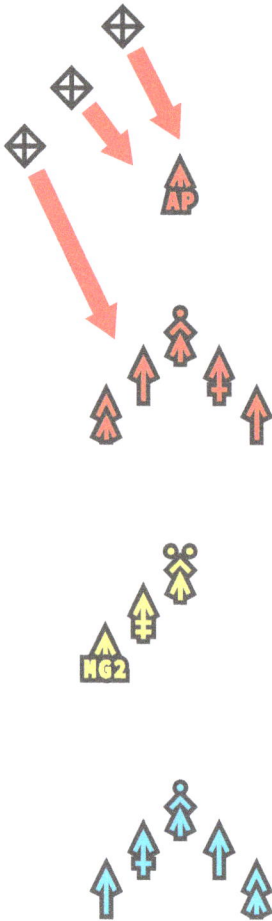

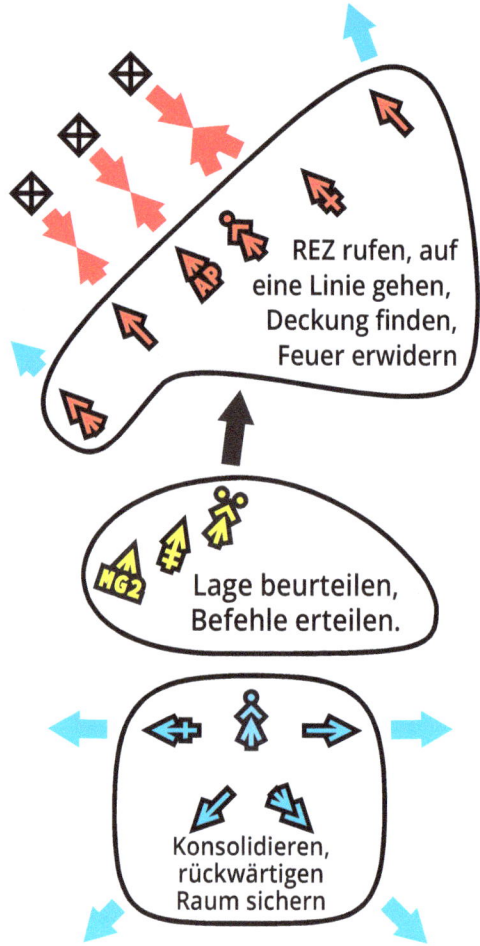

REZ rufen, auf eine Linie gehen, Deckung finden, Feuer erwidern

Lage beurteilen, Befehle erteilen.

Konsolidieren, rückwärtigen Raum sichern

Bild 48: Wenn eine Patrol angegriffen wird, hat jedes Elements in einer Patrol mit bestimmten Handlungsabläufen zu reagieren. Kurz gesagt, das Element, dass im Kontakt steht, beschäftigt sich mit dem Feind. Das Führungselement beurteilt die Lage und führt. Das Element, dass nicht im Kontakt steht, stellt sich darauf, Aufträge zu erhalten.

Unit/Uniform (Einheit) – Erkennungs- oder Zuordnungszeichen des Feindes.

Time (Zeit) – Um wie viel Uhr das Verhalten beobachtet wurde.

Equipment (Ausrüstung) – Jegliche Ausrüstung, die ungewöhnlich ist, militärischen Ursprungs oder wichtig erscheint.

Ab den ersten Augenblick der Feindberührung muss das Führungselement bedenken, dass der erkannte Feind nur die Vorhut einer viel größeren Kräftegruppierung ist. Ein feindlicher Kampfstand kann Bestandteil einer größeren Verteidigungsanlage sein und ein Feind, der sich entlang einer Höhe bewegt, kann weitaus mehr Kräfte hinter sich haben. Binde nicht zu viele deiner Kräfte ein.

Um sich auf die Folgekräfte vorzubereiten, muss sich der Fernmelder die Zeit der Feindberührung sofort notieren. Die vermutete Zeit, die der Feind zum Verstärken braucht, wird in der Planungsphase bekanntgegeben. Eine gute Faustregel ist, in der Hälfte dieser Zeit auszuweichen. (Siehe Feindliche Quick Reaction Force und Störhinterhalt, S. 211.)

9.e Gegenmaßnahmen des fernen Elements

Während das Kontaktelement das Feuer erwidert und der Patrol Leader den (die) MG-Trupp(s) in Stellung bringt, sammelt sich das ferne Element um seinen Führer, um schnellstmöglich Anweisungen zu erhalten. Wenn in diesem Fall der Patrol Leader einen rechtsumfassenden Angriff befiehlt, wirft das ferne Element seine Rucksäcke bei seinem Führer ab, anstatt wahllos im Wald. Falls ein Ausweichen befohlen wird, behält das ferne Element die Rucksäcke sowieso auf.

10. Joe erwidert das Feuer (Gefechtsdrill 1, 3 und 4)[1]

Die erste Entscheidung, die ein Patrol Leader treffen muss, ist, wie das Feuer erwidert wird. Mit einem Angriff in die Flanke? Einem Sturmangriff? Einem Ausweichen? **Die zwei Hauptfaktoren bei dieser Entscheidung sind die Stärke und die Entfernung zum Feind.** Ein feindliches Element, das zu groß oder zu durchsetzungsfähig ist, erfordert ein Ausweichen. Bei schwachem Feind ist der zweite Faktor Entfernung. Falls der schwache Feind nah dran ist, dann ist nicht genügend Zeit vorhanden, um flankierend anzugreifen. Ein Feind, der allerdings

---

[1] **Zitat:** Feuer ohne Bewegung ist Munitionsverschwendung. Bewegung ohne Feuer ist Dummheit. -Anonym.

schwach und weit entfernt ist, ist am besten mit einem Angriff in die Flanke zu überwältigen[1] (Siehe Bild 49, S. 81.)

Welche Entscheidung auch immer getroffen wird, ein konstantes Verschieben zu besseren Stellungen ist entscheidend. Es sollte nie dazu kommen, dass zwei Elemente stillstehen und sich kein einziges bewegt. Denn der Feind wird sich definitiv bewegen. Nutze das Gelände, um dich besser als der Feind zu verschieben.

Es sollten sich auch niemals zwei Elemente gleichzeitig bewegen, ohne dass ein Element stationär bleibt. Feuer während der Bewegung ist unpräzise. Um den Feind wirksam niederzuhalten, muss Feuer präzise und langanhaltend genug sein, sodass der Feind getötet oder zumindest eingeschüchtert wird. Ein paar ungenaue Schüsse werden den Feind im Gefecht nicht in Deckung zwingen.

10.a Sturm auf einen Geländeabschnitt (Gefechtsdrill 4)

Bei einem Sturmangriff befinden sich Soldaten auf einer Linie und laufen auf den Feind zu, während sie auf alles schießen, was sich bewegt. Der Sturmangriff kann auch aus Sprüngen bestehen. (Siehe Direktes Überwinden der Freifläche (Springen), S. 64.) Der Sturmangriff spielt eine wesentliche Rolle in vielen Gefechtsdrills, wie bei einem flankierenden Angriff, wo das ferne Element angreift, oder bei einem Hinterhalt, wo eine Linie angreift.

Bei einem Vernichtungshinterhalt (innerhalb von 35m, d.h. Handgranatenreichweite[2]), greift das Kontaktelement unmittelbar an. Denn bei dieser Entfernung ist das Warten auf ein flankierendes Element gefährlicher als selbst zum Sturmangriff überzugehen. Wenn sogar die Zeit fehlt, um mit dem Maschinengewehr in Stellung zu gehen, wird sich sofort zum Feind eingedreht und Maschinengewehre werden von der Hüfte aus abgefeuert (genannt „turn and burn"). (Siehe Bild 50, S. 82.)

Ein Sturmangriff besteht immer aus einer Linie von Soldaten, um die maximale Fläche nach vorn abzudecken und um Eigenbeschuss von hinten zu vermeiden. „Auf einer Linie" sein ist eine Formation. Jeder Schütze auf dieser Linie muss wissen, wo seine Nebenmänner sind, um Bewegungen zu koordinieren und zu wissen, wo die Grenzen seines Wirkungsbereichs sind. Lass dich nicht vom Feuerkampf neben dir ablenken, sonst könnte ein Feind genau in dem Moment, indem du abgelenkt bist vor deiner Nase auftauchen!

---

1 Realität: „Läuft der Angriff zu gut, bewegst du dich in einen Hinterhalt." -Anonym. Falls eine Patrol nur von zwei feindlichen Schützen angeschossen wird, wie wahrscheinlich ist es, dass zwei einsame Schützen sich dazu entscheiden einen ganzen Zug, der bis an die Zähne bewaffnet ist, anzugreifen?

2 Anwendung: 35 Meter wird oft als die Entfernung angegeben, die einen Vernichtungshinterhalt von einem Störhinterhalt unterscheidet. Dies ist der Fall, weil die Wirkung der standardmäßigen Handgranate auf 35m beschränkt ist. Aber was ist, wenn der Feind M203 Granatwerfer mit einer maximalen Kampfentfernung von 400m besitzt. Jede Entfernung mag zwar eine grobe Schätzung sein, aber eine Patrol muss wissen, wann sie direkt oder flankierend angreift. Welche weiteren Eigenschaften unterscheiden einen Vernichtungshinterhalt von einem Störhinterhalt?

Feindkontakt-Entscheidungsbaum

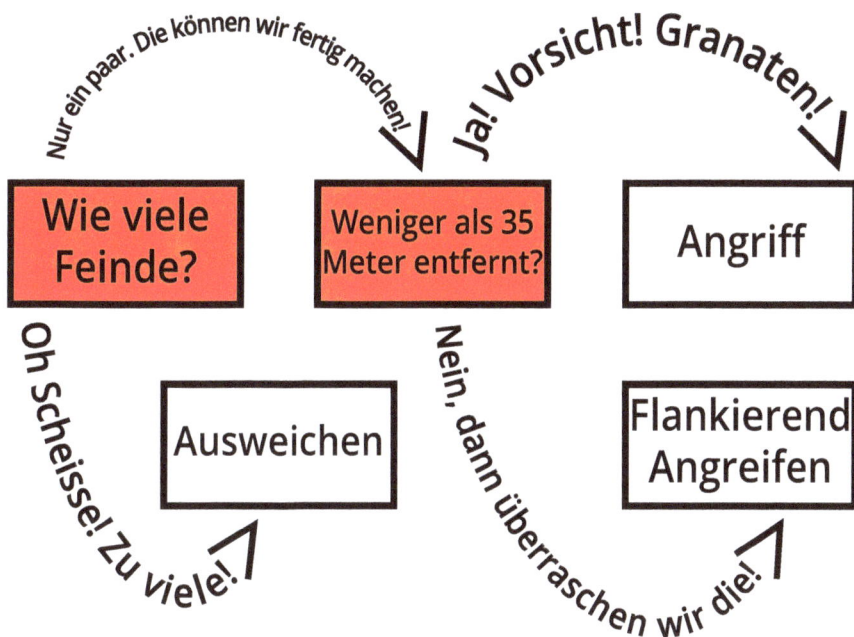

Nur ein paar. Die können wir fertig machen! ↘

Ja! Vorsicht! Granaten! ↘

| **Wie viele Feinde?** | **Weniger als 35 Meter entfernt?** | **Angriff** |

Oh Scheisse! Zu viele! ↗

Nein, dann überraschen wir die! ↗

| **Ausweichen** | | **Flankierend Angreifen** |

Bild 49: Dieses Schaubild ist eine vereinfachte Darstellung, aber nicht allzu sehr vereinfacht. **Wenn auf einen geschossen wird, ist einfaches Denken schnelles Denken.** Wie ist zu handeln, wenn der Feind auf einer Freifläche angreift? Die Entfernung ist irrelevant, denn es existiert keine Flanke. Sei dir immer deines Umfelds bewusst.

Das Tempo ist gleichmäßig und bedacht. Zögere nicht mit der Schussabgabe. Selbst wenn sich das Ziel auf dem anderen Ende des Gefechtsfelds befindet, der nächstgelegene Schütze muss so früh wie möglich das Feuer eröffnen. Falls ein Feind gefunden wird, tot oder lebendig, schießt der nächstgelegene Soldat dem Feind ins Gesicht bis es -wortwörtlich- zu Brei wird.

Der Führer des Sturmangriffs befindet sich mittig auf seiner Linie, um seine unterstellten Soldaten während des Angriffs richtig positionieren zu können. Der Führer kann sich auf gleicher Höhe wie die Linie befinden, oder leicht dahinter, um seine Schützen zu lenken. Dies hängt davon ab, ob er gleichzeitig innerhalb seines Wirkungsbereichs schießen und auch seine Soldaten führen kann. (Eine Gruppe mit acht Soldaten braucht höchstwahrscheinlich keinen schießenden Gruppenführer auf der Linie.) Die Anweisungen des Führers können die gesamte Linie betreffen (z.B., „Nach links eindrehen!") oder einzelne Soldaten

Bild 50: Ein Soldat der Bravo Company, 1st Battalion, 27th Infantry Regiment, 2nd Brigade, Infantry Brigade Combat Team, 25th Infantry Division beim Niederhalten während eines Hinterhalts. Labasa Fiji, 1 Aug 2019. Ein **Vernichtungshinterhalt** ist eines der wenigen Male, wenn es angemessen ist ein Maschinengewehr aus der Schulter oder der Hüfte abzufeuern.

(z.B. „Joe, auf einer Linie bleiben!").[1] **Menschen können bestimmte Befehle in Zusammenhang mit ihrem Namen besser wahrnehmen.** Allgemeine Ansprachen sind so gut es geht zu vermeiden. (Siehe Bild 51, S. 83.)

Soldaten bewegen sich direkt auf den Feind zu. Falls der Führer des Sturmangriffs eine übermäßige Gefahr vermutet (sowie bei einem Vernichtungshinterhalt), kann durch Sprünge bzw. durch Bounds eine Eigensicherung während des Sturms gestellt werden. Bei „Bounds" gehen die Hälften eines Elements überschlagend vor, indem eine Hälfte in Stellung bleibt und überwacht oder niederhält, während die andere Hälfte sich bewegt. Durch das Abwechseln bewegt sich das ganze Element vorwärts. (Siehe Direktes Überwinden der Freifläche (Springen), S. 64.)

Falls die Waffe eines Schützens eine Störung hat, ruft er, „Störung!" und fällt hinter die Linie zurück. Die Soldaten zu seiner Linken und Rechten übernehmen seinen Wirkungs- und Beobachtungsbereich, oder der Führer des Sturmangriffs befiehlt dies, falls es noch nicht automatisch geschehen ist. Sobald die Störung behoben ist, ruft der Soldat, „Wieder klar zum Gefecht!" und übernimmt wieder seinen Bereich. Auch falls ein Soldat ausfällt, ruft der erste, der dies bemerkt,

---

1 **Beispiel** Kommandos bei einem flankierenden Angriff:
TrpFhr – „Links springt mit mir."
           „Rechts springt zu mir."
           „Feind überlaufen."
           „Nach links Eindrehen."
           „Auf einer Linie bleiben; in deiner Bahn bleiben."

Joe erwidert das Feuer (Gefechtsdrill 1, 3 und 4)

Übliche Befehle bei einem Sturmangriff

Endergebnis   „Joe, auf einer Linie bleiben!"   „Joe, in deiner Bahn bleiben!"

„Alpha-Trupp, nach   „Alpha-Trupp, nach
links eindrehen!"   rechts verschieben!"

Bild 51: Beim Sturmangriff befinden sich alle Soldaten mit gleichem Abstand zueinander auf einer Linie, sowie bei dem Endergebnis gezeigt oben links. Wenn sich Soldaten nicht auf der Linie befinden, rufe „[Namen], auf einer Linie bleiben!" Wenn Soldaten einen Tunnelblick bekommen und anfangen aufeinander zuzulaufen, rufe „[Namen], in deiner Bahn bleiben!" Um die Linie zu lenken oder zu seitlich verschieben, rufe „[Trupp], nach [Richtung] eindrehen!" und „[Trupp], nach [Richtung] verschieben!"

„Mann am Boden!" und seine Nebenmänner übernehmen den jeweiligen Wirkungsbereich.

Wenn sich ein Schütze einen leblosen Körper nähert, tritt er dessen Waffe in irgendeine Richtung weg, sodass ein beinahe toter Feind diese nicht noch einmal benutzen kann. (Kick die Waffe nicht wie einen Football beim Super Bowl, weil das zu einer ungewollten Schussabgabe führen könnte.)

Die Linie bleibt kurz nach dem letzten toten Feind stehen.[1] Falls es eine zweite Linie gibt (wie bei einem flankierenden Angriff), bleibt die Linie entweder hinter dem letzten toten Feind stehen oder dem letzten eigenen Mann vom anderen Element. Wenn der Führer des Sturmelements denkt, dass sich sein Trupp weit genug bewegt hat, ruft er, „Stand!" Jeder Soldat des Sturmelements wiederholt dieses Kommando, geht runter auf ein Knie und in die Sicherung.

Nachdem das Sturmelement den Feind überlaufen hat, werden die fünf Schritte von **BLAST** gleichzeitig durchgeführt. (Siehe Bild 52, S. 84.):

Blood check/sweep (Blutungen) – Adrenalin kann dazu führen, dass der Soldat nicht bemerkt, dass er getroffen wurde und stark blutet, sodass der Führer nach Verletzungen schauen muss.

Lights (Lichter) – Jegliche Beleuchtung, die beim Angriff benutzt wurde, ist auszuschalten. Nachdem der Feind überlaufen wurde und man steht, wird jede Beleuchtung zu einem Ziel.

ACE Report – Eine Statusmeldung betreffend Ammo (Munition), Casualties (Verwundete) und Equipment (Ausrüstung) von jedem Soldaten. (Manche Führer bevorzugen „LACE", was „Liquid" (Flüssigkeiten) beinhaltet, um über

---

1 **Anwendung:** 35 Meter (Handgranatenreichweite) ist eine gängige Faustregel. Aber was passiert, wenn sich dort nach 40 Metern eine niedrige Mauer befindet? Sicherlich wäre es besser entweder an der Mauer Deckung zu finden oder dahinter zu blicken. Wie wäre es mit einer Mauer nach 25 Metern, oder 100 Meter? Was macht einen guten Punkt zum Halten aus?

Bild 52: Ein Truppführer der Bravo Company, 3rd Battalion, 7th Infantry Regiment, 2nd Infantry Brigade führt ein **BLAST** durch. Fort Stewart, Georgia, 24 Aug 2016. Der Führer überprüft den Soldaten auf Blutungen, weist ihm eine Hauptschussrichtung zu und holt sich eine ACE-Meldung ein. So eng aneinander zu sein mag unnötig erscheinen, aber stelle dir vor es wäre Nacht.

den Wasserbestand informiert zu werden. Andere Führer bevorzugen nur „C" und führen später einen Munitions- oder anderen Ausgleich durch.)

SAW's face out (SAW's nach außen gerichtet) – Falls ein Feind gefangen genommen wird und ein Schütze von der Linie abgezogen werden muss, müssen die SAWs eine überschneidende 180° Sicherung stellen.

Tac Mag Reload (taktischer Magazinwechsel) – Alles, was nicht mehr voll aufmunitioniert ist (Magazine, Gurte, Gurttaschen oder Trommeln), werden durch Volle in der Waffe ersetzt.

Bei der ACE-Meldung, fasst jede Führungsebene alle Zahlen der unterstellten Soldaten zusammen und meldet eine genaue Schätzung des Durchschnitts der vollen Magazine, Munitionsgurte, und Schuss für das M240 (ohne angeschossene Gurte), eine grobe Beschreibung der San-Lage, sowie eine Liste der ausgefallenen relevanten Ausrüstung. Alle ACE-Meldungen werden an den Patrol Leader übergeben, sodass dieser Restbestände verteilen und ausgleichen kann, eine Notfall-Folgeversorgung betragen kann oder eine Evakuierung von Verwundeten.[1]

Im Fall von Verwundung, werden alle Waffen mit Gurtzuführung so früh wie möglich neubesetzt, sowie alle Führungspositionen. Oftmals werden nach dem Angriff verschiedene Trupps eingeteilt(Siehe Aufräumen nach dem Angriff (eingeteilte Trupps), S. 97.)

---

1 **Beispiel** ACE Meldung:
GrpFhr –   „ACE Meldung!"
A-TrpFhr –   „Zwei Gurte, drei Magazine, keine Ausfälle, Material vollzählig."
MG2 –   „800 Schuss, der MG3 hat einen Streifschuss am Oberschenkel, M240 schießt nur noch Einzelfeuer."

10.b Flankierend Angreifen (Gefechtsdrill 1)[1]

Ein Angriff in die Flanke wird oft anstatt eines frontalen Angriffs durchgeführt, weil dieser mehr Sicherheit bietet und dem Feind mehr psychologischen Schaden zufügt. Der flankierende Angriff erfolgt, wenn das ferne Element (im Folgenden: das flankierende Element) sich der Sicht des Feindes entzieht und anschließend seitlich annähert. Da der Feind durch das Kontaktelement abgelenkt ist, wird er von der Seite überrascht. Es ist leichter einen überraschten Feind Angst einzujagen und zu töten.

Allerdings ist der Angriff in die Flanke nicht immer die beste Option, weshalb ein paar Abwandlungen existieren. (Siehe Flankierend Angreifen – Abwandlungen, S. 88.) Die zwei hauptsächlichen Nachteile eines flankierenden Angriffs sind, dass dieser schwieriger zu koordinieren ist und mehr Zeit in Anspruch nimmt.[2] (Siehe Bild 58, S. 90.)

Sobald sich der Patrol Leader dazu entscheidet flankierend anzugreifen (wahrscheinlich nach Rücksprache mit dem Führer des Kontaktelements), wird er das Sturmelement der feindlichen Sicht entziehen. Deshalb gibt der Patrol Leader dem Kontaktelement drei Hilfsziele im Gelände, die mit den jeweiligen Feuergrenzen korrespondieren:

▸ Der Bereich, in dem das flankierende Element agieren wird mit der zutreffenden Feuergrenze, über die das Kontaktelement nicht hinausschießen darf.

▸ Der Bereich der letzten Deckung des flankierenden Elements und eine Feuergrenze für das Kontaktelement am anderen Ende der Killzone (in Bewegungsrichtung des angreifenden flankierenden Elements). Die neue Grenze wird ausgerufen durch „**Feuer verlegen**". Das Kontaktelement verlegt das Feuer zur neuen Grenze, sobald es das flankierende Element angreifen sieht oder das Signal dafür erhält, um so ein Friendly Fire zu vermeiden.[3] Die Gewalt des Handelns wird trotz der Feuerverlegung aufrechterhalten, weil der Feind weiterhin abgelenkt wird. Sobald das flankierende Element aus der letzten Deckung hervortritt, wirkt es auf denselben Bereich der Killzone, auf den das Kontaktelement kurz zuvor gewirkt hat.

1　Zitat: Schlachten werden durch Metzelei und Bewegung gewonnen. Je besser der General, desto mehr verlässt er sich auf Bewegung und weniger auf Metzelei. – Winston Churchill, britischer Premierminister im Zweiten Weltkrieg

2　Realität: Die Bilder in diesem Abschnitt zeigen Gruppen zur vereinfachten Darstellung. Da der Gefechtsdrill 1 für einen Zug ausgelegt ist, beziehen sich diese Bilder genau genommen auf Gefechtsdrill 1A, was eine Version des Gefechtsdrills 1 auf der Gruppenebene ist. Der Gefechtsdrill 1 auf der Zugebene ist effektiv und weit verbreitet. Der Gefechtsdrill 1A auf Gruppenebene ist weitaus schlechter wegen materieller Einschränkungen. Wie weit kann man mit nur einer Gruppe flankierend angreifen, bis ein einziges M240 verschossen hat? Wie viele Soldaten kann eine Gruppe entbehren, um den rückwärtigen Raum zu sichern?

3　Realität: Das Sturmelement kann manchmal nur schwer erkennen, ob das Kontaktelement das Feuer erfolgreich verlegt hat. Es kann sehr gefährlich sein einer fremden Einheit dabei volles Vertrauen zu schenken. Es ist schon vorgefallen, dass eine amerikanische Einheit einen ganzen Monat gebraucht hat, um einer fremden Einheit ein Feuer-Verlegen beizubringen. Ziehe in Erwägung, das Feuer direkt einstellen zu lassen.

Joe erwidert das Feuer (Gefechtsdrill 1, 3 und 4)

▸ Der Bereich der Killzone, sodass das Kontaktelement das Feuer einstellen kann, sobald das flankierende Element die Killzone betritt. **Beim Feuer einstellen bzw. beim Rufen von „Stopfen!"** hört das Kontaktelement auf zu schießen. (Siehe Bild 58, S. 90.) (Das Verlegen des Feuers wird vorgeplant und bei der PACE-Planung festgelegt.) (Siehe PACE Verbindungsoptionen, S. 242.)

Diese Hilfsziele dienen auch dem Patrol Leader dazu, dass er beim Angriff nicht die Orientierung verliert. Zusätzlich muss der Patrol Leader die regulären Gegenmaßnahmen bei Feindkontakt durchführen. (Siehe Gegenmaßnahmen des Führungselements, S. 76.) Der Führer des Kontaktelements muss alle Information, die er vom Patrol Leader erhalten hat, wiederholen und weitergeben.

Nachdem der Patrol Leader drei Hilfsziele angegeben hat, positioniert er das flankierende Element persönlich, da er für die Koordinierung der Elemente verantwortlich ist.[1,2] (Siehe Bild 55, S. 89.) Der Patrol Leader führt das Element in einer Reihe zu der Seite, die beim Feindkontakt ausgerufen wurde. Das flankierende Element muss sich der Sicht des Feindes entziehen, um beim Angriff zu überraschen. Falls sich das flankierende Element ins Sichtfeld des Feindes bewegt hat, muss es sich vor dem Angriff gegebenenfalls zurück verschieben und noch einmal der Sicht entziehen, um zu verhindern das die Annäherung frühzeitig aufgeklärt wird.[3] (Siehe Bild 54, S. 88.)

Das flankierende Element hat sich fertig positioniert, wenn es sich im rechten Winkel zu dem im Feuerkampf stehenden Kontaktelement befindet und zugleich durch das Gelände in Richtung der Killzone verdeckt ist. (Dies wird unterstützt durch die Hilfsziele im Gelände, die der Patrol Leader zuvor eingeteilt hat.) Das flankierende Element kann in eine Richtung leicht abgewendet vom Kontaktelement blicken. Allerdings ist es zwingend notwendig, **dass das Sturmelement einen Winkel von 90° zum Kontaktelement nicht überschreitet**. Sonst besteht das Risiko, dass das flankierende Element direkt auf das Kontaktelement angreift. (Siehe Bild 58, S. 90.)

Jeder Soldat dreht sich in Richtung der Killzone, wodurch sich die Reihe zu einer Linienformation umwandelt. Diese Linie ist lang genug, um jeden Soldaten einen eigenen, überschneidenden Korridor für den Angriff zu geben (Faustregel: fünf bis zehn Meter bei Tageslicht im Wald). Nachdem der Patrol Leader das flankierende Element platziert hat, begibt er sich hinter den Führer des flankierenden Elements, um die verschiedenen Elemente zu beaufsichtigen und zu koordinieren.

---

1 **Realität:** Die perfekte Einheit braucht keinen Führer zum Koordinieren, denn sie kann selbstständig und synchronisiert ohne Befehle handeln. Obwohl der Patrol Leader letztendlich im Gefecht die Verantwortung trägt, ist sein Handeln bei Feindkontakt stark von den SOPs und dem Ausbildungsstand der Einheit abhängig.

2 **Anwendung:** Falls der Führer des flankierenden Elements ein schroffer, kampferprobter Unteroffizier ist und der Führer des Kontaktelements ein Greenhorn, wo sollte sich der Patrol Leader eher aufhalten?

3 **Anwendung:** Wie soll der Patrol Leader handeln, wenn das flankierende Element plötzlich von einem neuen Feind aus einer weiteren Stellung angeschossen wird, während es sich in Reihe zur Sturmausgangsstellung bewegt? Was wäre, wenn das Kontaktelement unter indirekten Beschuss gerät (genauso wie du es bei einem flankierenden Angriff machen würdest)? Wäre in diesem Fall ein drittes Element hilfreich?

Bild 53: 173rd Airborne Brigade Fallschirmjäger verlegen das Feuer beim Einsatz von Nebel. 21 Mär 2018. **Viele Methoden (und Hilfsziele), wie Nebel, Stimme, Pfiff und Funk werden aus Gründen der Redundanz gleichzeitig eingesetzt, um ein Feuer-Verlegen oder Stopfen zu kommunizieren.**

Nach der letzten Deckung greift das flankierende Element an und es wird „Feuer verlegen!" gerufen. (Siehe Bild 53, S. 87.) Auf Grund des Überraschungsangriffs ist die Gefahr auf ein Minimum eingeschränkt. Falls der Feind jedoch das flankierende Element zuerst angreift, wird sprungweise mit drei-bis-fünf-Sekunden Rushs zum Feind vorgegangen. Alternativ kann der Führer des flankierenden Elements bei kurzer Entfernung den Feind direkt im Sturm angreifen.

Sobald sich das flankierende Element dem Wirkungsbereich des Deckungselements nähert, wird von jedem „Stopfen!" gerufen. (Besonders aber wird dies vom Patrol Leader gerufen, weil er dem nächstgelegenen Element, das M240, eine Stellung zugewiesen hat und für die Koordination der Trupps zuständig ist.) **Falls „Feuer verlegen" oder „Stopfen" nicht wiederholt wird: „HALT, STOPP, NICHT WEITER!"** Bei einer langen Annäherung oder einer langen Killzone, kann „Feuer verlegen" mehrmals ausgerufen werden.

Wenn das flankierende Element die Killzone verlässt und das Kontaktelement passiert hat, ruft das flankierende Element „Letzter Mann!", und das Kontaktelement wiederholt dies. Dadurch wird dem Führer signalisiert, wo sich das Ende der Killzone befindet. (Siehe Bild 59, S. 91.)

Bild 54: U.S. Army Fallschirmjäger der 54th Brigade, Engineer Battalion, 173th Airborne Brigade bewegen sich in Richtung Angriffsziel während der Übung Castle Warfare. Foce Reno Übungsplatz, Ravenna, Italien, 07 Dez 2016. Bei der Seitenwahl für den Angriff, wähle die Seite mit dem besten Sichtschutz, sodass das flankierende Element den Feind bestmöglich überraschen kann. **Ein frühzeitig aufgeklärter Angriff in die Flanke ist schlechter als gar kein Angriff in die Flanke, weil dadurch Munition, Zeit und Aufwand verschwendet wird.**

Sobald sich das flankierende Element 35 Meter (Handgranatenwurfreichweite) jenseits der Killzone oder dem letzten toten Feind befindet, ruft der Führer des Sturmelements „Stand! Stand! Stand!" und anschließend greift das Kontaktelement über das Angriffsziel hinaus an. Das Kontaktelement greift genauso an wie das flankierende Element. Der MG-Trupp (oder Trupps) folgen unmittelbar hinter der Formation und bewegen sich zum Berührungspunkt (Scheitelpunkt) zwischen den beiden Trupps. (Siehe Bild 59, S. 91.)

10.c Flankierend Angreifen
– Abwandlungen

Frontal binden und flankierend schlagen bzw. flankierend Angreifen ist eine der meistgelehrten Grundsätze in vielen Armeen dieser Welt. In der Doktrin der U.S. Army ist es der „Gefechtsdrill #1." **In der Realität allerdings schränken verschiedene Gegebenheiten dessen Nutzen erheblich ein:**

▸ Falls sich der Feind verschiebt, kann der Angriff in einem eigenartigen Winkel erfolgen und dabei die Koordinierung zwischen den Elementen ruinieren.

Gefechtsdrill 1A Teil 1, Vorbereitung eines flankierenden Angriffs

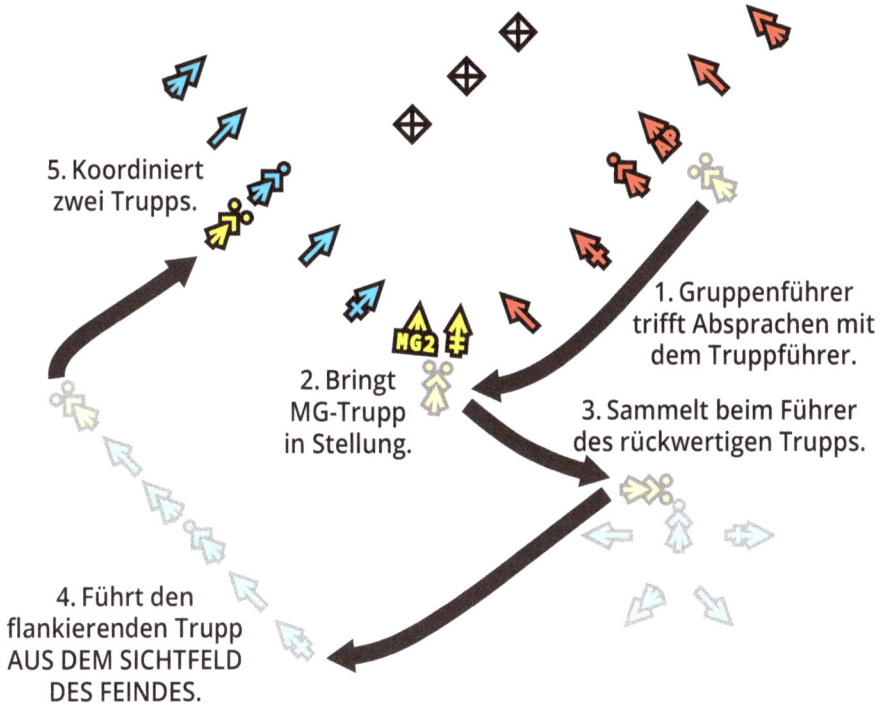

5. Koordiniert zwei Trupps.

1. Gruppenführer trifft Absprachen mit dem Truppführer.

2. Bringt MG-Trupp in Stellung.

3. Sammelt beim Führer des rückwertigen Trupps.

4. Führt den flankierenden Trupp AUS DEM SICHTFELD DES FEINDES.

Bild 55: Wenn das Kontaktelement das Feuer erwidert hat und in Stellung gegangen ist, **entzieht sich das flankierende Element der Sicht des Feindes und nähert sich aus einer anderen Richtung an.** Dieses Bild zeigt, wie man einen flankierenden Angriff in fünf Schritten vorbereitet. Im ersten und zweiten Schritt festigt und informiert der Gruppenführer das Kontaktelement. Im dritten, vierten und fünften Schritt positioniert er das flankierende Element.

Bild 56: U.S. und georgische Soldaten greifen links umfassend an. Vaziani Übungsplatz, Georgien, 19 Mai 2015. Da sich der MG-Trupp seitlich und angewinkelt befindet, kann er das flankierende Element nicht so gut einsehen und **Signale zum Feuer-Verlegen schlechter wahrnehmen.**

Bild 57: 7. Special Forces Group (Airborne) greifen links umfassend an. Dixonville, Pennsylvania, 22 Mär 2012. Das flankierende Element greift in einem kleineren Winkel als 90° an. Das ist in Ordnung solange es nie mehr als 90° sind, um so zu verhindern, dass das Kontaktelement angeschossen wird.

Gefechtsdrill 1A Teil 2, Sturm in die Flanke

Schritt 1, Flankierender Trupp noch in der Annäherung, uneingeschränkte Wirkungsbereiche

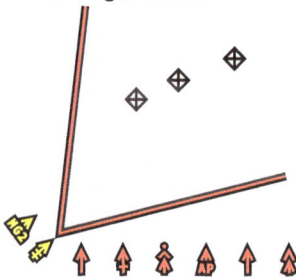

Schritt 2, Letzte Deckung: Feuer verlegen.

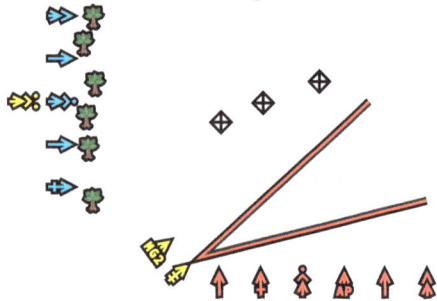

Schritt 3, Killzone betreten: Stopfen.

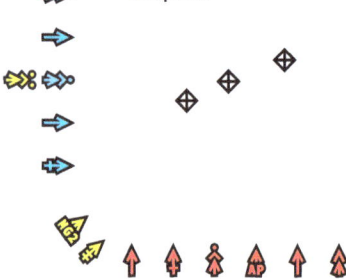

Schritt 4, Stand: BLAST-check durchführen.

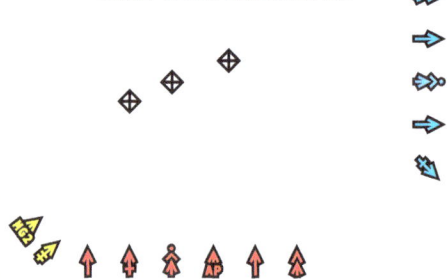

Bild 58: Ein entscheidender Aspekt beim Angriff des flankierenden Elements ist es, dass Friendly Fire vermieden wird. Dies wird durch die Kommandos „Stopfen" und „Feuer verlegen" erreicht, welche die Wirkungsbereiche des Kontaktelements einschränken sollen. Das Einschränken der Wirkungsbereiche beinhaltet vier Schritte. Obwohl diese Abbildung nur den Wirkungsbereich des MG-Trupps zeigt, wird jedes Feuer verlegt und eingestellt.

Gefechtsdrill 1A Teil 3, Sturmangriff des Kontaktelements

Der MG-Trupp folgt dicht dahinter und bewegt sich zum Scheitelpunkt.

Bild 59: Ein Angriff des Kontaktelements ist geradlinig. Das Kontaktelement bewegt sich über die Killzone hinweg und schießt auf Feind oder feindliche Körper, die sich vor der Formation befinden. **Der MG-Trupp folgt unmittelbar hinter dem Kontaktelement und bewegt sich zum Scheitelpunkt der Formation.**

Joe erwidert das Feuer (Gefechtsdrill 1, 3 und 4)

▸ Das flankierende Element benötigt Sichtschutz. Ohne Sichtschutz wird der Feind nicht überrascht und das flankierende Element verzögert nur das Erwidern des Feuers.

▸ Führer können im Feuerkampf leicht die Orientierung verlieren. Ein flankierendes Element braucht gute Hilfsziele im Gelände, um Feuer und Bewegung erfolgreich zu koordinieren.

▸ Auf der richtigen Entfernung flankierend anzugreifen beansprucht Zeit. M240 verbrauchen sehr schnell, sehr viel Munition und der Feind kann auch Steilfeuer anfordern.

▸ Das flankierende Element könnte während der Annäherung in Feindkontakt geraten, wonach die Patrol mit einem Sicht- und Verbindungsabriss im Gefecht stehen kann.

Zusammenfassend kann gesagt werden, dass sich flankierende Angriffe für erfahrene Einheiten mit ausreichendem Sichtschutz als nützlich erweisen. Dennoch ist der flankierende Angriff nur eine von vielen Angriffsvariationen, die eine Patrol anwenden kann.

Ein weniger effektives, aber narrensicheres Verfahren ist das „taktische-L.“ Die Idee hierbei ist, dass etwa ein 90° Winkel (d.h. eine L-Form) zwischen den beiden Elementen gebildet wird, indem sie sich beide direkt auf einen Punkt zubewegen, anstatt zu flankieren. Die L-Form ist für den Angriff gut geeignet, weil der Feind aus verschiedenen Richtungen unter Beschuss genommen wird. Der Patrol Leader kann jedes Element zur Linie umgliedern und anschließend überschlagend bewegen, bis sie sich im rechten Winkel zueinander befinden. Der Patrol Leader kann ein Element auch direkt zu einem 90° Winkel verschieben, falls das Gelände genügend Deckung bietet. Sobald sich die Elemente im 90° Winkel befinden, greifen sie, wie beim flankierenden Angriff, über die Killzone hinweg an. (Siehe Bild 60, S. 93.)

Eine weitere Variation des flankierenden Angriffs ist das „umgekehrte Flankieren.“ Dabei nähert sich das flankierende Element flankierend an, bleibt jedoch stehen, bevor es die Killzone betritt. Das flankierende Element wird zum neuen Deckungselement, indem es im 90° Winkel vom Kontaktelement den Feind niederhält. Sobald sich das flankierende Element in einer guten Stellung zum Niederhalten befindet, stürmt das Kontaktelement die Killzone. Sobald das Kontaktelement den Feind überlaufen hat, bewegt sich das flankierende Element als zweites durch die Killzone.

Ein umgekehrtes Flankieren wird angewendet, wenn das flankierende Element leichten Zugang zu einer guten Stellung zum Niederhalten hat, wie eine Höhe oder eine Schlucht, die gleichzeitig bei einem Angriff grauenhaft zu überwinden wäre. Zum Beispiel, der Patrol Leader schickt sein flankierendes Element los, um von oberhalb einer Schlucht aus niederzuhalten. Viele Feinde werden ausgeschaltet, aber das flankierende Element kann sich nicht weiter vor bewegen. Die Gewalt des Handelns wird beim Angriff aufrechterhalten, indem stattdessen das Kontaktelement den Sturm auf die Killzone durchführt.

Taktisches-L Formation

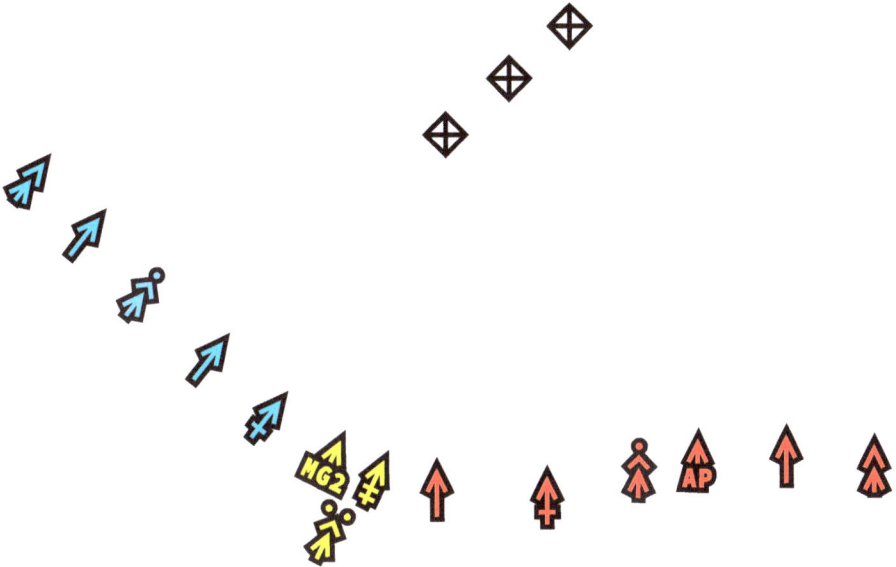

Bild 60: Im Gegensatz zu einem klassischen flankierenden Angriff, versucht das bewegende Element nicht sich gedeckt anzunähern. Stattdessen bewegt es sich **schnellstmöglich zu einem Punkt von dem aus man flankierend angreifen kann.**

10.d Lösen vom Feind (Battle Drill 3)[1]

Für die Entscheidung sich vom Feind zu lösen, muss der Patrol Leader, nachdem er die Lage beurteilt hat, davon überzeugt sein, dass es sich nicht lohnt den Feind zu bekämpfen. (Siehe Gegenmaßnahmen des Führungselements, S. 76.) Möglicherweise ist der Feind zahlenmäßig überlegen, oder die Patrol hat nicht genügend Zeit, um den Feind zu bekämpfen. Der Patrol Leader ruft das Codewort zum Lösen vom Feind aus, weist dem MG-Trupp (oder Trupps) eine Stellung zu und bewegt sich zurück zum Element, das mit dem Feind nicht in Berührung ist (im Folgenden: das niederhaltende Element). (Siehe Bild 61, S. 94.)

Unmittelbar nach dem Befehl zum Lösen vom Feind wirft das Kontaktelement **Nebel**, um so die Sicht des Feindes und die Genauigkeit seines Feuers zu reduzieren. Beim Einsatz von Nebel, ist die Windstärke zu beachten. Wind kann den Nebel wegwehen oder sogar vor das niederhaltende Element wehen und dem die Sicht versperren.

Nachdem der Patrol Leader beim niederhaltenden Element ankommt, ist es sein Ziel das Element so zu einer Linie umzugliedern, dass es das Ausweichen

---

1 **Zitat:** Retreat, hell! Wir ziehen uns nicht zurück, wir greifen in eine andere Richtung an. – U.S. Marine Corps General Oliver P. Smith

Lösen vom Feind Teil 1, Vorbereiten zum Niederhalten

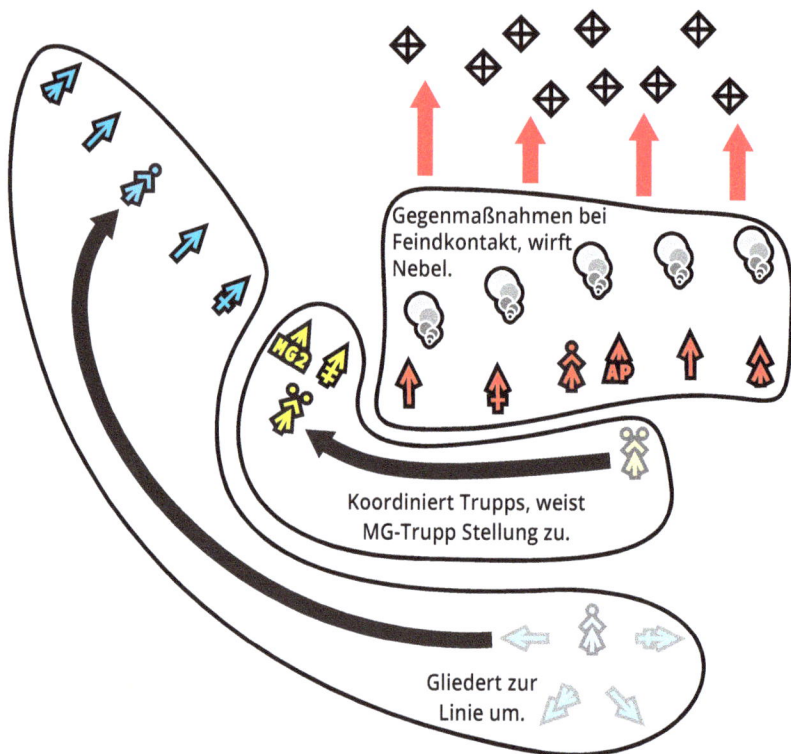

Gegenmaßnahmen bei Feindkontakt, wirft Nebel.

Koordiniert Trupps, weist MG-Trupp Stellung zu.

Gliedert zur Linie um.

Bild 61: Beim Lösen vom Feind handeln alle Elemente gleichzeitig. Der Kontakttrupp (rot) und das Führungselement führen die standardmäßigen Verfahren bei Feindkontakt durch. (Siehe Joe erwidert das Feuer (Gefechtsdrill 1, 3 und 4), S. 79.) Der einzige Unterschied ist, dass das Kontaktelement möglichst viel Nebel wirft, um sich zu verdecken. **Der Nicht-Kontakttrupp (blau) erhält das Signal zum Lösen vom Feind und muss sich daraufhin schnellstmöglich zu einer Linie umgliedern, um den Feind niederzuhalten.**

des Kontaktelements überwachen kann. Der Patrol Leader kann das Element selbst führen, oder dem Führer des niederhaltenden Elements eine Richtung, Entfernung und Hilfsziel zu einer gedeckten und Sicht-geschützten Stellung zum Überwachen vorgeben. Diese Stellung zum Überwachen muss gute Wirkungs- und Beobachtungsmöglichkeiten bieten, die nicht durch eigene Kräfte blockiert werden.

Nachdem alle Elemente stehen und auf den Feind wirken, wird überschlagend rückwärts verschoben und weiter auf den Feind gewirkt. (Siehe Bild 63, S. 96.) Der MG-Trupp (oder die MG-Trupps) sind beim Lösen vom Feind am wahrscheinlichsten beim niederhaltenden Element am besten

Bild 62: Ein kanadischer Soldat springt hinter einer Nebelwand bei einer scharfen Schießübung zum Ausweichen und zum Freikämpfen eines Grabensystems. Militärstutzpunkt Adazi, Lettland, 19 Apr 2016. **Hier wurde der Nebel unter Berücksichtigung der Windrichtung weit nach links geworfen.**

mitangegliedert. Grund dafür ist, dass das Kontaktelement unerwartet angegriffen wurde und deshalb sich höchstwahrscheinlich in einer schlechten Position befindet, um auf den Feind zu wirken. Im Gegensatz wurde das niederhaltende Element in einer vom Patrol Leader ausgewählten Stellung zum Überwachen platziert.

Um sich rückwärts zu bewegen, sucht sich der Patrol Leader einen gut gedeckten und sichtgeschützten Orientierungspunkt im Gelände zum Ausweichen. Anschließend signalisiert er dem Führer des Kontaktelements, dass er sich dorthin verschieben soll. Sobald sich das Kontaktelement zu seiner neuen Stellung verschoben hat, wird es zum neuen niederhaltenden Element. Ein Lösen vom Feind erfolgt schließlich, indem zwei Elemente abwechselnd das Deckungselement und das bewegende Element sind, wobei der Patrol Leader Feuer und Bewegung koordiniert.

Nachdem Ausweichen, bewegt sich die Patrol zusätzlich 300 Meter weg oder zum nächsten markanten Geländemerkmal. (Es ist zu beachten, dass sich der Patrol Leader in jede Richtung vom Feind lösen kann, nicht nur rückwärts.) Der Patrol Leader muss nach dem Ausweichen eine Anpassung der Marschrichtung in Erwägung ziehen. Durch eine Anpassung der ursprünglichen Anmarschroute wird die Möglichkeit des Feindes, die Patrol mit Steilfeuer zu beschießen, eingeschränkt. Sobald der Patrol Leader genug Abstand gewonnen hat, wird ein langer Halt durchgeführt, um zu konsolidieren und sich zu reorganisieren.

Lösen vom Feind Teil 2, Der Sprung zurück

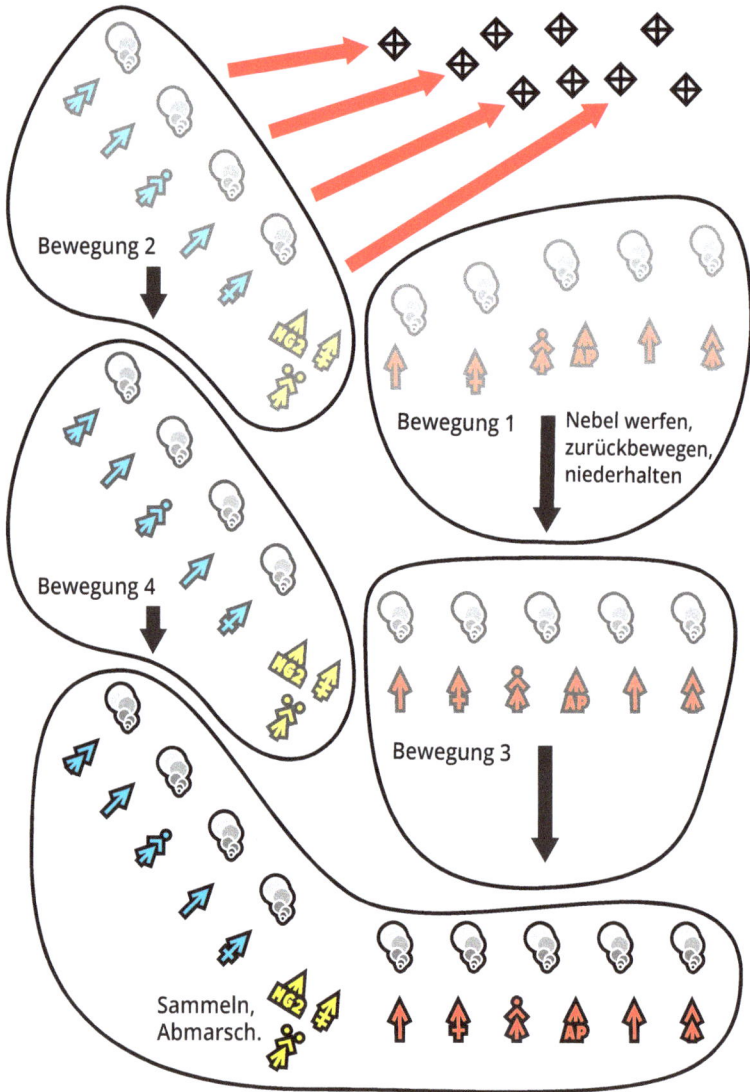

Bild 63: **Wenn das niederhaltende Element (blau) das Feuer eröffnet, kann das Kontaktelement (rot) zu einer guten Deckung zurückspringen** (Bewegung 1). Sobald dieses steht und feuert, kann das Niederhaltende zurückspringen (Bewegung 2). (Siehe Direktes Überwinden der Freifläche (Springen), S. 64.) Das überschlagende Niederhalten und Springen wird fortgesetzt bis der Feind die Patrol nicht mehr verfolgt. Anschließend sammelt sich die Patrol und marschiert ab.

10.e Lösen vom Feind
Abwandlungen

Die am häufigsten verwendeten Verfahren zum Lösen vom Feind bezeichnet man als „Peels" (englisch für „abschälen"). Die Analogie für einen Peel ist ein kleines Tier, das angegriffen wird und als Reaktion **sich so groß wie möglich macht**. Ein kleines Element, wie eine Gruppe oder ein Erkundungskommando, schießt schnellstmöglich mit allen Mitteln, um sich als eine größere Kräftegruppierung darzustellen.

Wenn jeder schießt, bewegen sich ein oder zwei Soldaten von der Spitze ans Ende des Elements und setzen anschließend den Feuerkampf fort, wonach sich der nächste Soldat bewegt. Dies ermöglicht es dem Element auszuweichen, während es so viel Feuer wie möglich an den Feind bringt. Dies ist eine Variante des standardmäßigen Lösens-vom-Feind, weil Soldaten einzeln oder zu zweit unter Überwachung ausweichen, anstatt als geschlossenes Element. (Siehe Bild 65, S. 98.)

Die Idee des einfachen Peels wird weiter aufgeteilt in einen „Center-Peel" und einem „Side-Peel," welche sich auf die Richtung des Ausweichens beziehen im Verhältnis zur Richtung des Feindes. Ein **Center-Peel** wird angewendet, wenn sich der Feind geradeaus bewegt und man den Peel nach hinten durchführt. Es werden zwei Reihen gebildet. Die zwei Soldaten an der Spitze, die dem Feind am nächsten gelegen sind, weichen entlang der Mitte der Formation aus bis ans hintere Ende der beiden Reihen. Die Zweiten in den Reihen eröffnen das Feuer zum Niederhalten. Sobald wie möglich startet der zweite Soldat diesen Zyklus neu und weicht entlang der Mitte der Reihe aus, während der Soldat dahinter das Feuer eröffnet. (Siehe Bild 64, S. 98.)

Ein **Side-Peel** wird angewendet, um seitwärts auszuweichen. Ein Soldat nach dem anderen bewegt sich hinter der Linie von links nach rechts, oder von rechts nach links. Bei einem Side-Peel ist die Bewegungsrichtung auf links und rechts eingeschränkt, aber es ermöglicht allen Soldaten auf einer Linie zu wirken, anstatt nur den vorderen Zweien. (Siehe Bild 66, S. 99.)

Die Verbesserungsvorschläge zu Peels und Verfahren zum Lösen vom Feind sind endlos. Ziehe in Erwägung, es schräg auszuweichen. Es kann den Eindruck vermitteln, dass mehr Soldaten am Gefecht teilnehmen. Ein Soldat hinten kann auch eine Claymore auslegen und diese zünden wenn er an der Spitze ist.

11. Aufräumen nach dem Angriff (eingeteilte Trupps)

Sobald der Feind überlaufen wurde, muss in der Killzone etwas aufgeräumt werden. Tote Feinde, eigene Ausfälle und wichtiges Material benötigen alle

Bild 64: U.S. Navy Combat-Fotographen üben einen Center-Peel. Fort A.P. Hill, Virginia, 25 Okt 2004. **Hinten links fängt ein Soldat an auszuweichen, einer schießt und ein anderer bereitet sich darauf vor, wieder zu schießen.**

Peels

Center-Peel

Side-Peel

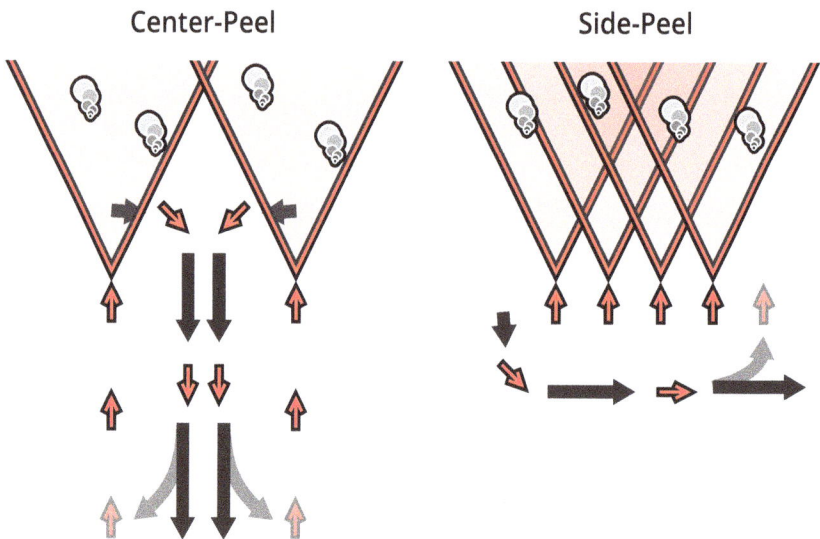

Bild 65: Center-Peel und Side-Peel. Ein Peel ist ein Notverfahren, bei dem kleinere Kräfte größere in Schach halten. Die Soldaten wirken mit allem, was ihnen an Munition und Nebel zur Verfügung steht, während sich die Spitze nach hintern verschiebt. **Die Spitze kann sich entweder neuformieren um wieder zu Schießen, oder anfangen auszuweichen.**

Bild 66: Able Company, 2nd Battalion, 503rd Infantry Regiment, 173rd Airborne Brigade. Fallschirmjäger wenden einen Side-Peel an, während Iron Sword 2016. Pabrade, Lithauen 29 Nov 2016. **Viel Nebel und Feuer lässt die Kräfte größer erscheinen.**

Aufmerksamkeit. Für dieses Aufräumen hat die Patrol im Voraus „eingeteilte Trupps" festgelegt, die aus Schützen sowie aus Führern bestehen.

Wenn eingeteilte Trupps nach dem Überlaufen des Feindes aus der Formation genommen werden, müssen sich die verbleibenden Soldaten alle entstandenen Lücken in der Sicherung schließen. Die SAWs am jeweiligen Ende der Linie überschneiden sich, um einen 180° Wirkungs- und Beobachtungsbereich zu bilden. Die restlichen Schützen und SAWs sichern den übrigen Raum.

11.a Enemy Prisoner of War (EPW) Team - Kriegsgefangenentrupp

Unmittelbar nachdem der Patrol Leader seinen ACE-Report (Ammo, Casualty, Equipment) oder seine Mun.- und Verwundetenmeldung von jedem Soldaten erhalten hat, ruft er „EPW!", bzw. „Kriegsgefangenentrupp!" Das EPW-Team, bzw. der Kriegsgefangenentrupp, besteht aus mindestens vier Schützen pro Gruppe, die bei der Befehlsausgabe festgelegt wurden. Der Führer und die Soldaten des EPW-Teams laufen um die Killzone zum Patrol Leader. (Niemand darf die Killzone betreten, bis diese vom EPW-Team als sicher erklärt wurde.)[1] Es ist üblich, dass jeder Schütze und der Führer des Alpha-Trupps als EPW-Team(s) eingeteilt werden. (Siehe Bild 67, S. 100.)

---

1   **Anwendung:** Die Idee hinter dieser Regelung ist, dass sich in der Killzone immer noch Feinde befinden, die oft nicht tot sind und immer noch vorbeigehende Soldaten überraschend angreifen können. Unter welchen Umständen wäre es in Ordnung die Killzone zu betreten, bevor diese noch nicht oder nur teilweise vom EPW-Team durchsucht und geräumt wurde?

EPW Räumen und Durchsuchen

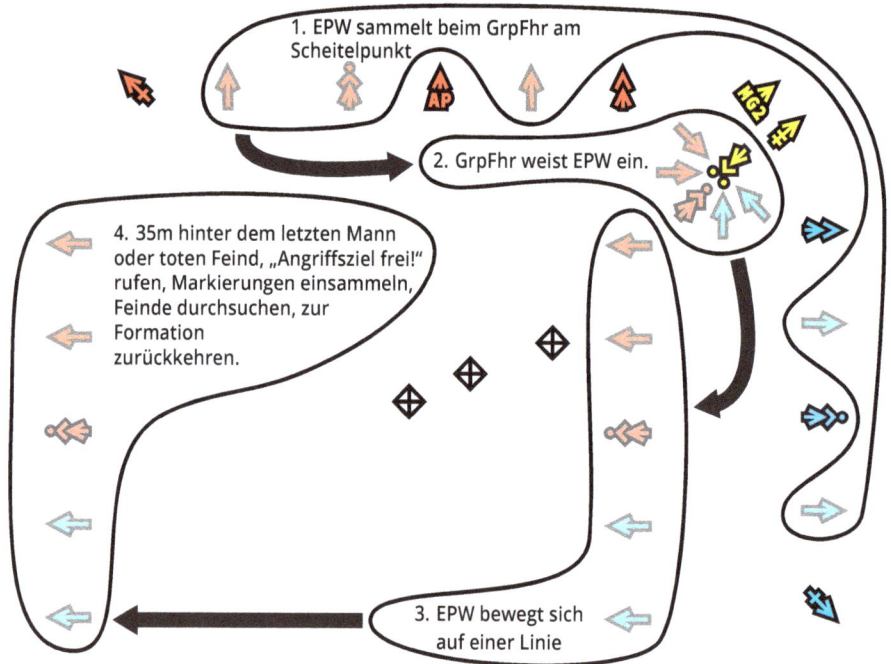

1. EPW sammelt beim GrpFhr am Scheitelpunkt.

2. GrpFhr weist EPW ein.

4. 35m hinter dem letzten Mann oder toten Feind, „Angriffsziel frei!" rufen, Markierungen einsammeln, Feinde durchsuchen, zur Formation zurückkehren.

3. EPW bewegt sich auf einer Linie

Bild 67: Das EPW-Team durchkämmt das Angriffsziel. Da das **EPW-Team in der Planungsphase festgelegt** wird, herrscht keine Verwirrung darüber, wer sich beim Gruppenführer zu melden hat, wenn dieser nach dem EPW-Team ruft.

Der Patrol Leader **weist den Trupp auf folgendes ein**:

Color (Farbe) – Jeden EPW-Halbtrupp wird zur Erkennung eine Farbe zugewiesen. (Wenn während der Durchsuchung etwas gefunden wird, verwenden zwei Soldaten, die den gleichen Gegenstand ausrufen, zur Übersichtlichkeit verschiedene Farben; z.B. „Schwarz eine Karte," und „Gold eine Karte.")

Clearing instructions – (Anweisungen zum Räumen) – Wie die Killzone geräumt und durchsucht wird. (Üblicherweise erfolgt dies gemäß SOP, weshalb nur bei einer außergewöhnlichen Lage darauf eingegangen wird.)

Collection Instructions – (Anweisungen zum Sammeln von Gegenständen) – Welche Gegenstände während des Durchsuchens gesammelt werden sollen und wo diese zu verstauen sind.

Aufräumen nach dem Angriff (eingeteilte Trupps)

Clock (Zeit) – Wie viel Zeit das EPW-Team zum Räumen und zum Durchsuchen des Angriffsziels hat.[1]

Nachdem die Anweisungen erteilt wurden, bildet das EPW-Team eine Linie entlang der gesamten Killzone mit dem EPW-Führer in der Mitte. Das Licht an den Gewehren wird eingeschaltet und die Killzone wird von einem Ende zum anderen **durchkämmt**.

Falls ein Soldat einen leblosen Körper sieht, ruft er „toter Feind!" Die Formation bleibt stehen oder vermindert das Tempo, während zwei Soldaten sich auf den leblosen Körper fixieren. Der Soldat, der den leblosen Körper zuerst erkannt hat, richtet seine Waffe darauf und gleichzeitig weg von eigenen Kräften. Sobald er in Stellung ist, bewegt er sich nicht weiter.

Ein zweiter Soldat bewegt sich um den Ersten herum. Dieser prüft, ob sich Waffen unter dem leblosen Körper befinden und gleichzeitig, dass er nicht ins Schussfeld des sichernden Soldaten tritt. Um diesen Check durchzuführen, rollt er den Körper auf die Seite, sodass der sichernde Soldat darunter blicken kann. Falls der sichernde Soldat eine Sprengfalle sieht, ruft er „Granate!" und jeder springt zu Boden.

Um auf Sprengfallen vorbereitet zu sein und zu vermeiden ins Schussfeld des Kameraden zu treten, ist die Richtung, in die der leblose Körper gerollt wird von der Position des sichernden Soldaten abhängig. Falls sich der Körper längs zum sichernden Soldaten befindet, kniet der zweite Soldat daneben ab und rollt den leblosen Körper seitlich zu sich hin. Befindet sich der Körper queer, umfasst er ihn und hebt ihn an, sodass der sichernde Soldat eine gute Sichtlinie unterhalb des Körpers hat und sehen kann, ob sich dort eine Sprengfalle befindet. Falls eine Sprengfalle vorhanden ist, kann der Körper schnell wieder auf die Sprengfalle fallen gelassen werden. Zu signalisieren, dass der leblose Körper keine Gefahr mehr darstellt, werden Arme und Füße überkreuzt. Dann wird die Waffe des Feindes entladen und gesichert und anschließend an seinen Füßen abgelegt, um zu signalisieren, dass die Waffe keine Gefahr mehr darstellt. Nachdem Feind und Waffe überprüft wurden, gliedert sich der Soldat wieder in die Linie ein.

Sobald alle leblosen Feinde in der Killzone überprüft wurden, ruft der EPW-Führer dem Patrol Leader „Angriffsziel frei!" zu. (Siehe Verfahren bei Fahrzeugen, S. 203.) Das bedeutet, dass alle Soldaten die Killzone jetzt frei betreten können und dass mit dem **Durchsuchen** begonnen werden kann.

---

1 **Beispiel** Anweisungen für das EPW-Team:
GrpFhr – „EPW-Team bei mir sammeln."
   „Ihr seid Schwarz und ihr seid Gold. Beginnt mittig und durchkämmt bis fünf Meter hinter die SAW-Stellung. Bringt alle PIRs zu mir. Legt Waffen und Ausrüstung auf die Motorhaube des Fahrzeugs. Waffen werden Verschluss an Verschluss gelegt und Ausrüstung obendrauf. Ihr habt drei Minuten."
A-TrpFhr –   „Schwarz links von mir; Gold rechts von mir. Vorwärts Marsch."
Schütze – „Ich habe hier einen toten Feind."
A-TrpFhr –   „Vorne Halt."
Schütze – "Frei."
A-TrpFhr –   „Weiter Marsch."
   „Angriffsziel frei."
   „Du durchsuchst den toten Feind neben dem Baum. Du hast eine Minute."

Aufräumen nach dem Angriff (eingeteilte Trupps)

Bei der Durchsuchung der gefallenen Feinde benutzt das EPW-Team Stirnlampen und schaltet die Lichter an ihren Waffen aus, um so zu vermeiden, dass Eigene ausgeleuchtet werden. Jeder leblose Körper braucht einen Soldaten von dem er durchsucht wird; jeder weitere Soldat gliedert sich wieder in die Formation ein und sichert. Es sind immer zwei EPW-Soldaten, die auf Gefahren prüfen und einer, der durchsucht.

Beim Durchsuchen arbeitet sich der Soldat von oben nach unten und fasst alles an, durchwühlt und tastet ab, was Information beinhalten kann oder eine Waffe ist. Obwohl es systematische und vollständige Methoden zur Durchsuchung gibt, ist das aus Zeitgründen oft nicht möglich. In der Eile sind Bereiche am Körper zu priorisieren, die am wahrscheinlichsten wichtige Gegenstände enthalten. (Wichtige Gegenstände wurden vom Patrol Leader in der Einweisung festgelegt.)

Wenn ein wichtiger Gegenstand gefunden wurde, ruft der Soldat das in folgender Reihenfolge aus: seine EPW-Trupp Farbe, die Anzahl und den Gegenstand (z.B., „Schwarz, ein Chest Rig"). Nach Abschluss markiert der Soldat den toten Feind als durchsucht (z.B., indem er ihm das Oberteil über den Kopf zieht). Sobald alle Feinde durchsucht wurden, werden alle Gegenstände zu der vom Patrol Leader festgelegten Stelle gebracht. Danach gliedert sich jeder Soldat wieder in die Sicherung ein.

Während des Prüfens und Durchsuchens sollte jeder Feind tot sein. **Falls ein überlebender Feind gefunden wurde**, der den gesamten Sturmangriff überlebt hat, ist zu erwarten, dass er verwundet wurde und/oder sich ergeben hat. (Diese Erwartung ist der Grund dafür, dass es ein „Enemy Prisoner of War Team" ist und kein „Übergebliebener-Feind Team.") Von diesem Moment an wäre es ein Kriegsverbrechen den Gefangenen zu töten, außer er würde eine direkte Bedrohung darstellen. Kriegsgefangene dürfen nicht weiter verletzt werden, egal ob direkt oder indirekt (wie beim Hinterlassen im Wirkungsradius einer Sprengung), und müssen schließlich vom Medic behandelt werden.

Bei einem lebenden Kriegsgefangenen ist der Erfolg des gesamten Auftrags gefährdet. Einen unfreiwilligen oder verletzten Menschen zu bewegen, bindet viele Kräfte. Des Weiteren kann ein zurückgelassener Kriegsgefangener weitere Feindkräfte alarmieren. Oft enthalten Angriffe durch den verschiedenen Elementen mehrere Wellen mit dem Zweck, dass jeder Feind beim Angriff auch getötet wird.

Die Führung muss in Anbetracht des Gefangenen informiert werden, um lageabhängig das weitere Vorgehen zu bestimmen. Bei dem Gefangenen wird standardmäßig nach **5S&T** vorgegangen:

Search (Durchsuchen) – Gefangene werden sofort und gründlich nach Waffen und Unterlagen durchsucht.

Segregate (Trennen) – Gefangene werden in Gruppen aufgeteilt: Offiziere, Unteroffiziere, Mannschaften, Deserteure, Zivilisten und Frauen. Dies verhindert, dass sie Gefangene organisieren und dass Befehle erteilt werden.

Silence (Schweigen) – Gefangene zum Schweigen bringen, um jegliche Form Koordinierung zu unterbinden.

Bild 68: Ein Fallschirmjäger des 1st Battalion, 325th Regiment, 2nd Brigade, 82nd Airborne Division, überprüft einen EPW. 18 November 2010. Der EPW liegt queer vor dem sichernden Soldaten und wird angehoben. **Der Soldat am Feind hat sich verschoben, sodass der andere Soldat eine direkte Sichtlinie hat und ihn sichern kann.**

Bild 69: Ein kamerunischer Soldat durchsucht einen U.S. Staff Sergeant. Limbé, Kamerun, 20 Sep 2016. Der Feinddarsteller liegt längs und wird zum Soldaten hin gerollt. Es ist zu sehen, wie die Taschen auf links gedreht werden und dass die Stiefel ausgezogen und durchsucht wurden.

Speed – (Geschwindigkeit) Gefangene schnell zu ihren endgültigen Standort (bewegen), um eine zögerliche Informationsweitergabe zu maximieren.

Safeguard (Schützen) – Gefangene sind zu schützen, wenn sie bewegt werden. Ihnen sind keine Zigaretten, kein Essen und kein Wasser zu geben, bis es von einem zuständigen Befrager genehmigt wurde.

Tag (Markieren) – Die Gefangenen werden mit der Zeit, dem Ort und den Umständen der Gefangennahme markiert. Ausrüstung und Waffen werden auch markiert.

11.b Verwundetentragetrupps

Bei eigenen Ausfällen wird der Patrol Leader so früh wie möglich informiert. Nachdem das EPW-Team eingewiesen wurde, wird der Verwundetentragetrupp direkt zum Scheitelpunkt der Formation gerufen. Allerdings kann der Patrol Leader diese nicht losschicken, bis das EPW-Team die Killzone geräumt hat. Sonst könnte ein noch lebender Feind, zum Beispiel eine Granate einsetzen. Ab dem Moment, in dem „Angriffsziel frei!" ausgerufen wird, entsendet der Patrol Leader den Verwundetentragetrupp. Alle Verwundeten werden eingesammelt und zum Patrol Leader gebracht, um anschließend für den sanitätsdienstlichen Abtransport vorbereitet zu werden. (Siehe Sanitätsdienstlicher Abtransport, S. 106.)

11.c Sprengtrupp[1]

Nachdem der Verwundetentragetrupp fertig ist und das EPW-Team alle Gegenstände zum Patrol Leader gebracht haben, wird alles, was für den Feind von Wert zur Sprengung vorbereitet. Der Sprengtrupp soll den Feind die Nutzung von jeglichen Waffen, Fahrzeugen, Funkgeräten und anderer Ausrüstung verwehren.

Da Sprengstoff sehr gefährlich ist, ist der Vorgang beim Sprengen der gleiche wie beim Ausfliesen. Dadurch soll vergewissert werden, dass sich beim Sprengen

---

1 Zitat: Fünf-Sekunden Zündschnüre brauchen nur drei Sekunden. – Unbekannt

keine weiteren eigenen Kräfte vor Ort befinden. (Siehe Ausfliesen aus dem Raum nach dem Angriff, S. 104.) Der Sprengtrupp besteht aus den letzten Soldaten, die sich in der Killzone befinden. Der primäre Sprengtrupp besteht meist aus dem Gruppenführer und dem MG2, oder einem anderen im Voraus eingeteilten Schützen. Der Sprengtrupp eines Zuges könnte aus den Alpha- und Bravo-Truppführer bestehen. Es ist wichtig immer einen Reserve-Sprengtrupp zu haben.

Ausrüstung wird in einer bestimmten Reihenfolge gesprengt. Zuerst wird jegliche Munition entweder auf den Boden oder auf den Motorblock eines Fahrzeugs gelegt. Wäre die Munition oberhalb des Sprengstoffs angebracht, würde sie jede Richtung streuen. Über der Munition werden alle Waffen gestapelt, sodass sich die Gehäuse berühren. Da Waffen sehr robust sind, müssen deren wichtigen Baugruppen priorisiert werden. Danach werden die Sprengladungen platziert. Alles Weitere an Ausrüstung, wie Funkgeräte und Chest Rigs werden auf die Sprengladung gelegt. Fahrzeuge, an denen keine Sprengladung angebracht werden kann, werden durch andere Mittel zerstört.

Falls sich die Patrol zu lange im Raum aufgehalten hat, muss der Patrol Leader nicht zwingend den Sprengtrupp einsetzen. Allerdings muss er trotzdem den Sprengablauf ausrufen, um mit dem Ausfließen zu beginnen.

12. Ausfliesen aus dem Raum nach dem Angriff

Sobald alle Verwundeten entfernt wurden, signalisiert der Patrol Leader das Ausfliesen aus dem Raum. Der Patrol Leader bereitet die Sprengladung selbst vor oder er führt den Sprengtrupp, sodass das Ausfliesen mit den Ankündigungskommandos für das Sprengen eingeleitet wird.

Der Patrol Leader ruft **„Fire in the Hole 1!"** und der Bravo-Truppführer oder der Gruppenführer (oder wer auch für die Vollzähligkeit verantwortlich ist) bildet einen Chokepoint hinter der Killzone und ruft wiederholt: „Chokepoint, auf mich sammeln!" Das erste Sturmelement fliest zuerst durch den Chokepoint aus. Die anderen Trupps folgen in einer Reihe. Der Führer verantwortlich für die Vollzähligkeit ruft „Sturmelement [gezählte Zahl] vollzählig!", oder „Sturmelement [gezählte Zahl], [Zahl der Fehlenden] fehlt!"[1] Währenddessen entfernt der Sprengtrupp die Sicherungen an den Initialzündern (immer mit Handschuhen an).

Der Patrol Leader ruft **„Fire in the Hole 2!"** und der MG-Trupp (oder Trupps) fliesen aus. Die MG-Trupps sind langsam und taub, weshalb sie mit „MG-Trupp weicht aus" bestätigen, um zu vergewissern, dass sie den Aufruf verstanden haben und zum Chokepoint laufen. Wieder zählt der verantwortliche Führer, nur diesmal zählt er sich mit. Falls die Zahl richtig ist, ruft er: „Führer und MG-Trupp [Zahl]

---

[1] **Beispiel** Vollzähligkeit: „Sturmelement 3 Mann vollzählig," oder „Sturmelement 3 Mann, einer fehlt."

Bild 70: Ein U.S. Army Explosive Ordnance Disposal (EOD) Spezialist der Multinational Battle Group – East beim Platzieren von C4 auf Kampfmitteln. Orahovac Sprengplatz, 04 Apr 2016. Die Sprengladung hat einen Zeitzünder, sodass der Soldat während der Detonation nicht vor Ort sein muss.

Bild 71: Blöcke einer M112 Sprengladung auf Waffen platziert. 02 Feb 2019. **Nach dem Gefecht ist der Sprengtrupp für die Zerstörung der feindlichen Waffen und Fahrzeuge verantwortlich, um den Feind die spätere Nutzung zu verwehren.**

vollzählig!", und weicht mit der zweiten Welle aus. Währenddessen betätigt der Sprengtrupp den Abzug und dreht diesen um 90° im Uhrzeigersinn.

Der Patrol Leader ruft **„Fire in the Hole 3!"** über das Funkgerät und der Sprengsatz wird gezündet. Alle Verbleibenden fliesen aus. Falls die Vollzähligkeit am Chokepoint nicht richtig war, wird kein „Fire in the Hole 3!" gerufen. Zu diesem Zeitpunkt befinden sich nur der Patrol Leader und der Sprengtrupp in der Nähe der Killzone. (Selbst wenn der Patrol Leader das Sprengen allein durchführen kann, wird er nicht alleine gelassen und ein Soldat bleibt als ein Buddy bei ihm.)

Vor dem Ausfliesen vergewissert sich der Sprengtrupp noch, dass die Zündschnur brennt (d.h. auf Rauch prüfen). Wurde dies bestätigt, ruft der Patrol Leader **„Brennt! Brennt! Brennt!"** und fliest aus.

Nachdem die Patrol mit dem Ausfliesen abgeschlossen hat, kehrt sie schnellstmöglich zu ihren Rucksäcken zurück, um nachstoßenden Feindkräften zu entgehen. Die Patrol kann die ursprüngliche Marschrichtung einhalten, wenn sie davon überzeugt ist nicht weiteren Feindkräften zu begegnen. Sonst soll die Marschroute angepasst werden.

13. Sanitätsdienstlicher Abtransport[1]

Im Fall Verwundung muss der Patrol Leader entscheiden, ob der Auftrag noch durchführbar ist; d.h. brauchen Verwundete Versorgung bevor der Einsatz zu Ende ist? Falls der Patrol Leader entscheidet, dass die Verletzungen schwerwiegend genug sind, existieren mehrere Möglichkeiten zum Abtransport. Ist die Patrol gut vorbereitet, kann der Abtransport durch ein Fahrzeug oder Hubschrauber an einem vorgeplanten Punkt erfolgen. Falls allerdings die Verwundung während des Fußmarsches erfolgt, wird etwas Laufen erforderlich sein.

Es ist von entscheidender Wichtigkeit eine PACE-Planung für den Abtransport von Verwundeten zu haben! (Siehe PACE Verbindungsoptionen, S. 242.) Ein vollständiger PACE-Plan ist ein Plan mit vier Optionen zu jeder Zeit (z.B., Primary, Alternative, Contingency und Emergency). Ein PACE garantiert mehrere Optionen zum Abtransport gleichzeitig, sodass falls eine oder mehrere ausfallen, noch eine Option verfügbar bleibt. Ohne PACE-Planung wäre das Leben eines Soldaten von einem einzigen Punkt des Scheiterns abhängig.

Im Fall von Verwundung, muss der Patrol Leader einen 9-Line Medical Request so früh wie möglich absetzen. Falls du die Multiple-Choice-Optionen vergisst, ist es in Ordnung wie ein normaler Mensch am Funk zu sprechen. Trotzdem führt jeder Soldat eine 9-Line Vorlage in seiner Ausrüstung mit sich mit.

13.a Abtransport zu Fuß

Die erste Priorität bei der Casualty Evacuation (Casevac) [Verwundeten Abtransport] ist es, einen guten Absetzpunkt zu finden. Ein Verwundeter kann an einer Helicopter Landing Zone (HLZ) (Hubschrauberlandezone), einen Ambulance Exchange Point (AXP) [fahrzeuggebundener Rettungstrupp], oder einer Vehicle Pickup Site (VPU) [Fahrzeugaufnahmepunkt] aufgenommen werden. Unmittelbar nachdem das EPW-Team die Killzone geräumt hat, koordiniert der Zugführer mit der Führung wohin die Verwundeten gebracht werden sollen.

In der Casevac-Ausbildung werden oft Tragen verwendet.[2] Allerdings binden diese Tragen viele Soldaten. Falls der Feind gerade angegriffen hat und höchstwahrscheinlich wieder angreifen wird, muss jeder verfügbare Mann bereit sein zu sichern. Einen Verwundeten zu transportieren erfordert mindestens einen Soldaten, der den Verwundeten trägt und einen, der den Rucksack des Verwundeten trägt.

Da mindestens zwei Soldaten pro Verwundeten gebunden sind und Verwundete in der Mitte der Formation bleiben, wird eine Keilformation

---

1 **Zitat:** Ein Lungendurchschuss ist die Art und Weise der Natur zu sagen, dass du es etwas langsamer angehen sollst... - Unbekannt

2 **Anwendung:** Wie viele Soldaten sind bei einer rollbaren Verwundetentrage gebunden? Wie wäre es bei einer klappbaren Talon Trage? Wie ist zu verfahren, wenn der Verwundete einen schweren Rucksack und andere Ausrüstung getragen hat?

9-Line Medevac Vorlage

Dies ist eins von vielen standardmäßigen Formaten, um Information über Verwundete und den Aufnahmepunkt zu übermitteln. Die linke Spalte listet die Kurzformen auf (z.B., sagt man bei Line 3 „5 A", bedeutet das „5 Urgent"). Eine übliche Eselsbrücke ist:
„Low Flying Pilots Eat Tacos; Salsa Makes Nasty Nachos,"
(was so viel bedeutet wie tiefffliegende Piloten essen Tacos; Salsa macht Nachos eklig.")

1. Ort der Aufnahme

2. Frequenz und Deckname

3. Anzahl und Dringlichkeit der Versorgung	A. Dringend (2 Stunden) B. Priorität (4 Stunden) C. Routine (24 Stunden) D. Gelegenheitsanhängig
4 Benötigte Ausrüstung	A. Keine B. Winde C. Bergeausrüstung D. Ventilator
5. Art des Patienten	L. Trage A. Gehfähig
6. Sicherheit am Aufnahmepunkt	N. Feindfrei P. Möglicher Feind E. Feindkräfte X. Feind (gepanzerte Begleitung notwendig)
7. Markierung am Aufnahmepunkt	A. Panel B. Pyro C. Rauch D. Keine E. Andere
8. Staatsangehörigkeit und Militär	A. U.S. military B. U.S. civilian C. Non U.S. military D. Non. U.S. civilian E. Kriegsgefangene
9 ABC Lage	N. Atomar B. Biologisch C. Chemisch

Bild 72: U.S. Marines des 3rd Battalion, 6th Marine Regiment, 2nd Marine Division bewegen Verwundeten-Darsteller während der Heavy Huey Gefechtsübung. Yuma, Arizona, 09 Apr 2014. Falls eine acht Mann Gruppe drei Verwundete erleidet, kann die Gruppe noch zwei Mann Tragetrupps sicher einsetzen? **Der durchschnittliche Soldat wiegt mit Rucksack über 100 Kg.**

automatisch unorganisiert. Zum Erhalt der Ordnung ist die „Honigwabe" die beste Formation. **Eine Honigwabenformation** ist sehr flüssig und definiert sich durch ein weiches Innere (Verwundete, Träger und Austauschträger) mit einer harten Schale (die SAWs und M240). Das M240 sichert in Richtung des wahrscheinlichsten Anmarschweges des Feindes, was meistens 12 Uhr ist.

Die Verwundeten in der Mitte müssen vom Führer straff beaufsichtigt werden. Tragende Soldaten werden nach verschiedenen Zeitabständen ermüden und durch die Tragelast unaufmerksam, was dazu führt, dass sie abschweifen können. Deshalb muss der Führer die Träger zusammenhalten, die Vollzähligkeit im Auge behalten, durchwechseln und den gesundheitlichen Zustand der Verwundeten überwachen. Eine übliche Vorgehensweise ist es Reihen zu bilden. Zuerst sind alle Träger auf eine Höhe zu bringen, dass sie ihre Schrittgeschwindigkeit gegenseitig anpassen können. Danach werden ihre Tauschpartner eingeteilt und folgen direkt dahinter, sodass alle konsolidiert sind und bereit in jeden Moment durchzuwechseln.

Verwundetentrageformation

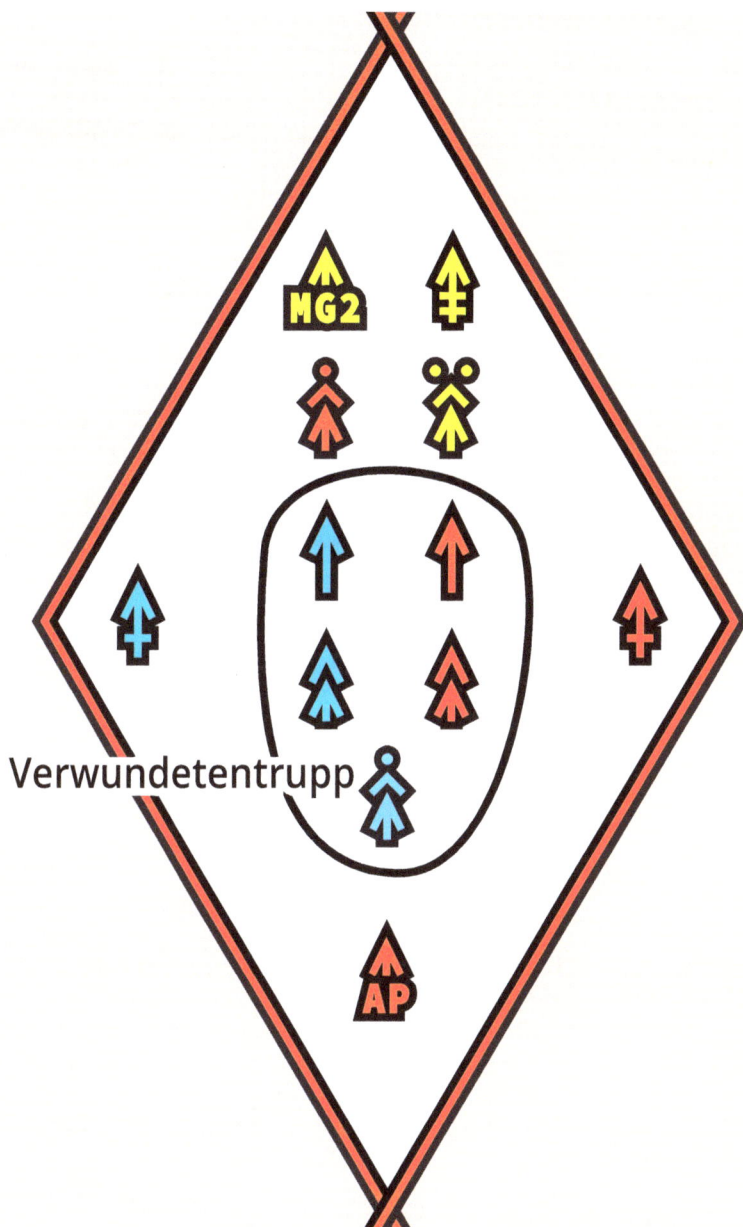

Bild 73: Diese Formation wird auch als "**Honigwabe**" oder "Schildkrötenpanzer," bezeichnet, weil sie eine harte Schale und einen weichen Kern hat. **Der Grundgedanke hinter jeder Verwundetentrageformation ist es, eine 360° Sicherung um die Verwundeten und den Tragenden sicherzustellen** da diese kampfunfähig sind. Waffen mit Gurtzuführung sind immer außen zu halten und falls nötig unter den Soldaten durchzuwechseln.

13.b Abtransport durch Übergabe an einen Rettungstrupp

Übergaben an einen Rettungstrupp können gefährlich sein, **weil jeder ein Rettungsfahrzeug kapern kann**. Deshalb ist immer zu prüfen, wer der Fahrer ist. **Ein Vorerkundungskommando bestätigt,** dass das Rettungsfahrzeug auch von Eigenen besetzt ist, bevor die Verwundeten übergeben werden. (Siehe Vorerkundung des Objective Rally-Point der Gruppe, S. 135.) Das Vorerkundungskommando besteht aus einem Führertrupp und einem Überwachungs- und Beobachtungstrupp (engl.: Surveillance and Observation Team, Abk.: S&O). Der Führungstrupp besteht aus dem Patrol Leader und einem weiteren Soldaten (normalerweise dem Alpha-Truppführer oder Fernmelder), während der Überwachungs- und Beobachtungstrupp aus einem SAW-Schützen und einem Gewehrschützen besteht.

Der Führer weist dem Überwachungs- und Beobachtungstrupp eine Stellung zu, sodass dieser das Fahrzeug immer einsehen kann, ohne selbst vom Fahrzeug gesehen zu werden. Der Patrol Leader gibt zur Sicherheit auch einen Wirkungsbereich vor. Zum Beispiel, falls die Grenze in Fahrtrichtung an den Frontscheinwerfern des Fahrzeugs beginnt und in die andere Richtung offen ist, dann bewegen sich alle Soldaten immer vor den Frontscheinwerfern, sodass sie nicht in den Wirkungsbereich des SAWs laufen.

Falls ein gewöhnlicher Rettungstrupp ankommt, muss der Patrol Leader damit rechnen, dass dieser feindlich gesinnt ist. Um zu beweisen, dass der Rettungstrupp sicher ist, können sich der Patrol Leader und der Fahrer durch vorgeplante Parolen abfragen. Kann der Rettungstrupp diese nicht richtig beantworten, weicht die Patrol aus. Falls der Rettungstrupp von Eigenen ist, kehrt der Führungstrupp zur Patrol zurück und kommt mit den Verletzten und deren Rucksäcken wieder.

13.c Abtransport durch Hubschrauber

Die Übergabe an einer HLZ (Helicopter Landing Zone) ist unkompliziert, weil der Feind höchstwahrscheinlich keine eigenen Militärhubschrauber gekapert hat. Der Patrol Leader kann annehmen, dass der Hubschrauber ein Eigener ist und Verwundete mit ihren Rucksäcken direkt übergeben. Bevor der Hubschrauber landet, muss die 360° Sicherung in der HLZ stehen. Das Sichern der HLZ muss nicht die gesamte Patrol binden. Die Stärke der Sicherung wird nach einer METT-TC Analyse festgelegt.

14. Feuerunterstützung

In vielen Infanterieeinheiten werden Soldaten angegliedert, die über die Führung Feuerunterstützung beantragen. Forward Observer (FO) [dt.: Beobachter] fordern

Bild 74: U.S. Airforce Pararescuemen, angegliedert an das 82nd Expeditionary Rescue Squad, eingesetzt zur Unterstützung der Horn of Africa Combined Joint Task Force steigen in einen HH-60G Pave Hawk als Teil einer CASEVAC-Übung. Ostafrika, 30 Nov 2018. **Hubschrauber benötigen Freiflächen zum Landen, wodurch eigene Kräfte exponiert werden können**. Wie könnte man dieses Risiko minimieren?

Steilfeuer an, wie Mörser oder Artillerie. Joint Terminal Attack Controller (JTAC) lenken den offensiven Einsatz von Luftfahrzeugen, wie beim Close Air Support [Luftnahunterstützung]. Artilleriebeobachter der Marine lenken Seeunterstützungsfeuer. Zu erklären, wie diese Soldaten ihre Aufgaben erledigen würde über den Rahmen dieses Handbuchs hinausgehen. Dennoch wird in diesem Abschnitt ihre Rolle im Gefecht detailliert beschrieben.

14.a Artillerie und Mörser (Call for Fire – Feueranforderung)

Einen Soldaten, der darauf spezialisiert ist, Artilleriefeuer und Mörserfeuer zu lenken bezeichnet man als Forward Observer (FO). Das Feuer kann aus Mörserbeschuss bestehen, um den Feind zu zerschlagen, aus Phosphorleuchtkörpern, um einen Geländeabschnitt zu beleuchten, oder aus Nebel, um für ein Ausweichen zu blenden. Die Reichweite und die Zerstörungskraft dieser Waffensysteme multipliziert die Durchsetzungsfähigkeit einer Infanterieeinheit. (Siehe Bild 76, S. 113.) Die Mittel, die einem FO zur Verfügung stehen müssen in der Planungsphase bestimmt werden. Ein FO kann auch gleichzeitig ein JTAC für Close Air Support sein, oder ein Beobachter für Unterstützungsfeuer der Marine.

Feuerunterstützung

Da die Artilleriekräfte in ihren Feuerstellungen das Gefechtsfeld nicht einsehen können und auch nicht kennen, sind FOs für den Einsatz von Steilfeuer unerlässlich.[1] Artilleriewaffen haben nur selten eine freie Sichtlinie zu ihrem Ziel und befinden sich meist kilometerweit entfernt. Der FO agiert als Auge dieser Waffen, indem er bei der Beobachtung Information über das Ziel und Schusskorrekturen übermittelt. In den meisten Fällen arbeiten der FO und der Fernmelder als ein Team zusammen, sodass der FO schnellen Zugriff auf ein Funkgerät hat, um Zieldaten zu übermitteln. Um schnell und korrekt Ziele weiterleiten zu können, muss der FO die Grid-Koordinaten der Patrol immer griffbereit haben.

Jeder Einsatz kann vorgeplante Ziele enthalten. (Z.B., Steilfeuer kann Straßen auf beiden Seiten eines Hinterhalts zerstören und dadurch dem Feind ein Ausweichen verwehren.) Eine Patrol kann auch improvisieren, um Targets of Opportunity (T/O) [Gelegenheitsziele] zu bekämpfen. Um Steilfeuer für ein T/O anzufordern, verwendet der FO ein vorbestimmtes Format. Ein mögliches Format ist **PLOT-CR:**[2]

Purpose [Zweck] – das Ziel des indirekten Feuers. (Dem FO mögen die begrenzenten Mittel der übergeordneten Führung nicht bekannt sein. Deshalb ist PLOT-CR eine Empfehlung, die von der übergeordneten Führung angepasst werden kann, um den Zweck gegebenenfalls mit einem anderen Mittel zu erfüllen.)

Location – [Ort] – Die achtstellige Grid-Koordinate des Ziels, oder die Richtung und Entfernung zu einem Bezugspunkt (Bezugspunktverfahren). (Falls sich eigene Kräfte in der Nähe befinden, muss „Danger Close" gemäß dem verwendeten Waffensystem angekündigt werden.)

Observer [Beobachter] – Der oder die Soldaten, die den Einschlag der Geschosse beobachten und falls nötig Korrekturen weiterleiten.

Trigger [Auslöser] – Das Ereignis, das eintreffen muss, um das Feuer zu eröffnen.

Communication [Verbindung] – Das Funkverbindungsmittel zwischen dem FO und der Einheit, die das Steilfeuer schießt.

Resources [Mittel/Munition] – Die geplante oder beantragte Munitionsart für jedes Ziel.

---

1 Zitat: Ich denke, dass ein Bombenteppich eine absolut großartige Idee ist, wenn der Feind uns gefällig ist und sich fernab von Infrastruktur und Zivilisten, wie ein Teppich mitten in der Wüste auslegt. Traurigerweise hat der Islamische Staat gelernt, dass das dieser Ansatz zum Scheitern verurteilt ist und wird uns damit leider nicht mehr gefällig sein. David Patraeus, Commander U.S. Central Command

2 **Beispiel** PLOT-CR:

Purpose –	„Stören der abgesessenen feindlichen Reserve zum Verstärken des Angriffsziels."
Location –	"17SPU 7234 4916."
Observer –	"„Primär: Forward Observer; Alternativ: Patrol Leader."
Trigger –	"Feindliche Reserve in Bewegung entlang AO Hammer aufgeklärt."
Comms –	"Primär: VHF 35000; Alternativ: VHF 34000."
Resources –	„4 Geschosse, HE/VT."

Bild 75: Alpha Battery, Field Artillery Squadron, 2nd Cavalry Regiment feuern mit einer M777A2 gezogenen 155mm Haubitze. 21 Aug 2019. Dieses Artilleriegeschoss hat eine maximale Reichweite von 14 600 Meter.

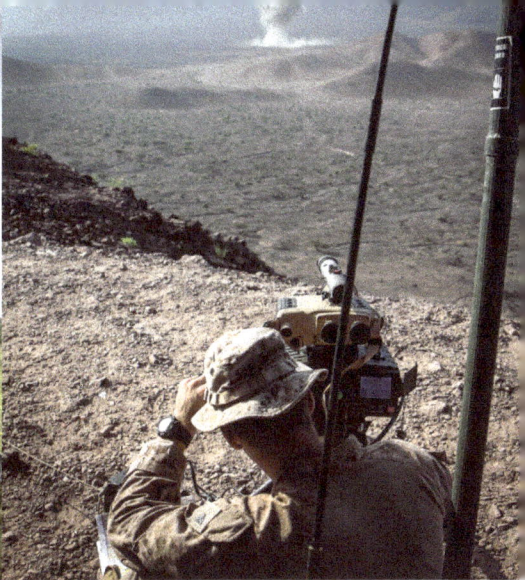

Bild 76: Ein FO der Lima Company, Battalion Landing Team 3/1, 13th Marine Expeditionary Force, beim Beobachten von Steilfeuer. 12 Sep 2018. **Ein Beobachter kann mit Steilfeuer weitaus mehrere töten als nur ein Mann mit einer M4.**

14.b Luftnahunterstützung

Close Air Support (CAS) ist der Einsatz von Luftfahrzeugen zum Bekämpfen von Feind, der in unmittelbarer Nähe zu eigenen Kräften am Boden ist. CAS ist ins Zusammenspiel von Feuer und Bewegung der bodengebundenen Kräfte miteinzubringen und zu koordinieren. CAS-Luftfahrzeuge besitzen eine Vielzahl an Waffensystemen zur Unterstützung der Kräfte am Boden, wie Abwurfkampfmittel, Gleitbomben, Lenkflugkörper, ungelenkte Raketen, Kanonen, Maschinengewehre, usw.

Es gibt zwei Arten der CAS-Anforderung: vorgeplante oder sofortige. Vorgeplante Luftunterstützung ist zeitlich festgelegt bzw. die Luftfahrzeuge befinden sich in Bereitschaft. Anforderungen zur sofortigen Luftunterstützung werden durch Luftfahrzeuge, die sich in Bereitschaft halten sichergestellt, oder indem gegenwärtige Einsätze umgeleitet oder verschoben werden. CAS kann immer und überall angefordert werden, wenn sich eigene Kräfte unmittelbar vor dem Feind befinden.

JTACs (Joint Terminal Attack Controllers) oder FACs (Forward Air Controllers) sind Soldaten, die aus einer vorgeschobenen Stellung Luftfahrzeuge bei CAS- und anderen Einsätzen lenken. JTACs beraten den Führer am Boden (oder höher) beim Einsatz von CAS und koordiniert CAS-Luftfahrzeuge in Übereinstimmung mit den bodengebundenen Kräften.

Um den Angriff einzuleiten, übermittelt der JTAC die notwendigen Zieldaten an das Luftfahrzeug. Der JTAC und das Luftfahrzeug halten bei jedem Ziel für die gesamte Dauer des Angriffs die Funkverbindung zueinander. (Genauere Beschreibungen liegen außerhalb des Rahmens dieses Buchs.)

Bild 77: Ein U.S. Air Force Senior Airman und ein Tech. Sergeant, des 21. Special Tactics Squadron JTAC, beobachten den Angriff eines **A-10 Thunderbolt II** auf einer Close Air Support Übung. Nevada Test &Training Range, 23 Sep 2011.

Nach jedem Angriff beantragt der JTAC falls nötig einen erneuten Angriff, oder er wechselt auf das nächste Ziel. Der Angriff endet erst, wenn das Luftfahrzeug keine Kampfmittel, Ziele oder Flugzeit mehr zur Verfügung hat. Sobald der Angriff zu Ende ist, meldet der JTAC das Resultat bzw. wie viele Ziele zerstört wurden und alles an Information, was das Luftfahrzeug mit zur Basis nehmen kann.

15. Notfall-/Alternativplanung[1]

Es existieren unendlich viele Arten der Feindberührung. Dennoch gibt es ein paar übliche Szenarien, auf die man vorzubereiten sein sollte.

---

1   Zitat: Es gibt Bekanntes, das bekannt ist; es gibt also Dinge, von denen wir wissen, dass wir sie wissen. Uns ist auch bewusst, dass es Unbekanntes gibt, von dem wir wissen; das heißt, wir wissen, dass es Dinge gibt, die wir nicht kennen. – U.S. Verteidigungsminister Donald Rumsfeld

Bild 78: Ein **MH-60 Black Hawk** des 160th Special Operations Aviation Regiment, unterstützt Army Ranger der Alpha Company, 2nd Battalion, 75th Ranger Regiment., durch Close Air Support auf einer Direct Action Kompaniegefechtsübung. Camp Roberts, Kalifornien, 31 Jan 2014.

15.a Gegenmaßnahmen bei Scharfschützen[1]

Wenn ein Soldat zu Boden geht, oder wenn man einen Schuss in seiner Nähe einschlagen hört, ist „Scharfschütze" zu rufen. Der Patrol Leader stellt sicher das **die Gegenmaßnahmen bei Feindberührung** durchgeführt werden. (Siehe Der Feind schießt auf Joe (Gefechtsdrill 2), S. 71.) z.B., alle Soldaten der Patrol gehen sofort in Deckung, rufen die Richtung, Entfernung und das Ziel aus, werfen Nebel und beginnen mit dem Niederhalten. Das Werfen von Nebel zum Verschleiern der Patrol und deren Bewegungen ist besonders wichtig.

Der Unterschied zwischen Scharfschützen und herkömmlichen Feind ist die Schwierigkeit zu erkennen, woher das Feuer stammt und dass Scharfschützen oft Soldaten locken und festsetzen. Deshalb ist bei Scharfschützenfeuer immer

---

1 **Zitat:** Kurz nachdem ein General in den vorderen Stellungen angekommen war, schoss ein Scharfschütze einen Knopf von seiner Jacke ab. Geschockt brach er am Boden zusammen, doch die Männer standen alle unbekümmert weiter um ihn rum. Der General schrie einen vorbeigehenden Unteroffizier an: „Wird denn niemand diesen verdammten Scharfschützen umbringen?" Der Unteroffizier blickte zu ihm herab und antwortete: „Ich denke nicht, Herr General. Wir haben Angst, dass wenn wir ihn umbringen, wird der Feind ihn mit jemanden ersetzen, der auch schießen kann." – Unbekannt

auszuweichen, außer wenn der Standort des Scharfschützens bekannt ist. Dann ist sofort Steilfeuer auf die Stellung des Scharfschützens anzufordern.

15.b Gegenmaßnahmen bei Artillerie und Mörser (indirektes Feuer)[1]

Schreie „volle Deckung", sobald du das erste Geschoss einschlagen hörst. Alle Mitglieder der Patrol legen sich sofort auf den Boden. (Siehe Bild 79, S. 117.) Bei wiederholtem Feuer legt sich jeder bei jedem einzelnen Einschlag auf den Boden. Falls allerdings klar wird, dass das Feuer nicht aufhört, steh auf und lauf so schnell du kannst.

Der Patrol Leader gibt die Richtung und Entfernung zum nächsten Sprungziel an. In solchen Fällen ist die Entfernung meistens ein Geländeabschnitt außerhalb der Sichtweite des Feindes und die Richtung 90° von der ursprünglichen Marschrichtung abgewandt. Das widerspricht der feindlichen Erwartung, dass die Patrol den ursprünglichen Marschweg einhält. **Falls Steilfeuer über das Ausweichen hinweg andauert, ist es möglich, dass der Feind versucht das Feuer anzupassen und auf die Ausweichroute zu verlegen.** In diesem Fall muss der Führer die Richtung und Entfernung ändern und die Vollzähligkeit im Auge behalten.

Kommandos werden von jedem wiederholt. Während der Bewegung, müssen alle Soldaten zum Führer Verbindung halten und falls nötig verfügbar sein ihn zu tragen. Sprinte nicht davon, ohne für weitere Anweisungen aufnahmebereit zu sein. Vergewissere dich stattdessen, dass deine Kameraden zu deiner Linken und Rechten den Schritt halten können, um sicherzustellen, dass auch jeder den Gefahrenbereich schnellstmöglich verlässt. Falls ein Soldat verletzt ist, unterstütze ihn beim Tragen seiner wichtigen Ausrüstung.

Sobald die Patrol den festgelegten Punkt erreicht, wird eine Rundumsicherung gestellt und die Vollzähligkeit an Personal, Waffen und Ausrüstung festgestellt; konsolidiert und neu-formiert; und die Verwundeten werden für den Abtransport vorbereitet.

15.c Gegenmaßnahmen bei Minen (IEDs)[2]

Wer auch immer das Improvised Explosive Device (IED) findet, alarmiert die Patrol und deutet die mögliche Sprengfalle mit einer Richtung, Entfernung und einem Hilfsziel an. Der Patrol Leader lässt die Sicherung aufbauen und jeder Soldat prüft nach weiteren IEDs mit dem **0/5/25/200-Meter-Verfahren:**

---

[1] Zitat: Meine amerikanischen Mitbürger, ich freue mich, Ihnen heute mitteilen zu können, dass ich Gesetze unterzeichnet habe, die Russland für immer verbieten werden. Wir beginnen mit der Bombardierung in fünf Minuten. – Präsident Ronald Reagan

[2] Zitat: Jedes Schiff kann ein Minensucher sein ... einmal. – Unbekannt

Bild 79: Ein Ausbilder des Combat Life Saver Course simuliert Mörserfeuer und Airmen versuchen ihre Verwundeten-Darsteller während eines Hindernislaus zu schützen. Joint Base McGuire-Dix-Lakehurst, New Jersey, 11 Mar 2013. Kannst du erkennen, wer sich richtig auf den Boden legt und **wer es nur halbherzig macht?**

0-Meter – Vor jedem Schritt ist zu prüfen, ob sich Drähte oder Druckplatten auf dem Boden befinden.[1]

5-Meter – Suche nach allem, was ungewöhnlich ist, wie aufgewühlte Erde, eigenartige Gegenstände. Suche systematisch und sorgfältig.

25-Meter – Suche nach größeren Ungewöhnlichkeiten, wie große Pfützen oder beschädigte Bauwerke.

200-Meter – Die Patrol muss nach verdächtigem Verhalten Ausschau halten. (Personen mit Zünder, Kameras, oder Scharfschützen.)

Laufe nicht sofort zu einem Soldaten, der gerade in die Luft gesprengt wurde. Versuche auch nicht sofort aus dem Gefahrenbereich abzuhauen. IEDs werden oft in Gruppen verlegt, weshalb man von einer zweiten IED in die Luft gesprengt werden kann! Melde die IED einem Kampfmittelspezialisten und der Führung mit einem EOD 9-Line (Explosive Ordnance Disposal [Kampfmittelbeseitgung]). (Siehe 9-Line IED Report Vorlage, S. 119.)

Es existieren viele Arten von IEDs, wie ferngezündete Nitratbomben und drahtausgelöste Granaten. Global gesehen sind die Arten der genutzten IEDs regionstypisch. Es ist wichtig zu wissen, welche Arten in der Region genutzt

---

1 **Realität:** Bewahre Vorsicht bei Hinterhalten in Minenfeldern. Der Feind vermint einen Raum mit Schützenabwehrminen und eröffnet anschließend mit einem RPG das Feuer auf die Fahrzeugkolonne. Aus Angst durch RPG-Feuer in die Luft gejagt zu werden, werden die Soldaten zum Absitzen gezwungen. Jedoch werden die abgesessenen Soldaten dann in die Luft gejagt, sobald sie auf die Landminen treten.

werden, um zu wissen nach was man suchen muss. Gleichermaßen existieren Standardfragen, die sich ein Soldat, der schon länger im Land ist, stellen muss. Warum ist diese belebte Straße jetzt so ruhig? Warum benutzt niemand diesen Weg oder dieses Feld? Eine übliche Taktik ist es auch Soldaten mit Zigaretten oder Kautabakschachteln zu verleiten, die an Zündern angeschlossen sind. HEBE NIE ETWAS AUF!

15.d Maßnahmen bei einem Verbindungsabriss

Ein Element hat einen Verbindungsabriss erlitten, wenn sich die Soldaten des Elements nicht mehr gegenseitig sehen können und nicht mehr per Funk oder Stimme kommunizieren können. Zum Beispiel, falls für das Verhalten bei Feindkontakt ein zügiges Ausweichen festgelegt wurde, doch das bei einem Element nicht möglich ist, dann führt das zu einem Verbindungsabriss.

Falls ein Element die Verbindung verloren hat, weil es sich zu schnell bewegt hat, dann muss es wieder umkehren. Das hintere Element setzt den Marsch langsam weiter fort, oder hält an und wartet bis das Spitzenelement zurückkehrt. Das hintere Element schickt auf keinen Fall einen Suchtrupp los, weil das zu einem weiteren Verbindungsabriss führen könnte.

Falls sich ein abgesplittertes Element verlaufen hat, muss dieses den eigenen Standort ermitteln und den letzten aktiven Sammelpunkt anlaufen. Erfolgte der Verbindungsabriss im Anschluss an eine Feindberührung, laufen beide Elemente den letzten aktiven Sammelpunkt an und warten bis das andere Element eintrifft und sich mit den festgelegten Erkennungszeichen meldet. Die Zeit, die ein Element an einem Sammelpunkt wartet, wird in der Planungsphase festgelegt, oder gegebenenfalls durch eine METT-TC Analyse beurteilt und angepasst. Ein Element sollte sich nie in einer Situation wiederfinden, in der es getrennt wurde, jegliche Funkverbindung zu anderen Elementen und der Führung verloren hat, sich verlaufen hat und nicht weiß, wo sich der letzte Sammelpunkt befindet.

15.e Gegenmaßnahmen bei einer untypischen Formation

Eine Patrol trifft auf den Feind meist mit einer der wenigen standardmäßigen Formationen, wie dem Keil oder dem langen Halt. Allerdings kann es auch passieren, dass die Patrol in einer merkwürdigen oder ohne eine Formation auf Feind trifft. Zu den nicht-standardmäßigen Formationen gehören, zum Beispiel, ein Zug während des Überwindens eines linearen Gefahrenbereichs oder eine Patrol die den Feind in einer Verwundetentrageformation begegnet.

Im Gefecht muss die Formation einer Patrol zwei Bedingungen erfüllen: **die Sicherung zu gewährleisten und Eigenbeschuss zu verhindern**. Erstens muss jeder sichernde Soldat, der nicht unter Beschuss steht in seiner Stellung verbleiben.

Bild 80: 3rd Brigade, Recon Team, 3rd Infantry Division fährt durch Müllreste hindurch. Standrand von Bagdad, Irak, 11 Aug 2005. Müll ist perfekt dafür geeignet IEDs zu verstecken. Köder, wie Magazine oder Energydrinks sind besonders verlockend. **Gibt es sichere Methoden, um durch Räume zu navigieren in denen es einfach ist IEDs zu verlegen?**

9-Line IED Report Vorlage

Bei bestätigter IED ist dies mit einem EOD 9-Line (Explosive Ordnance Disposal) der Führung zu melden.

1. Date-Time Group:	Datum und Zeit der Aufklärung.
2. Reporting Activity, Location:	Meldende Einheit und Grid-Koordinate.
3. Contact Method:	Verbindung: Funkfrequenz, Deckname, usw. .
4 Type of Ordnance:	Art des Kampfmittels. Sei detailliert. Melde: Größe, Form und Zustand.
5. Nuclear, Chemical, Biological:	So detailliert wie möglich.
6. Resources Threatened:	Stellt eine Gefahr dar für: Ausrüstung, Einrichtungen, usw.
7. Impact on Mission:	Eine kurze Beschreibung der Lage und die Auswirkung auf den Auftrag.
8. Protective Measures:	Maßnahmen zum Schutz Personal und Ausrüstung.
9. Advised Threat Priority:	Priorität der Bedrohung: unmittelbar, indirect, gering, keine.

Notfall-/Alternativplanung

Falls ein sichernder Soldat eingezogen werden kann und die Sicherung weiterhin gegeben ist, dann war die Stellungwahl ohnehin schon unzweckmäßig.

Zweitens, wenn der Führer eine Feuerlinie bildet, muss er sicherstellen, dass sich keine eigenen Kräfte vor der Linie befinden. Dies ist bei einer nichtstandardmäßigen Formation besonders wichtig, da sich Soldaten vor der Linie befinden können, von denen der Führer nicht sofort Kenntnis genommen hat. Zögere nicht damit alle Elemente zu verschieben, um sichere Wirkungsbereiche zu gewährleisten und Bewegung zu ermöglichen!

Nach dem Erreichen der nächsten Deckung, vermischen sich Soldaten der verschiedenen Elemente zwangsläufig und erwidern gemeinsam das Feuer. Wenn der Führer ein Manöverelement bilden muss, sammelt er flexibel Soldaten, anstatt verstreute Trupps und Gruppen wieder zu vereinen. Zum Beispiel kann der Patrol Leader das EPW-Team rufen oder die fünf Soldaten neben ihm.

15.f Feind aus verschiedenen oder wechselnden Richtungen[1]

Der standardmäßige Gefechtsdrill ist darauf spezialisiert, Feindkräfte an einer einzigen, gleichbleibenden Stelle auszuschalten. Falls sich allerdings der Feind an verschiedenen Stellen befindet, muss die Patrol den Feind an jeder einzigen dieser Stellen bewältigen. Die Herausforderung bei einem Angriff in verschiedenen Richtungen besteht darin, dass jedes Element koordiniert werden muss, um einen Eigenbeschuss zu verhindern. Mehrere Angriffe in die Flanke sind gefährlich und zu vermeiden. Falls jedes abgelegene Element das Kommando zum Sturmangriff geradeaus erhält, dann greift jedes Element nach außen in eine andere Richtung an.

Falls der Feind schießend ausweicht (die üblichste Art den Ort zu wechseln), muss der Patrol Leader entscheiden ob der Feind verfolgt wird. Gewöhnlicherweise ist es eine gute Idee, den Feind für eine kurze Strecke zu verfolgen und dann abzubrechen. Den Feind zu weit zu verfolgen kann zu einigen ungünstigen Situationen führen, wie ein Verbindungsabriss oder ein feindlicher Hinterhalt. Bei ungeplanter Feindberührung muss der Patrol Leader versuchen den Munitions- und Zeitverlust so gering wie möglich zu halten.

---

[1] **Zitat:** Der Feind ist uns ähnlich. Deshalb ist er nicht wie eine Reihe von Zielen, die eins nach dem anderen zerstört werden müssen, zu behandeln, sondern als ein intelligentes Lebewesen, das agieren und reagieren kann. Martin Van Creveld, israelischer Militärhistoriker und Theoretiker

Phase 3 Inhalte

Joe stellt eine Falle (Phase 3: Beziehen des Angriffsziels)

Falls du dich in einem fairen Kampf wiederfindest, hast du deine Mission nicht richtig geplant.

—U.S. Army Colonel David Hackworth

Beziehen des Angriffsziels

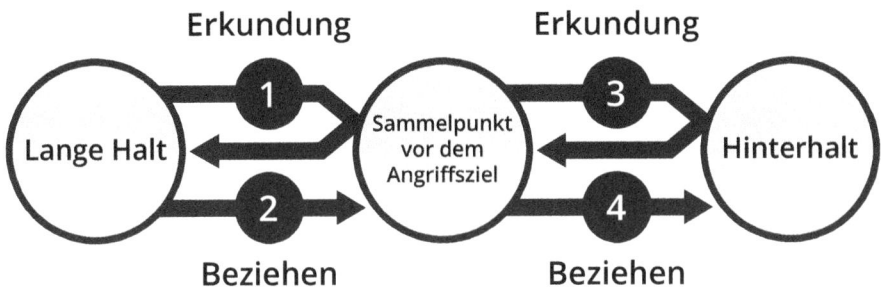

Bild 81: Dieser Abschnitt zeigt den Weg vom langen Halt bis hin in die Stellungen des Hinterhalts und wie man dabei mit der richtigen Erkundung vorgeht.

Du fragst dich bestimmt, warum dieser Abschnitt so verdammt lang ist. Wieso kann man nicht einfach am Platz des Hinterhalts auftauchen, sich hinlegen und den Feind erschießen? Naja, manche Geländeabschnitte sind für uns viel sicherer und für den Feind gefährlicher. Aus diesem Grund müssen die besten Stellen für einen Hinterhalt finden. Während sich die Führer auf die Vorerkundung begeben, verbleiben Soldaten mehrere Stunden im rückwärtigen Raum, weshalb sie gut versteckt sein müssen. Der rückwärtige Raum muss ebenfalls sorgfältig erkundet werden. Dieser gesamte Vorgang nimmt viel Zeit in Anspruch. Dennoch kann eine gute Erkundung den Unterschied zwischen einem kurzen feindvernichtenden Feuerüberfall und einem stundenlangen Feuerkampf ausmachen.

16. Den langen Halt sicherstellen

Sobald die Patrol im naheliegenden Raum des Hinterhalts angekommen ist, ist der erste Schritt der lange Halt. (Siehe Bild 1, S. 3.) (Siehe Bild 81, S. 123.) Der lange Halt ist dem kurzen Halt sehr ähnlich. (Siehe Formation für den kurzen/Sicherungs-Halt, S. 47.) Der lange Halt kann auch bei jedem Halt, der länger als

Bild 82: 352nd Battlefield Airmen Training Squadron Combat Control School. Ein Lehrgangsteilnehmer blickt in den Wald während eines langen Halts auf einer Gefechtsübung. Camp Mackall, North Carolina, 03 Aug 2016.

fünf Minuten dauert, angewendet werden, da er sicherer ist, aber auch mehr Zeit beansprucht. Die dafür zusätzlichen Schritte sind: Counter-Tracking; Top-Down Organisierung; Rucksäcke abnehmen, Wirkungs- und Beobachtungsbereiche zuweisen, zusammenfassen und überschneiden lassen. (Siehe Bild 83, S. 125.)

Der lange Halt in der Nähe des Hinterhalts dient als ein Warteraum für die Hauptkräfte, während der ORP (Objective Rally-Point) von den Führern erkundet wird. (Siehe Den Sammelpunkt vor dem Objective sicherstellen, S. 132.) Der ORP wiederum ist ein Punkt, an dem die Hauptkräfte der Patrol warten, während die Führer den Hinterhalt vorerkunden. (Siehe Den Hinterhalt vorbereiten, S. 143.) Der lange Halt vor dem ORP wird im OPORD (Operation Order, dt.: Befehl für den Einsatz) grob festgelegt und anschließend vor Ort modifiziert unter Berücksichtigung einer METT-TC Analyse und Counter-Tracking-Maßnahmen.

Obwohl der ORP nur ein Bereich zum Warten ist, beansprucht er eine eigene Vorerkundung, weil er relativ nah am Platz des Hinterhalts liegt und dutzende Soldaten in unmittelbarer Nähe einer Straße viel unerwünschte Aufmerksamkeit erregen können. Deshalb bietet der lange Halt dem Führer die Möglichkeit, einen guten ORP zu finden, wo er seine Hauptkräfte sicher verstecken kann, während er eine lange und gründliche Vorerkundung des Angriffsziels durchführt.[1]

---

1 **Realität:** Der lange Halt vor dem ORP beansprucht viel Zeit. Um Zeit zu sparen, können Gruppen den ORP auch selbstständig gewinnen (d.h. direkt vom langen Halt zum Hinterhalt übergehen), denn kleinere Elemente beanspruchen weniger Raum zum Verstecken.

Konzepte für den langen Halt

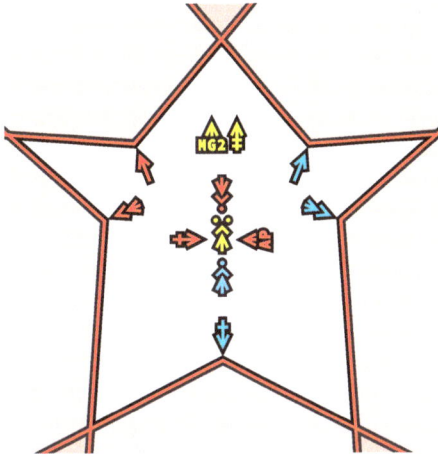

Bild 83: Der lange Halt besteht aus **einem inneren und einem äußeren Teil**, bzw. für die sichernden Soldaten und für die Führer.

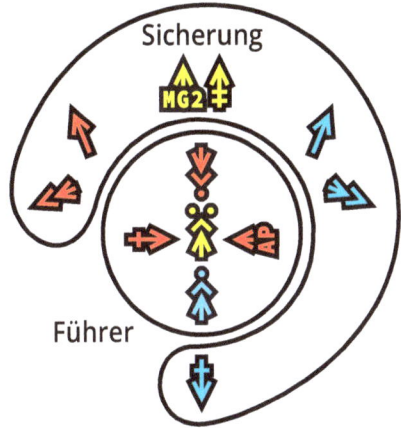

Bild 84: Der Führer stellt sicher, dass eine **360° Sicherung** mit überschneidenden Wirkungs- und Beobachtungsbereichen vorhanden ist.

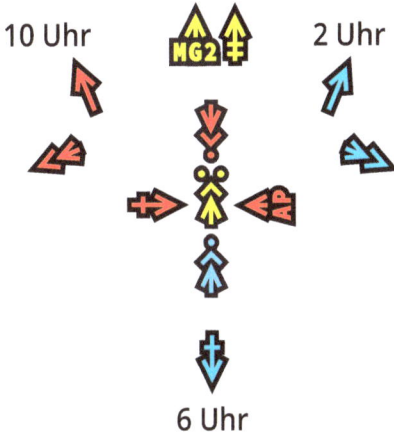

Bild 85: Falls die Feindrichtung bekannt ist, ist **in der Sicherung ein Schwerpunkt** zu setzten. Dies ist ein 3-Punkt-langer-Halt.

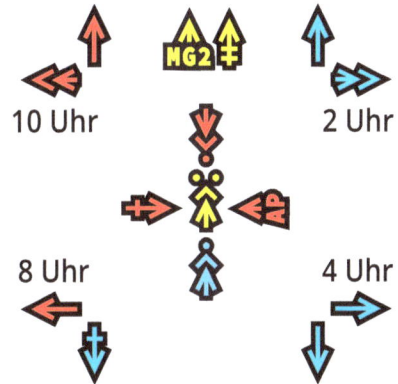

Bild 86: Falls die Feindrichtung ungewiss ist, ist die Sicherung gleichmäßig zu verteilen. Dies ist ein 4-Punkt-langer-Halt.

16.a Verhindern eines Angriffs in den Rücken (Countertracking)[1]

Gegenmaßnahmen zum Tracking bzw. zur Verfolgung, wie das Bewegen durch Strömungen oder im Regen, können eigene Spuren effektiv verschleiern. Dennoch ist es unrealistisch zu erwarten,

dass der Feind nicht in der Lage ist, 50 ausgewachsene und schwerbeladene Männer im Wald aufzuspüren. **Sobald der Verdacht besteht, verfolgt zu werden, ist die beste Gegenmaßnahme zum Tracking ein überraschender Hinterhalt.**

Mit einem Dogleg und einem Fishhook kann sich die Patrol eine vorteilhafte Position verschaffen, um den Feind in seiner Flanke zu überraschen und zu vernichten. Deren Anwendung ist immer zweckmäßig, wenn die Patrol einen Halt durchführt und die Möglichkeit besteht, vom Feind verfolgt zu werden. Dabei hält der Führer links und rechts vom Marschweg Ausschau nach einer geeigneten Stelle mit ausreichend Deckung und Sichtschutz, um die gesamte Patrol verstecken zu können. (Es ist zu beachten, dass ein Zug sehr groß ist und sich bei einem Halt über 50 Meter ausdehnen kann.) (Siehe Bild 87, S. 127.)

Bei einem **Dogleg** dreht sich die Patrol um 90° nach links oder nach rechts und bewegt sich zu einer gut gedeckten und getarnten Stelle und überwacht anschließend den Abbiegepunkt. Falls der Feind die Patrol verfolgt, läuft er auf diesen Abbiegepunkt zu und wird von der Patrol in die Flanke angegriffen. Ohne einem Dogleg würden die Soldaten nach hinten gegen die Front des Feindes schießen, anstatt auf seine Seite (wo der Angriff am effektivsten ist).

Anstatt sich nach 90° einzudrehen, bewegt sich die Patrol bei einem **Fishhook** in einem großen Kreis zurück zur ursprünglichen Marschrichtung. Wieder wird der verfolgende Feind in die Flanke angegriffen, wenn der den Marschweg der Patrol folgt.[2] Ein Fishhook hinterlässt keine Spuren, die darauf hindeuten, dass die Patrol abgebogen ist und ist deshalb auch schwerer vom Feind zu erkennen. Allerdings beansprucht dieses Verfahren mehr Zeit.

16.b Einen Halt organisieren (Stellungen um einen Bezugspunkt)

Gegenüber dem kurzen Halt, bietet der lange Halt seinen Soldaten bessere Stellungen und bessere Wirkungs- und Beobachtungsbereiche. Grund dafür ist eine **Top-Down Organisation**, die verhindert, dass Soldaten nach dem Kommando zum Halt auf der Stelle stehen bleiben. Nachdem der Patrol Leader

---

1 Zitat: Sie jagen nicht ihn...er jagt Sie. – Trautman in Rambo: First Blood.

2 Anwendung: Bei einem Dogleg oder einem Fishhook kann eine Patrol auch Claymores einsetzen. Wäre es eine gute Idee die Claymores zu platzieren, wenn die Patrol das erste Mal durchläuft, oder nachdem die Killzone festgelegt wurde?

Countertracking-Verfahren

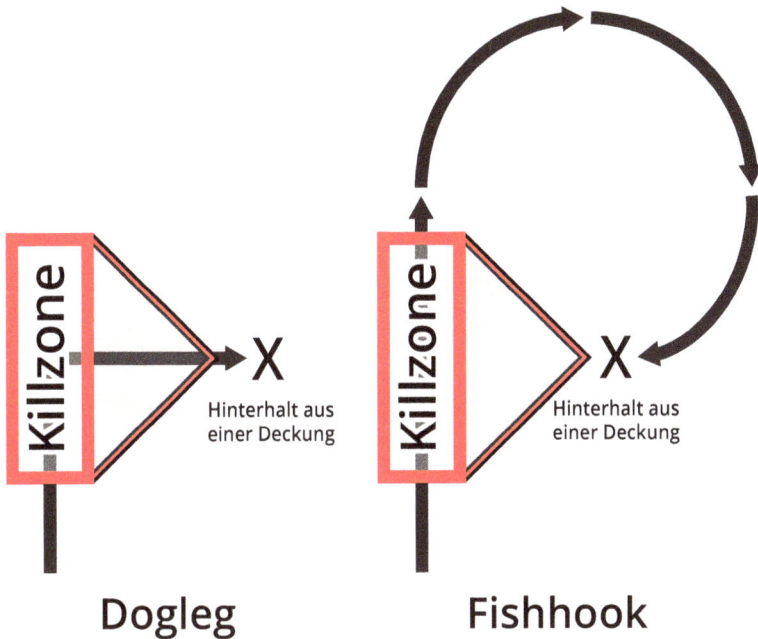

Dogleg

Fishhook

Bild 87: Der Dogleg und der Fishhook sind beide so ausgelegt, dass ein **einfacher Angriff in die Flanke** ermöglicht wird.

einen langen Halt ausgerufen hat und anschließend ein SLLS durchgeführt wurde, geht er unmittelbar zu der Stelle, die er als die Mitte der Formation festgelegt hat. Die Soldaten formieren sich dann um den Patrol Leader in den verschiedenen Ebenen aufgeteilt.

Bei einer Gruppe sammeln die Truppführer beim Gruppenführer. Soll eine Vorerkundung durchgeführt werden, begeben sich auch der Alpha-SAW-Schütze und der Alpha-Pointer zur Mitte. Diese fünf Soldaten **legen ihre Rucksäcke** in einer Kreuzform in Richtung der Bewegungsachse ab, wonach sich der Rest der Patrol ausrichtet. (Siehe Bild 88, S. 128.)

Ein Zug folgt dem gleichen Konzept mit seiner Formation und Führern. Der stellv. Zugführer und der Deckungsgruppenführer legen ihre Rucksäcke beim Patrol Leader ab. Der Fernmelder, der Medic und der FO legen ihre Rucksäcke in einer zweiten Reihe rechts ab. Wird ein Vorerkundungskommando gestellt, bilden der Alpha-Pointer und der Alpha-SAW-Schütze eine weitere Reihe links.

Nachdem die Führer die Mitte gebildet haben, positionieren sich die Soldaten, aber legen ihre Rucksäcke noch nicht ab. Eine Stellung kann nur festgelegt werden, wenn sie von einem Führer zugewiesen wird. MG-Trupps gehen entgegen der wahrscheinlichsten Anmarschrichtung des Feindes in Stellung (12 Uhr als Standard). Im Bezug zur Mitte positionieren sich die SAW-Schützen bei den

Langer Halt – Gliederung der Führung

Mitte einer Gruppe   Mitte eines Zuges

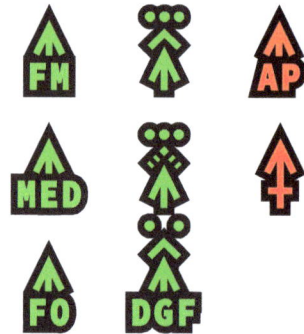

FM **AP** **MED** **FO** **DGF** **AP**

Bild 88: Bei einem langen Halt oder einem Sammelpunkt ist der Platz des Führers per Definition die Mitte. Die Patrol benutzt den Platz und die Ausdehnung der Führer, um sich selbst auszurichten und zu positionieren. Hier werden zwei Verfahren für die Gliederung der Führung gezeigt.

anderen wahrscheinlichen Anmarschrichtungen des Feindes. Schützen bilden grob einen Kreis und werden ggf. von einem Truppführer verschoben.

Es ist entscheidend, dass Führer ihre Rucksäcke zuerst ablegen, sodass diese zu ihren Soldaten gehen und so schnell wie möglich Stellungen zuweisen. Truppführer schließen Lücken, weißen Wirkungs- und Beobachtungsbereiche zu und sagen ihren Soldaten, wann sie ihre Rucksäcke ablegen sollen. MG-Trupps können eine Ausnahme darstellen, weil diese nicht effektiv mit einem Rucksack auf dem Rücken Zielen und Wirken können.

Legt der Führer keinen definitiven Bezugspunkt fest, müssen die Unterführer alle Soldaten verschieben und konsolidieren, da jeder Soldat eine andere Vorstellung von der Mitte der Formation hat. Bei einem Zug kann ein solches Verschieben der Schützen die Sicherung für mehr als zehn Minuten beeinträchtigen.[1]

Es existieren ein paar Richtlinien zur Verteilung der Stellungen bei einem langen Halt. Um die Verbindung zwischen den Soldaten zu erleichtern, sollen sich die Stellungen so nah wie möglich aneinander befinden und ausreichend Deckung und Sichtschutz bieten. Strongpoint-Stellungen sind zu bilden (nächster Abschnitt). Für jede Stellung wird der Kräfteansatz dem Grad der Bedrohung angepasst. Deshalb ist zum Beispiel eine Straße stärker zu überwachen als ein Moor.

---

1 **Realität:** Es mag einfach erscheinen, ohne einen Bezugspunkt bei Tag einen Kreis zu laufen, aber wie funktioniert das nachts im Dschungel? Wie ist das, wenn man voller Adrenalin ist, oder der Patrol Leader mit etwas anderem beschäftigt ist?

Bild 89: Scharfschützentrupps der 3rd Armored Brigade, 1st Armored Division und kuwaitische Landstreitkräfte bekämpfen ein Ziel während eines Streitkräfte-übergreifenden Gefechtsschießens. Nahe Camp Buehring, Kuwait, 06 Dec 2016. **Hier ist zu sehen, wie die Soldaten in jeder Stellung leise kommunizieren können.** Die zwei Soldaten rechts befinden sich in einer typischen Krähenfuß-Formation.

16.c Trupps bilden (Strong-Point/Krähenfuß)

Oft ist es zweckmäßiger Soldaten in Zwei-Mann-Trupps aufzuteilen als diese allein zu lassen: müde Soldaten haben so einen Kameraden, der sie aufweckt; Führer koordinieren weniger Stellungen und verlieren weniger Soldaten (zu bedenken bei Nacht); und Anweisungen können doppelt so schnell weitergegeben werden. Klärt ein Soldat Feind auf, kann er den Feind ununterbrochen im Auge behalten, während sein Kamerad den Führer alarmiert. Bei einem kurzen Halt, der nur fünf Minuten dauert, ist es nicht nötig Zwei-Mann-Trupps zu bilden.

"**Strong-point**" ist ein Verfahren, bei dem mehreren Soldaten ein gemeinsamer Wirkungs- und Beobachtungsbereich zugewiesen wird, anstatt ein Bereich an einen einzelnen Soldaten. Strong-Points ermöglichen es, dass ein Soldat seine Stellung verlassen kann, ohne dass ein anderer für ihn übernehmen muss. Zum Beispiel, wenn er etwas aus seinem Rucksack holen muss. Ein Führer kann auch doppelte Wirkungs- und Beobachtungsbereiche zuweisen: jeder Soldat erhält seinen eigenen Bereich sowie einen Truppbereich. Dadurch kann der Trupp den Bereich unter sich aufteilen und wenn nötig, kann ein Soldat den gesamten Bereich sichern, wenn der andere kampfunfähig ist.

Bei einer **Krähenfuß**-Formation ist es üblich einen Strong-Point zu bilden. Dies geschieht, indem zwei oder drei Soldaten im Liegen ihre Füße oder Unterschenkel miteinander überkreuzen. Von oben sieht das aus wie ein Krähenfuß. Jeder Soldat dreht sich dabei je nach Größe des Sicherungsbereichs 45° bis 90° von seinem Kameraden weg. (Siehe Bild 89, S. 129.)

Den langen Halt sicherstellen

Die Beine der Soldaten berühren sich, um ohne Worte kommunizieren zu können. Falls ein Soldat eine potenzielle Gefahr sieht, kann er den Blickkontakt halten und lautlos den Fuß seines Kameraden antippen. Dieser kann anschließend leise seinen Führer informieren, Verstärkung sicherstellen, oder eine andere Aufgabe wahrnehmen, während der erste Soldat die potenzielle Gefahr ununterbrochen im Auge behält.

16.d 360° Sicherung (Wirkungs- und Beobachtungs- bereichen zuweisen)

Wirkungs- und Beobachtungsbereiche wurden in der Einleitung definiert. (Siehe Die geheimen Ideen (Konzepte), S. 19.) Ein häufiger Fehler bei der Zuweisung von Wirkungs- und Beobachtungsbereiche ist die gleichmäßige Verteilung, sodass jeder Soldat einen gleichgroßen Abschnitt des umliegenden Geländes überwacht. Dies ist unzweckmäßig, wenn zum Beispiel die Sicherung gleichmäßig zwischen einer Hauptverbindungsstraße und offener Wüste aufgeteilt wird. Stattdessen sind **Wirkungs- und Beobachtungsbereiche** der Gefahr angepasst **zuzuweisen** und nicht der räumlichen Ausdehnung nach aufzuteilen.

Wirkungs- und Beobachtungsbereiche überschneiden sich schon ab 35 Meter (Handgranatenreichweite). Bei der Zuweisung ist es am besten den Soldaten zu involvieren und persönlich zu werden. Kniee dich neben ihn hin, oder lege dich wortwörtlich auf den Soldaten drauf. Anstatt schnell auf zwei Bäume im Wald zu zeigen und wieder zu gehen, gebe dem Soldaten eine Richtung vor und lasse ihn zwei Geländepunkte wählen, oder gebe ihm zwei Geländepunkte, die er wiederholt.[1]

Obwohl mehrere Führer Wirkungs- und Beobachtungsbereiche zuweisen können, ist nur einer für das Überschneiden aller Bereiche verantwortlich. (Siehe Koordinieren der Wirkungsbereiche, S. 165.) Bei einer Gruppe weist der Bravo-Truppführer Wirkungs- und Beobachtungsbereiche innerhalb seines Trupps zu und hält anschließend Rücksprache mit dem Alpha-Trupp, um sicherstellen, dass sich keine Lücken in der Sicherung befinden. Bei einem Zug schließen die Gruppen die Lücken zwischen ihren Trupps und der verantwortliche Führer stellt sicher, dass sich die Wirkungs- und Beobachtungsbereiche der Gruppen überschneiden.

Während Truppführer Wirkungs- und Beobachtungsbereiche innerhalb ihrer Trupps zuweisen, ist **die erste Priorität** der Führer auf Gruppenebene und aufwärts die Zuweisung der MG-Trupps. MG-Trupps sind auf die wahrscheinlichste Anmarschrichtung des Feindes gerichtet, wie Straßen oder nicht-erkundete Räume. MG-Trupps überschneiden ihre Wirkungs- und Beobachtungsbereiche mit

---

1 **Beispiel** Zuweisung eines Wirkungs- und Beobachtungsbereichs
A-TrpFhr –   „Nimm deinen Kompass raus. Kompasszahl 50, was siehst du?"
Schütze –   „Diesen Baum [zeigt mit dem Finger]."
ATL –   „O.k., das ist deine linke Grenze. Jetzt wähle etwas bei Kompasszahl 10."
ARR –   „Der große Fels."
A-TrpFhr –   „Das ist deine rechte Grenze. Deine Hauptschussrichtung ist die Straße."

Aufteilung von Wirkungsbereichen

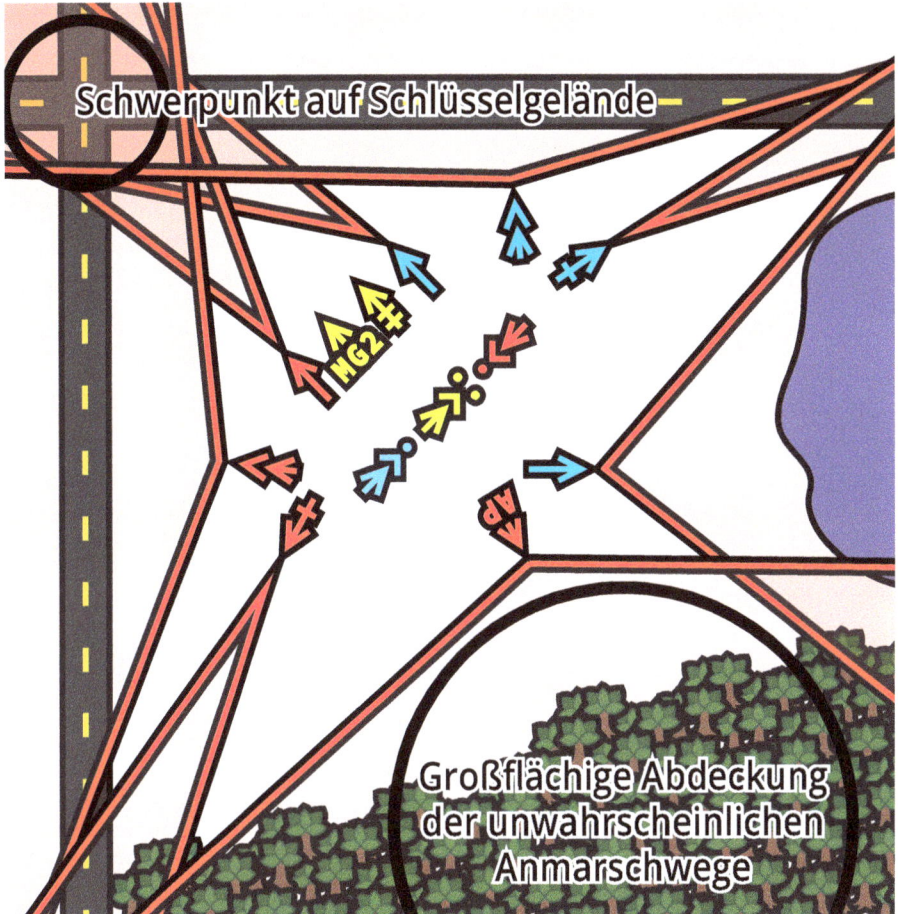

Bild 90: Wirkungs- und Beobachtungsbereiche müssen nicht und sollten gegebenenfalls nicht gleichmäßig aufgeteilt werden. **Bereiche, die eine größere Gefahr darstellen, müssen besser gesichert werden.**

niemanden, weil sie sich frei bewegen müssen können, ohne die 360° Sicherung zu stören. Bei einem Angriff in die Flanke, zum Beispiel, verschiebt der Patrol Leader den MG-Trupp zur Flanke und lässt die 360° Sicherung unverändert.[1]

Ein Führer bringt einen MG-Trupp in Stellung, indem er den MG-1 physisch am MG ersetzt. (Der Führer übergibt sein Gewehr an den MG-1, sodass jeder Soldat immer im Besitz einer Waffe ist.) Der Führer richtet dann das MG auf

---

1 **Anwendung:** Ein Element, das von einem Punkt der Sicherung abgezogen und zu einem anderen verschoben werden kann, ohne dass dabei die 360° Sicherung unterbrochen wird, bezeichnet man als „freibewegliches Element". Ein freibewegliches Element beschränkt sich nicht auf einen MG-Trupp, sondern kann auch ein Gewehr- oder AG-Schütze sein. Warum wird der MG-Trupp standardmäßig als freibewegliches Element eingeteilt

Bild 91: Ein Unteroffizier des 1st Battalion, 23rd Infantry Regiment, 1st Division, 2nd Stryker Brigade Combat Team (motorisierte Infanterie) bei der Zuweisung eines Wirkungs- und Beobachtungsbereichs. **Dieser Führer ist sehr nah am Soldaten dran, um gut und leise kommunizieren zu können.**

den Wirkungs- und Beobachtungsbereich. Sobald er einen Bereich festgelegt hat, schwenkt er das MG zur linken Grenze, rechten Grenze und Hauptschussrichtung, um sicherzustellen, dass es auch möglich ist in diese Richtungen zu schießen. Anschließend setzt der Führer den MG-Schützen wieder an seine Waffe, legt sich über ihn, schwenkt das MG an die jeweiligen Grenzen und erklärt diese, sodass der MG-2 mithören kann. Wiederhole immer alles.

17. Den Sammelpunkt vor dem Objective sicherstellen[1]

Der Objective Rally-Point (ORP) ist ein Raum, in dem man Soldaten versteckt, während der Führer eine Vorerkundung durchführt. Warum ist die Vorerkundung bei einem Hinterhalt notwendig, nachdem man vor Auftragsbeginn schon auf die Karte geblickt hat? Weil das Gelände nie genau der Karte entspricht. In stark bewaldeten Gebieten kann sich durch Holzfällarbeiten das Gelände innerhalb von einem Tag grundlegend verändern. Ein großer, dichtbewaldeter Raum auf der Karte hat sich plötzlich gerade zu einer Freifläche umgewandelt. Eine Freifläche ist unzweckmäßig für einen Hinterhalt.

---

1 **Zitat:** Bei der Vorbereitung auf den Kampf habe ich immer festgestellt, dass Pläne nutzlos sind, aber Planung unverzichtbar ist. – Dwight D. Eisenhower, oberster Befehlshaber der alliierten Streitkräfte in Europa

17.a Überprüfen der Ausrüstung (COW-T)[1]

Überprüfung und Bestätigung sind bei jeder Patrol ein wichtiger Bestandteil. Der ORP ist ein guter Ort und Zeitpunkt, um seine Soldaten und Ausrüstung vor dem Hinterhalt noch einmal zu überprüfen, da es das letzte Mal ist, dass sich die Soldaten frei in der Formation bewegen können.

Damit eine Überprüfung auch erfolgreich ist, muss systematisch nach festgelegten Kriterien vorgegangen werden. Während einer Patrol werden hauptsächlich zwei Arten von Equipment Checks durchgeführt: **MWE (Personal, Waffen, Ausrüstung) und COW-T (Fernmeldemittel, Optiken, Waffen, Festgebundenes).** Bei einem MWE-Check wird besonders auf das MG wertgelegt. Bei einem MWE-Check wird jedes Ausrüstungsteil vor der Durchführung des Hinterhalts überprüft. Die Ausrüstung ist jedoch sehr vom Auftrag abhängig und liegt deswegen außerhalb des Rahmens dieses Buches.

COW-T ist ein verkürzter Equipment-Check, der von jedem Soldaten durchgeführt wird, der sich vom Element ausgliedert. Der Schwerpunkt liegt dabei auf Fernmeldemittel, Optiken wie Nachtsehmittel, Waffen und die jeweiligen Befestigungen für diese Ausrüstungsgegenstände. Der Patrol Leader führt den COW-T-Check als erstes bei einem anderen Führer durch, um zu zeigen welchen Standard er anstrebt und wie sehr er seiner Patrol zutraut unter den zeitlichen Umständen ihre eigenen Mängel zu beheben. Sobald der Patrol Leader seinen Standard festgelegt hat, wird dieser durch eine Überprüfung am Patrol Leader wiederholt. Anschließend führen alle verfügbaren Führer die COW-T-Checks an ihren Untergebenen schnellstmöglich durch. Außer es handelt sich um erfahrene Soldaten, denen man zutrauen kann die Überprüfung selbst durchzuführen, sonst führen normalerweise Führer die Überprüfung der Ausrüstung durch. Man sagt „Führer überprüfen Führer, Führer überprüfen ihre Männer."

Ein Beispiel von COW-T ist wie folgt: Communications bedeutet, dass eine Funkprüfung mit jedem Funkgerät innerhalb der Gruppe durchgeführt wird und dass wenn nötig ein Batterie- und Funkgeräteausgleich gemacht wird. Optics beinhaltet die Funktionsfähigkeit der Nachsehmittel, bei denen die Weitsicht und Nachsicht geprüft wird sowie, dass jeder Soldat eine Stirnlampe und Wechselbatterien hat. Weapons bedeutet, dass Waffen überprüft werden und gegebenenfalls übergeben werden und dass Magazine voll sind. Tie-Downs sind unkompliziert, denn diese bestehen nur aus den Schnüren, die die Ausrüstung am Soldaten befestigen. An Tie-Down-Schnüren wird gezogen, um zu sehen, dass sie auch sicher befestigt sind.

---

1 Zitat: Langsam ist sicher, sicher ist schnell. – Ein weitverbreitetes Sprichwort im Militär, das besagt, dass durch methodisches Vorgehen eine Aufgabe am schnellsten bewältigt wird.

17.b Aufteilen der Elemente (GOTWA)

Um den ORP zu erkunden, muss ein Erkundungskommando gestellt werden, wozu die Patrol in verschiedene Elemente aufteilt werden muss. (Siehe Vorerkundung des Objective Rally-Point der Gruppe, S. 135.) Wann immer sich ein Element teilt, wird vom Führer des beweglichen Elements ein GOTWA an den Führer des stationären Elements erteilt. **GOTWA** bedeutet: **G**oing to location (Bewege mich zu dem Punkt); **O**thers taken with (Andere, die mit mir gehen); **T**ime of emergency (Späteste Rückkehrzeit); **W**hat to do if late (Verhalten-bei-Verspätung); und **A**ctions on contact for both elements (Verhalten-bei-Feind für beide Elemente).

Wer mit dem beweglichen Element wohin geht ist selbsterklärend. Die nächsten drei Punkte (d.h. TWA) sind etwas komplizierter. Die Time of Emergency ist keine Schätzung der Auftragsdauer, sondern eine „Oh Scheiße!"-Frist nach deren Ablauf unverzüglich gehandelt werden muss. Selbst wenn erwartet wird, dass das bewegliche Element in 15 Minuten zurückkehrt, kann die Time of Emergency in sechs Stunden sein. Die Time of Emergency ist auch nie eine Dauer, sondern eine Uhrzeit. (Z.B., „Späteste Rückkehrzeit 1500.") Eine Dauer würde sich jedes Mal verändern, wenn der Führer den Auftrag wiederholt.

Die letzten beiden Punkte (d.h. W und A) hängen von einer METT-TC Analyse ab, können jedoch mehr oder weniger für eine Patrol standarisiert werden. Ein standardmäßiges Verhalten bei verspäteter Rückkehr ist: „Versuchen alle 5 Minuten per Funk mit mir Verbindung aufzunehmen für 30 Minuten. Falls nach 30 Minuten keine Verbindung hergestellt werden konnte, Meldung an die Führung abgeben und nach weiterem Vorgehen fragen. Falls keine Verbindung zur Führung hergestellt werden kann, nimm die gesamte Patrol und hol uns ab."[1] Falls die späteste Rückkehrzeit überschritten wurde, ist das festgelegte Verhalten-bei-Verspätung unter keinen Umständen länger zu warten bevor gehandelt wird. Dies würde den Zweck einer spätesten Rückkehrzeit verfehlen. Es werden auch

---

[1] **Anwendung:** Falls das stationäre Element die nächsthöhere Führungsebene anfunkt, welche Anträge würde es stellen? Wenn überhaupt, wie könnte die nächsthöhere Führungsebene die Patrol unterstützen?

keine weiteren Teile der Patrol zusätzlich ausgegliedert. Dann würden zwei Elemente fehlen![1]

Ein übliches Verhalten-bei-Feindkontakt ist, dass das bewegliche Element das Feuer erwidert und zum stationären Element zurück springt. Das Verhalten-bei-Feindkontakt für das stationäre Element besteht daraus an Ort und Stelle zu kämpfen, das bewegliche Element per Funk zu alarmieren und anschließend gemäß der Entscheidung des Führers fortzufahren. Falls sich ein Element nicht zum anderen verschieben kann, wird der letzte Sammelpunkt angelaufen.

Nachdem der Führer seine Soldaten auf alle Punkte anhand von GOTWA eingewiesen hat, werden diese Punkte von seinen Soldaten bestätigt und wiederholt. Anschließend wird noch eine Uhrenvergleich durchgeführt. Kurz vor der Ausgliederung, führen beide Elemente noch eine Vollzähligkeit des beweglichen Elements durch (z.B. durch einen Chokepoint).

17.c Vorerkundung des Objective Rally-Point der Gruppe

Eine Erkundungskommando besteht aus Führern und kann für jeden beliebigen Abschnitt im Gelände angewendet werden. Dieser Abschnitt beschreibt eine übliche Verfahrensweise für die Vorerkundung eines Objective Rally-Points einer Gruppe.[2] Die Vorerkundung eines ORP ist zweckmäßig, da die Wahrscheinlichkeit, ein kleines Element beim ersten Betreten eines Raums aufzuklären, geringer ist als bei einer gesamten Patrol.

Bei einer Gruppe besteht das Erkundungskommando aus zwei Trupps: dem Führertrupp (z.B., Gruppenführer, Alpha-Truppführer) und dem Überwachungs- und Beobachtungstrupp (z.B., Alpha-Pointer, Alpha-SAW-Schütze) (e.g.,

---

1 Beispiel GOTWA:
Going to location – „Wir führen eine Vorerkundung des ORP durch."
Others taken with – „mit dem Alpha-Truppführer, Alpha-SAW-Schützen und Alpha-Pointer [es ist zweckmäßig die Namen der Soldaten zu verwenden]."
Time of emergency – „Es ist jetzt 1900 und wir werden bis 2100 zurück sein."
What to do if late – "Versuchen alle 5 Minuten per Funk mit mir Verbindung aufzunehmen für 30 Minuten. Falls nach 30 Minuten keine Verbindung hergestellt werden konnte, Meldung an die Führung abgeben und nach weiterem Vorgehen fragen. Falls keine Verbindung zur Führung hergestellt werden kann, nimm die gesamte Patrol und hol uns ab [keine weiteren Elemente ausgliedern]."
Actions on contact – „Treffen wir auf Feind, kämpfen wir uns zu euch zurück und wir weichen gemeinsam zum letzten Sammelpunkt aus, auf 6 Uhr, Entfernung: 500 Meter. Falls wir zu euch nicht aufschließen können, laufen wir direkt den letzten Sammelpunkt an und führen dort einen Link-Up durch. Trefft ihr auf Feind, verteidigt ihr in derzeitiger Stellung und wir kommen zu euch zurück. Bei überlegenen Feind, zum letzten Sammelpunkt ausweichen und wir führen dort einen Link-Up durch."

2 Realität: U.S. Kräfte wenden beim Aufklären oft ein spezifisches und standardisiertes Bewegungsverfahren an. Dem Vietcong waren diese Bewegungsmuster bekannt. Sobald man hören konnte, dass sich U.S. Soldaten in einem großen X bewegen, wurden sie still. Der Vietcong konnte hören wie sich U.S. Soldaten hunderte von Metern entfernt durch stark durchschnittenes Gelände bewegten, ohne selbst gehört zu werden. Kann eine Vorerkundung ein einziger langer Horchhalt sein, um anschließend mit dem Rest der Gruppe zurückzukehren?

Diamant-Formation

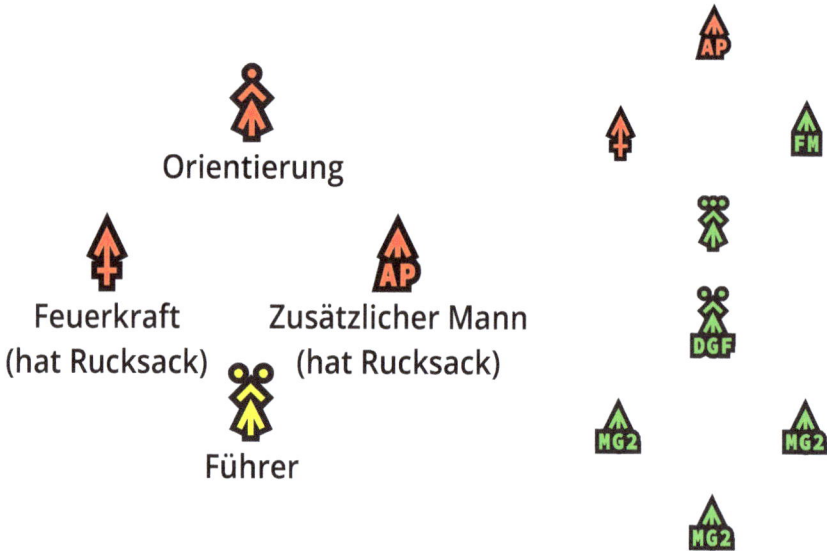

Orientierung

Feuerkraft   Zusätzlicher Mann
(hat Rucksack) (hat Rucksack)

Führer

Bild 92: Diamant-Formationen werden bei einer Vorerkundung angewendet. Links ist das Beispiel für eine Gruppe und rechts das Beispiel für einen Zug.

Alpha Point, Alpha SAW). (Siehe Beobachtungsstellung, S. 139.) Vor dem Abmarsch sammeln die Soldaten in der Mitte der Formation für eine COW-T Überprüfung. Falls sich Tarnschminke abgetragen hat, ist diese nachzubessern. Sobald abgeschlossen, erteilt der Gruppenführer einen GOTWA an den höchsten verbleibenden Führer. Anschließend wird im Erkundungskommando durchgezählt und durch einen Chokepoint ausgeflossen.

Der lange Halt findet 150 bis 300 Meter vor dem voraussichtlichen ORP statt (abhängig von der METT-TC-Analyse). Bei einer Gruppe bewegt sich das Erkundungskommando in der **Diamant-Formation** mit dem Alpha-Truppführer (zum Orientieren eingeteilt) vorne und dem Gruppenführer als Schließender. Der SAW-Schütze ist am zweckmäßigsten links zu positionieren, da die Rohrmündung bei einem Rechtsschützen natürlicherweise nach links zeigt. (Siehe Bild 93, S. 137.) (Siehe Bild 92, S. 136.) Die Diamant-Formationen ist eine der einfachsten Marschformation, die aber meistens nur bei kleinen Elementen wie bei einem Erkundungskommando angewendet wird. (Siehe Bild 15, S. 38.)

Sobald das Erkundungskommando den voraussichtlichen ORP erreicht, wird ein SLLS durchgeführt. (Siehe Legende, S. 11.) Anschließend wird dem Überwachungs- und Beobachtungstrupp eine Stellung zugewiesen. (Siehe Beobachtungsstellung, S. 139.) Ein guter ORP erfüllt alle Kriterien der Abkürzung **COOL-E**:

C – Covered and concealed [Sichtschutz und Deckung].

Bild 93: U.S. Marines der Alpha Company, 1st Batallion, 8th Marine Regiment in der **Diamant-Formation**. Camp Lejeune, North Carolina, 9 Dez 2019. Ein Marine blickt nach hinten, um den rückwärtigen Raum zu sichern.

O – Out of sight, sound, and small-arms fire [Außerhalb der Sicht- und Horchweite, sowie der Reichweite von Hanffeuerwaffen]. (Wenn du auf das Angriffsziel wirken kannst, kann das Angriffsziel auch auf dich wirken.)

O – Off natural lines of drift [abseits von natürlichen Bewegungslinien]. (Gehe nicht dahin, wo Menschen natürlich entlanglaufen würden, wie zum Beispiel ein Pfad zu einem Gewässer oder einem Jagdhochsitz.)

L – Large enough to fit the entire element [groß genug, um das gesamte Element unterziehen zu lassen].

E – Easily defendable for a short time [kurzzeitig leicht zu verteidigen]. (Die Patrol muss in der Lage sein den Raum kurzzeitig zu verteidigen, während die Maßnahmen für ein Ausweichen getroffen werden.)

Sobald der Überwachungs- und Beobachtungstrupp in Stellung gebracht wurde, erteilt der Gruppenführer ein GOTWA und fährt mit der Erkundung fort. Der Führertrupp pendelt immer zur Überwachungs- und Beobachtungsstellung zurück, um sich zu vergewissern, dass der Raum frei von Gefahren ist. Der Führertrupp bewegt sich 100 Meter weg (oder so weit wie nötig, um den Raum als Feindfrei zu bestätigen), hält, führt ein SLLS durch und kehrt anschließend zur Überwachung- und Beobachtungsstellung zurück für die jeweilige Richtung.[1] (Siehe Bild 94, S. 138.)

Bevor der Gruppenführer den Rest der Gruppe holt, erteilt er dem Überwachungs- und Beobachtungstrupp ein **angepasstes GOTWA.** (Ein angepasstes GOTWA enthält nur Anpassungen an das ursprünglich erteilte GOTWA.) (Siehe Zusammenführen der Elemente (Nah- und Fern-Erkennungszeichen), S. 140.)

---

1 Anwendung: Welches Gelände und welche Bedingungen erfordern mehrere oder nur einen einzigen SLLS-Halt? Wie viel Erkundung reicht für eine METT-TC-Analyse aus?

Erkundungskommando, Objective Rally-Point

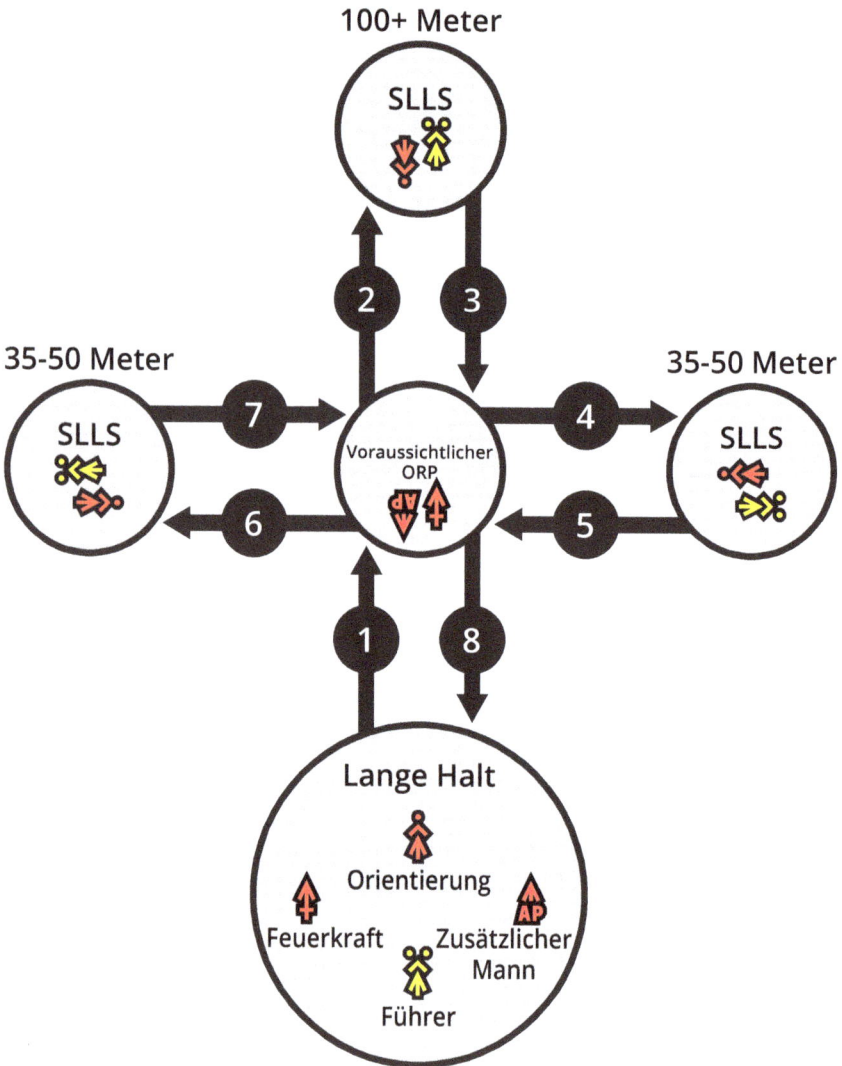

Bild 94: Das Erkundungskommando findet zuerst eine Stelle, die potenziell als Objective Rally-Point dienen kann. Anschließend wird geprüft, ob die Umgebung frei von Gefahren ist. In diesem Beispiel befindet sich die meiste Ungewissheit in Marschrichtung des Elements. Deshalb wird diese Richtung als erstes und am längsten erkundet. **Führe auf jeder Achse ein SLLS durch. Alle Entfernungen und Stellen zum Erkunden sind lageabhängig.**

17.d Beobachtungsstellung

Die Überwachungs- und Beobachtungsstellung (engl.: Surveillance and Observation Position, Abk.: S&O) ist eine gut getarnte zwei-Mann-Stellung, die einen Raum überwacht und beobachtet, um besondere Information zu sammeln und vor allem potenzielle Feindbewegung frühzeitig aufzuklären. Die zwei Soldaten sind ein Gewehrschütze (zum Bedienen des Funkgeräts) und ein SAW-Schütze (zum Sichern und für Feuerkraft). Der Einfachheit halber besteht der Überwachungs- und Beobachtungstrupp standardmäßig aus dem Alpha-Pointer und dem Alpha-SAW-Schützen der ersten Gruppe. (Siehe Bild 95, S. 140.)

Ein Überwachungs- und Beobachtungstrupp wird bei jeder Erkundung eingesetzt (z.B. bei einer Vorerkundung oder einem Link-up). Der Zweck eines Überwachungs- und Beobachtungstrupp ist es 100% des Zielgebiets (so gut wie möglich) im Auge zu behalten, bis die Patrol den Raum bezogen hat. Aufgrund von Bäumen, Bewuchs, Blinzeln, usw. muss ein Überwachungs- und Beobachtungstrupp mindestens 75% des Raums zu 95% der Zeit im Auge behalten. **Dadurch soll sichergestellt werden, dass jegliche Bewegungen im Raum aufgeklärt werden.**

Um eine 360° Sicherung zu gewährleisten, blicken die beiden Soldaten in entgegengesetzte Richtungen und berühren sich gegenseitig, um wortlos kommunizieren zu können. Falls der Überwachungs- und Beobachtungstrupp in den Feuerkampf verwickelt wird, ist es höchstwahrscheinlich aus der Beobachtungsrichtung. Deshalb sichert der SAW-Schütze auf 12 Uhr und der Gewehrschütze auf 6 Uhr. Der Gewehrschütze muss eine funktionierende Funkverbindung haben! Ohne Funkverbindung ist keine Überwachungs- und Beobachtungsstellung auszulegen. Letztendlich erhält jeder Überwachungs- und Beobachtungstrupp bei der Auslegung ein GOTWA vom Führer, sowie bei jedem anderen Mal, wenn ein Element ausgegliedert wird.

17.e Verhalten beim langen Halt während der Vorerkundung

Während sich der Patrol Leader mit seinem ausgegliederten Element auf der Vorerkundung befindet, ist hinten beim langen Halt der nächsthöchste Führer für die Hauptkräfte der Patrol verantwortlich. Er weist dieses Hauptelement in das GOTWA des Patrol Leaders ein und zeitgleich passt er Sicherungsbereiche an und stellt sicher, dass jeder wach ist. Sobald der Führer des Hauptelements eine Meldung zur Rückkehr vom Patrol Leader erhält, bereitet er das Hauptelement darauf vor den ORP zu verlassen. Die Soldaten setzten ihre Rucksäcke im zwei-Mann-Trupp auf. Einer sichert, während der andere seinen Rucksack aufsetzt und anschließend wechseln sie sich ab.

Sobald sich das Erkundungskommando wieder annähert, werden Nah- und Fern-Erkennungszeichen angewendet. (Siehe Zusammenführen der Elemente (Nah- und Fern-Erkennungszeichen), S. 140.) Wurde das Erkundungskommando erfolgreich authentisiert, prüft der Führer des Hauptelements dessen

Bild 95: Zwei Unteroffiziere der 82nd Airborne Division sichern aus einer Überwachungs- und Beobachtungsstellung. Fort Benning, Georgia, 20 Jul 2016. **Es ist zu beachten, dass sie in verschiedene Richtungen blicken und trotzdem kommunizieren können.** Sie tragen Tarnung. Wie gut ist diese Tarnung an die Umgebung angepasst?

Vollzähligkeit. Der Führer des Hauptelements verbleibt an der Spitze der Formation, um einen Chokepoint zu bilden und die Patrol beim Verlassen des langen Halts durchzuzählen.

Das Erkundungskommando führt die gesamte Gruppe zum ORP. Es wird nicht aufgestanden so lange nicht losmarschiert wird. Dadurch soll gewährleistet werden, dass Soldaten so lange wie möglich kniend in der Sicherung verbleiben.

17.f Zusammenführen der Elemente (Nah- und Fern- Erkennungszeichen)[1]

Eine 360° Sicherung ist sinnlos, falls irgendjemand einfach mitten in die Patrol reinlaufen kann. Die Patrol muss in der Lage sein, Schatten in der Nacht zu erkennen und wenn nötig das Feuer eröffnen, bevor diese zu nahekommen. Um sich untereinander zu erkennen und zu authentisieren, wendet die Patrol Erkennungszeichen an, die in der Planungsphase festgelegt wurden. Diese Erkennungszeichen werden jedes Mal genutzt, wenn zwei Elemente aufeinandertreffen. (Z.B., ein zurückkehrendes Erkundungskommando oder Trupp vom Wasserauffüllen).

1　Zitat: Wer einen Tiger weckt, sollte einen langen Stock benutzen. – Mao Tsetung, Gründer der Volksrepublik China

Erkennungszeichen sind mehrstufig und bestehen meistens aus zwei Stufen: nah und ferne Erkennung. In sichereren Räumen könnte eine Patrol eine einzelne verlässliche Stufe verwenden, wie einen VHF-Funk-PACE-Plan. Bei drohender Gefahr kann die Patrol einen drei-stufigen Plan anwenden. (Siehe Verbindung halten, S. 242.)

Wenn sich das bewegliche Element dem stationären Element annähert, muss der Führer des stationären Elements bereit sein Erkennungszeichen wahrzunehmen. Deshalb benötigt die Patrol auch ein Aufnahmeverfahren. Werden Funkgeräte verwendet, müssen diese eingeschaltet sein, oder das Funkzeitfenster muss abgestimmt werden. Bei Sichtzeichen muss jemand eingeteilt sein, um danach Ausschau zu halten.

Fern-Erkennungszeichen vermeiden es den Standort des Senders oder des Empfängers preiszugeben. Zum Beispiel, mit einem Funkgerät würde der Sprecher nicht seinen Standort verraten, anders als wenn er über eine offene Freifläche rufen würde. Besitzt der Feind allerdings die Fähigkeit Funksignale zu orten, entfällt das Funkgerät als Fern-Erkennungszeichen. (Siehe Bild 96, S. 142.)

Das Funkgerät ist zwar das meistgenutzte Fern-Erkennungszeichen, dennoch sind die Möglichkeiten endlos. Es werden zum Beispiel Drop-Sites (Abwerfpunkte) als Ferne-Erkennungszeichen in zeit-unkritischen Situationen benutzt. Um die Drop-Site zu errichten, kann ein Element den Punkt stündlich aus der Ferne überprüfen, wie zum Beispiel einen Baum. Ein anderes Element kann ein Signal am Baum (der Drop-Site) abringen, um eine in der Planung festgelegte Nachricht zu hinterlassen.

Nah-Erkennungszeichen geben den Standort des Senders oder des Empfängers preis. (Siehe Bild 97, S. 142.) Deshalb sind Nah-Erkennungszeichen auch gefährlich und benötigen eine Verschlüsselung, sodass kein Fremder zufällig das richtige Signal anwendet. Ähnlich bei Nacht werden Naherkennungszeichen vermieden, falls zwei Elemente zu nah aneinander treten müssen, um Feind von Freund durch Sicht oder Stimme unterscheiden zu können. (Siehe Bild 99, S. 143.)

Folgendes Beispiel zeigt, wie zwei Elemente zusammengeführt werden können. Sobald sich das bewegliche Element innerhalb der Horchweite des stationären Elements befindet, weist der Führer des stationären Elements per Funk dem (derzeit noch) unbekannten Element an stehen zu bleiben als Mittel zur Fern-Erkennung. Das bewegliche Element bleibt dementsprechend stehen und der Führer des stationären Elements erteilt ein vorgeplantes verschlüsseltes Kommando an das bewegliche Element (z.B., „rot, marsch.“). Das bewegliche Element handelt dementsprechend (z.B., es bewegt sich nach rechts). Falls sich das Verhalten des beweglichen Elements dem verschlüsselten Kommando entspricht, gehört das bewegliche Element zu den eigenen Kräften und darf fortfahren.

Eine andere Möglichkeit wäre, dass das bewegliche Element in das Sichtfeld des stationären Elements läuft und der Führer des stationären Elements dem beweglichen Element befiehlt anzuhalten. Das bewegliche Element bleibt stehen und zeigt unmittelbar das Nah-Erkennungszeichen (z.B. ein VS17 Panel). Das stationäre Element bestätigt, dass es das richtige Zeichen erhalten hat und sagt

Bild 96: Ein U.S. Marine Lance Corporal der 1st Light Armored Reconnaissance Battalion, 1st Marine Division, führt während eines Spähauftrags eine Funküberprüfung durch. St. Arnaud, New Zealand, 27 Okt 2017. Funkgeräte und Satellitentelefone sind übliche Fern-Erkennungszeichen.

Bild 97: Ein U.S. Marine der Force Reconnaissance, Maritime Raid Force, 26th Expeditionary Unit, stellt sein Nachtsichtgerät ein. **Visuelle und verbale Bestätigungen sind übliche Nah-Erkennungszeichen.**

dem beweglichen Element, dass es weitergehen kann. Da sich beide Elemente in Sichtweite befinden, kann das Nah-Erkennungszeichen auch bei einem Funkgeräteausfall genutzt werden. (Siehe PACE Verbindungsoptionen, S. 242.)

Frage-Antwort-Parolen sind notwendig, wenn zwei Elemente schnellstmöglich zusammengeführt werden müssen, wie zum Beispiel bei Feindkontakt. Eine berühmte Parolen-Kombination, die während des D-Day im zweiten Weltkrieg benutzt wurde, bestand daraus, dass der erste Soldat „flash" sagte und der zweite Soldat mit „thunder" antwortete. Ähnlich ist eine **laufende Parole** (d.h. ein Wort während des Laufens rufen) besonders nützlich, wenn das bewegliche Element aktiv vom Feind verfolgt wird und keine Zeit hat Zeichen zu übermitteln.

17.g Beziehen des Objective Rally-Points

Der erste Schritt beim Beziehen des Objective Rally-Points ist es den langen Halt zu verlassen. Sobald die Patrol ausfließt, bildet der stellv. Zugführer oder der Bravo-Truppführer einen Chokepoint und führt eine Vollzähligkeit durch. Schlafende Soldaten dürfen nicht zurückgelassen werden.

Beim Verlassen des langen Halts steht nicht jeder gleichzeitig auf. Ein Soldat steht nur dann auf, wenn der Zeitpunkt für ihn zum Abmarschieren gekommen ist. Oft scheitert die 360° Sicherung, weil sich Soldaten auf den Chokepoint konzentrieren und alle ihren Blick darauf richten. Deshalb kann der Patrol Leader auch warten und einzelne Elemente hintereinander für den Abmarsch abrufen.

Es gibt dutzende Methoden für das Beziehen eines Objective Rally-Points und man kann im Voraus nie wissen, welche SOP eine bestimmte Patrol anwenden wird. Eine einfache Methode zum Beziehen des Objective Rally-Points ist genauso zu verfahren wie beim langen Halt, nur mit ein paar kleinen Anpassungen. Das M240 Maschinengewehr wird auf ein Dreibein platziert (die leichte Lafette

Bild 98: Fallschirmjäger der 82nd Airborne Division beim Niederhalten während eines Gefechtsschießens. Fort Bragg, North Carolina, 28 Mär 2017, Bei Nacht sind sie außer Sicht.

Bild 99: Die gleichen Soldaten wie im linken Bild, nur unter dem Einsatz von Leuchtkörpern. Die Dunkelheit der Nacht kann als gute Tarnung dienen. Doch wie verlässlich ist sie? Selbst arme Feinde können Nachtsehmittel im Internet kaufen.

M192) und anstatt einem COW-T, wird eine weitaus sorgfältigere Überprüfung an Personal, Waffen und Ausrüstung durchgeführt. Truppführer weisen Wirkungs- und Beobachtungsbereiche zu und fragen die Soldaten nach ihren Aufträgen ab, während der Patrol Leader eine Vorerkundung des Angriffsziels durchführt. Die Patrol verschickt eine SPARE-Meldung an die Führung mit der Meldung „ORP bezogen."

18. Den Hinterhalt vorbereiten

Ein ordentlich gelegter Hinterhalt mit einer ausführlichen Vorerkundung führt zu möglichst vielen feindlichen Verlusten und möglichst wenigen eigenen Verlusten. Der erste Schritt besteht daraus, das betreffende Gelände mit einem Erkundungskommando zu erkunden. Anschließend werden Stellungen festgelegt und Soldaten eingewiesen. Obwohl dieser Abschnitt ins Detail geht, ist nicht zu vergessen, dass unendlich viele Szenarien und Eventualitäten existieren, die hier nicht aufgelistet werden. Erwarte nicht, dass der Feind zwei Mal auf den gleichen Hinterhalt reinfällt![1]

Die Vorerkundung für den Platz des Hinterhalts ist ein komplizierter Vorgang mit mehreren Anlaufpunkten. Die Vorerkundung für den Platz des Hinterhalts ähnelt der des Objective Rally-Points bis zu dem Punkt an dem das Erkundungskommando die Gruppe verlässt. (Siehe Vorerkundung des Objective Rally-Point der Gruppe, S. 135.)

Die Wahrscheinlichkeit auf Feind zu treffen ist am Objective (dt: Angriffsziel) höher als am Objective Rally-Point, denn das Objective ist naturgemäß dort, wo sich auch Menschen bewegen. Deshalb muss jegliche Art der Bewegung extrem langsam und bedacht sein. Bewegungen nahe einer im Angriffsziel befindlichen Straße sollten gänzlich vermieden werden. Wird das Erkundungskommando aufgeklärt, wird der Hinterhalt entweder eilig durchgeführt, oder der Auftrag scheitert in vollere Gänze.

---

1 **Zitat:** Es gibt ein altes Sprichwort in Tennessee. Ich weiß, es gibt es in Texas, bestimmt auch in Tennessee, das besagt „Leg mich einmal rein, Schande über dich. Leg zweimal ... du kannst nicht noch einmal reingelegt werden." – George W. Bush, Oberbefehlshaber der U.S. Streitkräfte

Einfache Formation für den linearen Hinterhalt

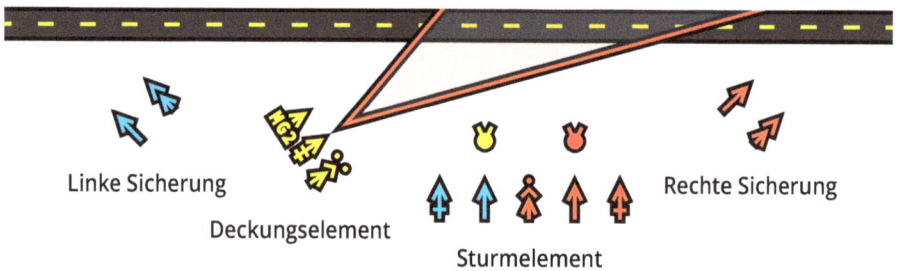

Linke Sicherung

Deckungselement

Sturmelement

Rechte Sicherung

Bild 100: Hier ist das Ziel eine einfache Formation für den linearen Hinterhalt zu bilden. Diese besteht aus drei Punkten (zwei zur Sicherung und eine für den Hinterhalt) und sechs Stellungen (jede Sicherung hat eine primäre und sekundäre Stellung und das Sturm- und Deckungselement haben jeweils eine Stellung).

18.a Vorerkundung von Release Point, S&O und Killzone

Um diesem Kapitel bestmöglich folgen zu können, ist die graphische Darstellung der Vorerkundung für den Platz des Hinterhalts zu nutzen. (Siehe Bild 101, S. 145.) Eine Vorerkundung des Platzes für den Hinterhalt ist wie beim Objective Rally-Point besonders zweckmäßig, denn die Wahrscheinlichkeit während der Erkundung aufgeklärt zu werden ist bei einem kleinen Element geringer (und deshalb sicherer) als bei der gesamten Patrol.

Bevor das Erkundungskommando ausfließt, befiehlt der Patrol Leader dem Führer des Hauptelements seine Soldaten zu überprüfen, sowie deren Ausrüstung und Informationen weiterzugeben. Der Führer des Hauptelements muss besonders darauf achten, dass jeder Soldat weiß, wo sich der letzte aktive Sammelpunkt befindet, falls man aufgeklärt wird.

Während sich das Erkundungskommando auf das Objective zu bewegt, wird **ein voraussichtlicher Release-Point** festgelegt. (Dieser Punkt ist nur voraussichtlich, weil er am Anfang der Erkundung vorgeschlagen wird und am Ende bestätigt.) Dieser Release-Point befindet sich halbwegs zwischen den Objective-Rally-Point und dem Objective. Die Patrol verbleibt an diesem Punkt, während der Patrol Leader Soldaten einteilt und diese zu ihren Stellungen führt. Es ist zwar keine zwingende Notwendigkeit, dennoch bietet der Release-Point die Möglichkeit schneller Stellungen zuzuweisen. Obwohl sich der Objective Rally-Point relativ weit vom Objective entfernt befindet, werden Stellungen in drei Phasen zugewiesen (d.h. Sicherung, Deckung und Sturm), sodass der Patrol Leader schnell Stellungen zuweisen kann, indem er Soldaten vom Release-Point abzieht.

Ein voraussichtlicher Release-Points muss:

Der Sicht entzogen sein – aber nicht zwingend außerhalb der Ruf- und Horchweite des Objectives; und,

144

Vorerkundung für den Platz des Hinterhalts

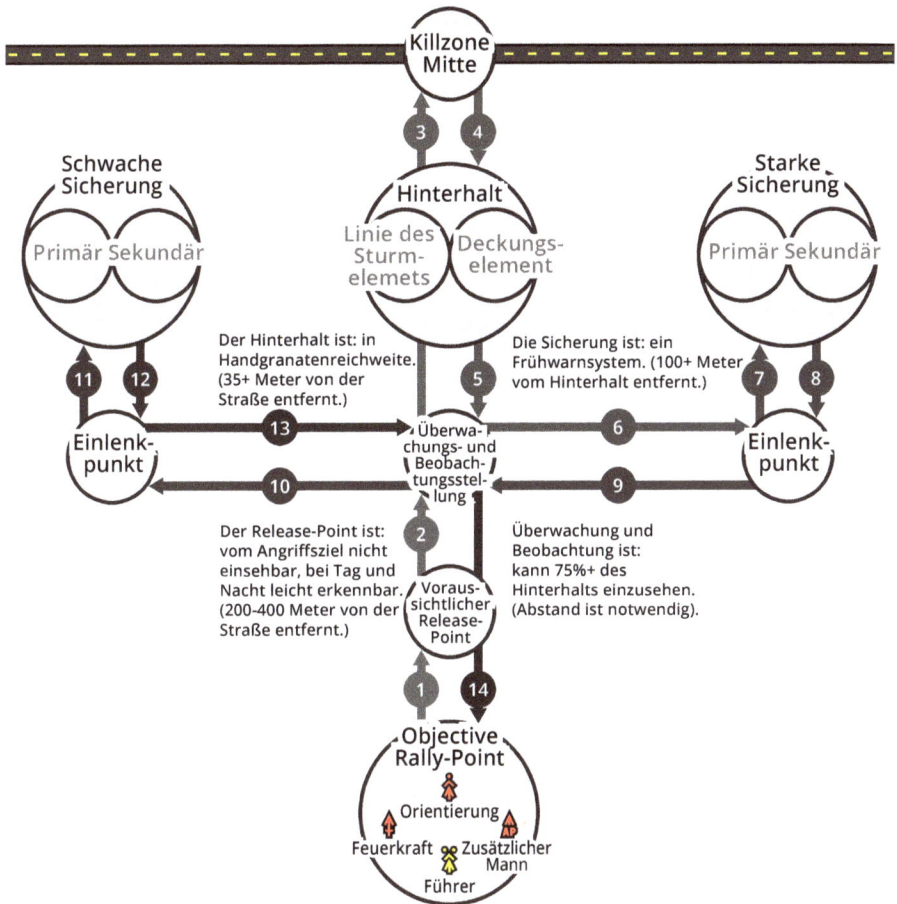

Killzone Mitte

3 4

Schwache Sicherung

Primär Sekundär

Hinterhalt

Linie des Sturm-elemets — Deckungs-element

Starke Sicherung

Primär Sekundär

11 12

Der Hinterhalt ist: in Handgranatenreichweite. (35+ Meter von der Straße entfernt.)

5

Die Sicherung ist: ein Frühwarnsystem. (100+ Meter vom Hinterhalt entfernt.)

7 8

Einlenk-punkt

13

Überwa-chungs- und Beobach-tungsstel-lung

6

Einlenk-punkt

10

9

Der Release-Point ist: vom Angriffsziel nicht einsehbar, bei Tag und Nacht leicht erkennbar. (200-400 Meter von der Straße entfernt.)

2

Voraus-sichtlicher Release-Point

Überwachung und Beobachtung ist: kann 75%+ des Hinterhalts einzusehen. (Abstand ist notwendig.)

1 14

Objective Rally-Point

Orientierung

Feuerkraft Zusätzlicher Mann

Führer

Bild 101: Die Vorerkundung des Objectives (inklusive Release-Point, Überwachungs- und Beobachtungsstellung, Killzone und die Stellungen für das Sturm-, Deckungs- und das Sicherungselement) ist ein komplizierter Vorgang mit 14 Bewegungsabläufen (hier gezeigt und in Reihenfolge nummeriert) und je nachdem wie man zählt zwischen 11 und 15 Anlaufpunkten. **Diese graphische Darstellung ist eine umfassende Übersicht für die drei Kapitel der Vorerkundung. (Siehe Vorerkundung von Release Point, S&O und Killzone, S. 144.) (Siehe Vorerkundung für das Deckungs- und das Sturmelement, S. 147.) (Siehe Vorerkundung für das Sicherungselement, S. 151.)** Beim Lesen dieser Kapitel ist dieses Bild als Übersicht für Orte, Bewegungen und Abläufe in der vorgegebenen Reihenfolge zu beachten.

Den Hinterhalt vorbereiten

Leicht erkennbar sein – bei Tag und Nacht.

Idealerweise befindet sich der Release-Point auch auf einer geraden Linie zwischen dem Objective Rally-Point und dem Platz für den Hinterhalt, um das Orientieren zu erleichtern. Deshalb ist der Release-Point auch nur voraussichtlich. Falls sich der Release-Point nicht auf einer geraden Linie befindet, kann ein neuer festgelegt werden.

Nachdem der voraussichtliche Release-Point festgelegt wurde, weist der Patrol Leader eine gut getarnte und gedeckte Überwachungs- und Beobachtungsstellung zu und erteilt ein GOTWA. Die Überwachungs- und Beobachtungsstellung befindet sich zwischen dem voraussichtlichen Release-Point und dem Objective und muss mindestens 75% der Stellungen des Deckungs- und Sturmelements einsehen können, aber je mehr, desto besser. Vor allem muss der Überwachungs- und Beobachtungstrupp den Führertrupp sichern, während dieser das Objective vorerkundet. (Siehe Beobachtungsstellung, S. 139.)

Wenn der Patrol Leader am voraussichtlichen Release Point ankommt, muss er sicherstellen, dass er auch am richtigen Standort ist. Der Patrol Leader und sein Assistent gehen (oder gleiten, wenn nötig) vorsichtig auf die Zielstraße zu. Beide holen ihren Kompass raus und bestätigen die Kompasszahl der Straße, sowie jegliche markante Geländemerkmale. Selbst mit modernen Karten und GPS-Geräten können zwei Straßen nur wenige Meter von einander entfernt sein und leicht verwechselt werden.

Neben der Verifizierung des richtigen Standorts für den Hinterhalt, ist dies auch der Zeitpunkt, um die Zweckmäßigkeit des Geländes für die Auftragserfüllung zu bewerten. Sobald das Objective bestätigt wurde, erkundet der Patrol Leader den Platz für den Hinterhalt und die dazugehörigen Stellungen. Die Stellung, die die meisten Einschränkungen darstellt, wird zuerst erkundet. Man kann sich zum Beispiel vorstellen, dass ein Hinterhalt, der entlang einer kilometerlangen und offenen Straße gelegt werden soll, nur wenige gute Angriffsstellungen vorweist. In diesem Fall werden die Angriffsstellungen zuerst erkundet, denn die Killzone bestimmt den Platz der Sicherungsstellungen. Alternativ kann die Straße hügelig und kurvenreich sein, sodass Sicherungsstellungen nur an wenigen Geländepunkten den Feind frühzeitig erkennen können, um andere Elemente vorzuwarnen. Dadurch wäre der genaue Platz des Hinterhalts von den Sicherungsstellungen abhängig, welche man in diesem Fall zuerst erkunden würde. Zum Zweck der Einfachheit wird in diesem Buch der Platz für den Hinterhalt zuerst erkundet.

Der Patrol Leader prüft entlang der Straße des bestätigten Objectives nach einem geeigneten Platz für den Hinterhalt. Mit dem Gelände steht und fällt der Erfolg des Hinterhalts. Deshalb beansprucht die Erkundung ein angemessenes Maß an Zeit, um das Gelände ausführlich beurteilen zu können. Die ideale Killzone folgt dem Merkwort **DECAF COFFEE**:

DE – no DEad space. Kein toter Raum zwischen der Waldgrenze und der Straße, wie zum Beispiel ein Wall oder ein Graben, den der Feind als Deckung nutzen kann.

CAF – Clear lines of Assault and Fire. Freie Bahnen, um von den Stellungen das Angriffsziel zu stürmen oder darauf zu wirken.

Bild 102: Soldaten der 166th Civil Engineer Squadron (Pioniere), Delaware Air National Guard, reagieren auf einen Hinterhalt. Redden State Forest, Georgetown, Delaware, 15 Jul 2017. **Hier ist zu sehen, wie gut dieser Platz den Merkwörtern DECAF und COFFEE für einen Hinterhalt entspricht und wie exponiert die Soldaten sind.**

Bild 103: Ein Technical Sergeant des 166th Civil Engineer Squadron, Delaware Air National Guard, wartet darauf, einen Hinterhalt auf einen Convoy durchzuführen bei einer Verlegemarschausbildung. Redden State Forest, Georgetown, Delaware, 15 Jul 2017. Hier ist zu sehen, wie gut diese Stellung DECAF COFFEE entspricht.

CO – COncealment and cover. Sichtschutz und Deckung, wie dichter Bewuchs.

F – Flat. Flacher Boden, um durch Maschinengewehrfeuer möglichst viel Fläche abzudecken und toten Raum zu minimieren.

F – Fünfzig Meter breit.

EE – Eighteen-inch-wide Elms [50 cm breite Ulmen]. Dicke Bäume für den Einsatz von Claymores. (Die rückwärtige Druckwelle einer Claymore wandelt schmale Bäume in Schrapnell um, welches nach hinten fliegt.)

Es existieren unzählige weitere Einflussfaktoren, wie das Pattern-of-Life der Straße, Ausweichmöglichkeiten und der vermutete Anmarschweg von Folgekräften. Nichtsdestotrotz existiert der perfekte Platz für den Hinterhalt in der Realität nicht. Der bestmögliche Platz wird nicht alle Anforderungen erfüllen und Kompromisse werden unumgänglich sein. Eine Stelle besitzt zum Beispiel keine Bäume für den Einsatz von Claymores, während ein anderer Ort keinen ausreichenden Sichtschutz bietet.

18.b Vorerkundung für das Deckungs- und das Sturmelement

Um diesem Kapitel bestmöglich zu folgen, ist die graphische Darstellung der Vorerkundung für den Platz des Hinterhalts zu nutzen. (Siehe Bild 101, S. 145.) Bei der Vorerkundung für das Deckungs- und das Sturmelement ist das Ziel zweckmäßige Stellungen zu finden, um den Feind im Hinterhalt zu vernichten.

Sobald der Patrol Leader die bestmögliche Stelle für die Killzone gefunden hat, markiert er die Mitte als Bezugspunkt. Dieser Bezugspunkt ist etwas, das der Patrol Leader erkennen kann, aber der Feind nicht. Ein großer Ast oder ein „Betreten Verboten" Schild stechen hervor, sind aber nicht ungewöhnlich. Die besten Bezugspunkte sind schon am Straßenrand vorhanden, wie Telefonmasten.

Anschließend arbeitet sich der Patrol Leader von der Killzone zurück, um die besten Stellungen für den Hinterhalt zu finden. Dieser Abschnitt beinhaltet

Den Hinterhalt vorbereiten

vier Waffensysteme: **das Deckungselement (M240 – 7,62 mm MGs), SAWs (5,56 mm LMG), Gewehrschützen, und Claymores**. Um sicherzustellen, dass kein einziger Punkt von nur einem Waffensystem abhängig ist, deckt jedes Waffensystem als Redundanz 100% der Killzone ab. (Siehe Bild 104, S. 149.)

Die erste Stellung, die erkundet werden muss, ist die des Deckungselements. Denn falls sich keine gute Stellung für das Deckungselement finden lässt, muss die Killzone verschoben werden. Rechnet man mit Fahrzeugen, ist es eine unverzichtbare Fähigkeit mit 7,62 mm Geschossen auf 100% der Killzone wirken zu können. Das Deckungselement wird am Ende des Sturmelements so in Stellung gebracht, dass das M240 Maschinengewehr direkt auf die Vorderseite der ankommenden Fahrzeuge wirken kann. (Siehe Bild 105, S. 150.) Wenn sich der Feind annähert, schießt das M240 direkt auf den Motor des ersten Fahrzeugs vor dem Sturmelement. Es ist sicherzustellen, dass das M240 auf einem Dreibein die gesamte Killzone im liegenden Anschlag abdecken kann. (Siehe Bild 106, S. 150.) Der Patrol Leader legt sich in die MG- Stellung, um das zu bestätigen. Diese Stellung ist gut zu markieren, aber nicht so gut, dass sie von der Straße aus eingesehen werden kann.

Um die Angriffslinie für das Sturmelement (SAWs und Gewehrschützen) zu erkunden, kehrt der Patrol Leader zur Mitte der Killzone zurück. Von dort bewegt sich der Patrol Leader weg von der Killzone in Richtung Deckung und Sichtschutz. (Siehe Bild 107, S. 151.) (Siehe Bild 108, S. 151.) Allerdings entfernt er sich nicht zu weit weg, sodass das Sturmelement nicht mehr schnell über Killzone hinweg stürmen kann.[1] Mittig auf Höhe der Killzone befindet sich der Platz des Patrol Leaders. Bei einem linearen Hinterhalt dreht sich der Patrol Leader um 90° und läuft die halbe Länge der Angriffslinie parallel zur Straße. Dies ist ein Ausläufer der Killzone. Arbeite akkurat und benutze einen Kompass! (Weitere Hinterhalt-Formen werden im Folgenden vorgestellt.) (Siehe Notfall-/ Alternativplanung, S. 182.)

An jedem Ende der Angriffslinie befindet sich eine SAW-Stellung. SAWs werden üblicherweise dort als Flankenschutz in Stellung gebracht, um aus verschiedenen Winkeln auf den Feind zu wirken. Sie sollen auch nach dem Sturmangriff die Breite der Formation aufrechterhalten, wenn Gewehrschützen zum Durchsuchen von Kriegsgefangenen ausgegliedert werden.[2]

Beim Erkunden der SAW-Stellungen legt sich der Führer auf den Boden und blickt durch sein Visier, um sich zu vergewissern, dass die Killzone auch einsehbar ist. Dieser Platz wird markiert und der Partol Leader bewegt sich zurück, um die SAW-Stellung auf der anderen Seite zu erkunden. Der Patrol Leader kann

---

[1] **Realität:** Die standardmäßige Entfernung ist 35 Meter. Auf dieser Entfernung kann ein M240 Maschinengewehr auf einem Dreibein und eine standardmäßige Sturmgruppe perfekt 100% der Killzone abzudecken. Des Weiteren sind Claymore-Kable ungefähr 35 Meter lang. Stelle dir aber eine absolut flache Wüste ohne tote Räume und ohne Sichtschutz vor. Wie weit sollte das Sturmelement von der Killzone entfernt sein?

[2] **Realität:** Ein Special Forces Soldat führte einen Hinterhalt mit ausländischen Kräften durch. Er ging in der Mitte des Sturmelements als dessen Führer und gleichzeitiger SAW-Schütze in Stellung, denn die ausländischen Kräfte waren mit dem SAW nicht vertraut.

Überschneidende Wirkungsbereiche

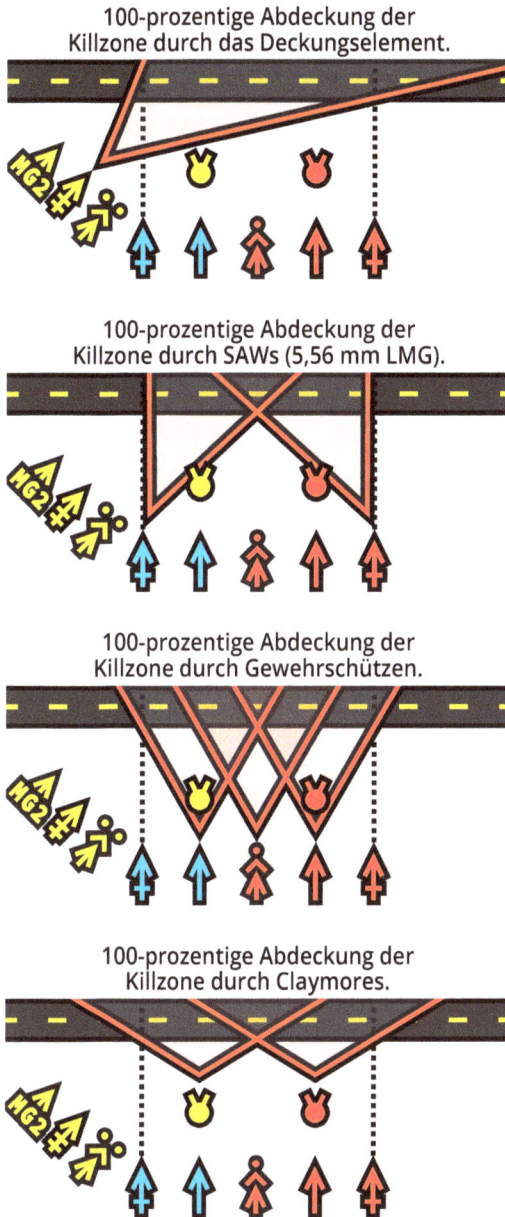

100-prozentige Abdeckung der Killzone durch das Deckungselement.

100-prozentige Abdeckung der Killzone durch SAWs (5,56 mm LMG).

100-prozentige Abdeckung der Killzone durch Gewehrschützen.

100-prozentige Abdeckung der Killzone durch Claymores.

Bild 104: Bei einem Hinterhalt sind Redundanzen von entscheidender Bedeutung. **Für den Fall, dass eine Waffe nicht wirken kann, ist niemals nur eine einzige Waffe für einen Abschnitt der Killzone einzuteilen.** Um jeden Teil der Killzone mehr als einmal abzudecken, wird üblicherweise jedem Waffensystem 100 Prozent der Killzone zugewiesen. In diesem Beispiel hat der Hinterhalt eine 400-prozentige Abdeckung der Killzone.

Bild 105: Ein MG-Schütze der A Company, 4th Battalion, The Royal Regiment of Scotland, macht sich bereit, um auf Feind in 600 Meter Entfernung zu wirken. Nahr-e-Saraj, Afghanistan, 2 Jul 20111. Die maximale Kampfentfernung eines M240 Maschinengewehrs ist 1100 Meter. **Wie weit entfernt von der Killzone kann das Deckungselement in Stellung gebracht werden?**

Bild 106: Slowenische Soldaten bei einem Gefechtsschießen mit einem FN MAG Maschinengewehr. Postonja, Slowenien, 15 Okt 2015. Hier ist der weite Abstand zur Killzone die Tarnung. Wie würde sich das Deckungselement mit dem Sturmelement auf dieser Entfernung koordinieren? Wo wäre der Platz des Patrol Leaders?

auch dem stellvertretenden Patrol Leader einteilen, sodass beide SAW-Stellungen zeitgleich erkundet werden können.

Im nächsten Schritt, erkundet der Patrol Leader die Stellungen für das Sturmelement, die grob zwischen den SAW-Stellungen verteilt sind. Der Patrol Leader sucht nach Deckung, Sichtschutz, Wirkungs- und Beobachtungsbereiche, Schusskanäle, Bahnen für den Sturmangriff, usw. (Benutze einen Kompass, um sicherzustellen, dass das Feuer im Rechten Winkel zur Killzone liegt!) (Siehe Bild 108, S. 151.)

Die Formation des Sturmelements ist dem Gelände angepasst und Stellungen müssen keiner starren Geometrie befolgen. (Siehe Bild 109, S. 152.) Solange nicht die Gefahr von Eigenbeschuss droht, ist grob eine Linie zu bilden in der sich Soldaten zur nächstbesten Deckungs- und Sichtschutzmöglichkeit verschieben können. Befinden sich Bäume oder Mulden in der Nähe, ist die Linie an zweckmäßigere Stellungen anzupassen. Nachdem der Patrol Leader und sein Stellv. die Stellungen des Deckungs- und Sturmelements erkundet haben, kehren sie zur Überwachungs- und Beobachtungsstellung zurück.

Bild 107: Echo Company, Battalion Landing Team, 2nd Battalion, 1st Marines, 11th Marine Expeditionary Unit führt malaysische Soldaten bei einem simulierten Hinterhalt. 29 Aug 2014. **Das Gelände bietet keine Deckung für das Sturmelement. Wie können die Soldaten dieses Problem beheben? Könnte man den Hinterhalt verlegen?**

Bild 108: Marines der Company Lima, 3rd Battalion, 25th Marine Regiment, 4th Marine Division, Marine Forces Reserve. Air Ground Combat Center 29 Palms, Kalifornien, 14 Jun 2015. Diese Gruppe hat das entgegengesetzte Problem. **Hier ist ausreichend Deckung vorhanden, aber kein Sichtschutz. Wie können sich diese Soldaten in ihrer Stellung besser tarnen?**

18.c Vorerkundung für das Sicherungselement

Um diesem Kapitel bestmöglich zu folgen, ist die graphische Darstellung der Vorerkundung für den Platz des Hinterhalts zu nutzen. (Siehe Bild 101, S. 145.) Bei der Vorerkundung für das Sicherungselement ist das Ziel zweckmäßige Stellungen zu finden, um den Feind im Hinterhalt zu vernichten.

Jede Sicherungsstellung hat zwei Positionen: primär und sekundär. Die primäre Stellung wird vor Beginn des Hinterhalts bezogen und Sekundäre nach Beginn des Hinterhalts. Beide Positionen liegen nah aneinander und müssen verschiedenen Anforderungen entsprechen.

Von der **primären Stellung** aus warnen die Soldaten vor ankommendem Verkehr und identifizieren und bestätigen den Feind. Normalerweise erfordert dies eine Sichtstrecke von mindestens 100 bis 200 Meter entlang der Straße bzw. des Weges.[1] Es ist anzustreben Soldaten auf einer Erhöhung oder in einer Kurve in Stellung zu bringen, wo sie durch den Bewuchs getarnt sind und trotzdem weite Sichtstrecken haben. Tarnung ist für die primäre Stellung wichtiger als Deckung, denn falls der Feind jemanden aufklärt, ist der gesamte Hinterhalt gefährdet.

In der **sekundären Stellung** tötet das Sicherungselement nach Beginn des Hinterhalts jeden, der versucht das Objective zu betreten oder zu verlassen. Deshalb bietet eine effektive sekundäre Stellung gute Wirkungsbereiche für alle

---

[1] **Realität:** Bei 65 Km/h Fahrtgeschwindigkeit bewegt sich ein Fahrzeug 100 Meter in 5,59 Sekunden. Ist das genug Zeit zum Vorwarnen? Eine Sicherung ohne weite Sichtstrecken ist nutzlos.

Gliederung des Sturmelements

Schlecht - starre Geometrie.

Schlecht - Haufenbildung.

Gut - Gelände angepasste Linie.

Bild 109: Bildet das Sturmelement eine Linie, **sind rigide Abstände zwischen den Schützen unzweckmäßig.** Nutze das Gelände. Die Abstände zwischen Schützen können beim Sturm auf die Killzone vergrößert werden.

Waffensysteme.[1] In der Regel befindet sich die sekundäre Stellung viel näher an der Straße als die Primäre. (Siehe Bild 110 und andere, S. 155.)

Eine sekundäre Stellung benötigt auch gute Deckung. Während des Hinterhalts können Querschläger von eigenen Kräften und der Feind auf das Sicherungselement wirken. Deshalb hat die Deckung zwischen dem Sicherungselement und dem Ziel des Hinterhalts Priorität über der Deckung zwischen dem Sicherungselement und der Straße. Die perfekte sekundäre Stellung wäre ein Loch seitlich der Straße mit etwas Bewuchs zur Tarnung. Falls die sekundäre Stellung vor dem Sturmelement gedeckt ist, kann das Sturmelement notfalls mit M4-Gewehren in Richtung des Sicherungselements schießen, um als letztes Mittel einen flankierenden Feind zu bekämpfen.

Obwohl diese Faktoren zu berücksichtigen sind, existieren in der Praxis bei der Stellungswahl für das Sicherungselement unendlich viele Einflussfaktoren. Zum Beispiel:

▶ Muster in der feindlichen Bewegungsgeschwindigkeit.
▶ Verkehrsdichte und Aufkommen auf der Straße.
▶ Notwendige Zeit zur Durchführung eines eilig bezogenen Hinterhalts.
▶ Die Schwierigkeit das Sicherungselement zu finden und rauszuholen.
▶ Mangel an Funkgeräten und Verfahren bei Funkausfall.
▶ Schusskanäle und Ruckstrahlzonen für Panzerabwehrhandwaffen.
▶ Wie schnell sich Soldaten zwischen den Stellungen bewegen können, usw.

Die Erkundung der Sicherungsstellungen beginnt und endet der Patrol Leader an der Überwachungs- und Beobachtungsstellung. Dort erteilt er dem Trupp ein Lage-angepasstes GOTWA.[2] Anschließend geht er mit seinem Stellv. (zusammen der Führertrupp) los, um Sicherungsstellungen auf der Seite der vermuteten Anmarschrichtung des Feindes zu erkunden. Diese Seite bezeichnet man als die „**starke Seite**."[3] (Die Seite, von der der Feind nicht erwartet wird, wird als schwache Seite bezeichnet.) Der Führertrupp bewegt sich parallel zur Straße bis zu einem guten Punkt, um sich 90° zu Straße einzudrehen. Dieser Punkt wird als „Einlenkpunkt" bezeichnet.

Der **Einlenkpunkt** ist wie ein Release-Point bei Tag und Nacht leicht-erkennbar und vom Feind nicht einsehbar. Der Einlenkpunkt muss auch vom Sicherungselement leicht zu finden sein, sodass dieses sich selbst in Stellung bringen kann und der Patrol Leader nur eine gute Wegbeschreibung vorgeben muss. Es ist zu vermeiden, dass sich diagonal in einer geraden Linie von der

---

1 Anwendung: Wenn man versucht das Objective einzugrenzen, welchen Vorteil hat es, (!!!) das Sicherungselement mit einer Claymore Mine, anstatt einer AT4 Panzerabwehrhandwaffe auszustatten? Wie helfen zusätzliche Waffen dabei das Objective einzugrenzen? Warum sollte das Sicherungselement eines dieser Waffensysteme erhalten, anstatt diese beim Hinterhalt zu verwenden?

2 **Beispiel** angepasstes GOTWA:
GrpFhr – „Wir führen jetzt die Erkundung der Sicherungsstellungen durch. Unsere späteste Rückkehrzeit ist 1730. Alles andere: unverändert."

3 Anwendung: Manche Soldaten befürworten, dass ein erfahrener Gruppenführer und Truppführer sich aufteilen, um beide Sicherungsstellungen zeitgleich zu erkunden. In welcher Situation wäre es zweckmäßig Soldaten allein loszuschicken?

Überwachungs- und Beobachtungsstellung zur Sicherungsstellung bewegt wird, um so möglichst den Abstand zur Straße und dem Objective zu wahren.

Am Einlenkpunkt dreht sich der Führer um 90° ein und läuft auf die Straße zu, um eine gute Sicherungsstellung zu finden. Sobald er an der voraussichtlichen Stelle der „starken Seite" angekommen ist, führt er ein SLLS bzw. einen Horchhalt durch und erkundet anschließend eine primäre und sekundäre Stellung. Nachdem die starke Seite erkundet wurde, kehrt der Führertrupp zur Überwachungs- und Beobachtungsstellung zurück, erteilt erneut ein GOTWA und erkundet die schwache Seite. Falls die Patrol in Zeitnot gerät, kann der Patrol Leader die Sicherung ihre Stellung selbst erkunden lassen, da die schwache Seite die unwahrscheinlichere Anmarschrichtung der Feindkräfte ist.

Nachdem die Erkundung aller Stellungen abgeschlossen ist, erteilt der Patrol Leader dem vor Ort bleibenden Überwachungs- und Beobachtungstrupp ein GOTWA, welches beinhaltet, dass die Patrol zum Release-Point vorgeschoben wird. Bei der Rückkehr zum Hauptelement muss der Release-Point endgültig festgelegt werden. Entweder markiert der Patrol Leader den voraussichtlichen Release-Point, oder er muss eine geeignetere Stelle finden. Der Führertrupp verwendet Erkennungszeichen, um mit dem Hauptelement Verbindung aufzunehmen.

18.d Einteilung der Führer

An bestimmten Stellen erfordert der Hinterhalt ein besonderes Maß an kritischem Denken und Führungskompetenz. Allerdings besitzt eine Patrol nur eine begrenzte Anzahl an Führern mit besonderen Fähigkeiten. Aus diesem Grund sind die vorhandenen Führer sorgfältig zu verteilen, sodass diese ihr volles Potenzial ausschöpfen können. Standardmäßig befindet sich der dienstgradhöchste Führer bei der Waffe mit der höchsten Schadenswirkung, dem M240 Maschinengewehr. Diese Position dient nicht nur zur Kontrolle über dieser Waffe, sondern auch dazu, diese Waffe gegebenenfalls zu einer vorteilhafteren Stellung zu verschieben, um den Sturmangriff bestmöglich zu überblicken.

Die Verantwortlichkeit über das Sturmelement ist flexibler. 2016 wurde an einer der U.S. Army-Schulen noch ausgebildet, dass der Alpha-Truppführer das Sturmelement führt. Allerdings wurde dies 2018 geändert, sodass der Bravo-Truppführer jetzt der Verantwortliche ist. Dadurch wurde der Alpha-Truppführer freigestellt, um das Sicherungselement zu führen. Als Ausgleich wurde hiermit die Sicherung gestärkt aber der Bravo-Truppführer stärker belastet.

18.e Beziehen des Release-Points

Der Release-Point ist der letzte Bereitstellungsbereich für den Hinterhalt, wo Soldaten warten können, bis ein Führer sie abholt und in Stellung bringt. Dies ist der Punkt für letzte Überlegungen. Falls die Anzahl der Funkgeräte begrenzt ist, wird hier der Ausgleich durchgeführt (z.B. eine Übergabe vom Überwachungs- und Beobachtungstrupp an das Sicherungselement). Die Patrol verschiebt sich vom Objective Rally-Point zum Release-Point, nachdem das Erkundungskommando

Bild 110 und andere: U.S. Fallschirmjäger des 1st Squadron, 91st Cavalry Regiment, 173rd Airborne Brigade in der Sicherung. Pocek Range in Slowenien, 02 Dez 2016. Links ist eine **primäre Sicherungsstellung** auf einer Höhe gezeigt. Der Wall und der Bewuchs bieten ausreichend Sichtschutz, während eine weitreichende Sichtstrecke gegeben ist. Rechts ist eine **sekundäre Sicherungsstellung**. Diese bietet ausreichend Deckung von allen Seiten und ist von der primären Stellung aus schnell erreichbar.

zum Hauptelement zurückgekehrt ist. (Siehe Vorerkundung von Release Point, S&O und Killzone, S. 144.)

Am Release-Point wird die Patrol in drei Elemente in der Reihenfolge der Stellungszuweisung aufgeteilt: Sicherung, Deckung und Sturm. Das Sicherungselement wird immer zuerst in Stellung gebracht, weil es als Frühwarnsystem agieren soll und verhindert, dass das Deckungs- und das Sturmelement überrascht werden.

Während das Sicherungselement in Stellung gebracht wird, stellen das Deckungs- und das Sturmelement die **360°** **Sicherung** am Release-Point. (Es ist zu beachten, dass das umliegende Gelände verhältnismäßig sicher ist. Hinter dem Release-Point wurde der Objective Rally-Point für einen längeren Zeitraum besetzt und das Gelände im Vordergrund wurde durch das Erkundungskommando geprüft.)

Rucksäcke können am Objective Rally-Point verbleiben oder zum Release-Point mitgeführt werden.[1] Für was auch immer sich entschieden lässt, (!!!) wenn eine Rucksackreihe für jedes Element ausgelegt wird, weiß jeder Soldat wo sein Rucksack zu finden ist, falls man schnellstmöglich ausweichen muss. (Siehe Bild 113, S. 158.) Falls die Rucksäcke am Release-Point ausgelegt werden, muss daran gedacht werden, dass der Überwachungs- und Beobachtungstrupp nie am Release-Point war und dass deren Rucksäcke mit eingegliedert werden.

18.f Stellungen für das Sicherungselements und EWAC

Der Patrol Leader kann dem Sicherungselement eine Stellung zuweisen, oder falls er es seinen Soldaten zutraut, kann er das Sicherungselement selbstständig eine Stellung beziehen lassen. In
diesem Fall kann er die genaue Position beschreiben sowie die erkundeten Einlenkpunkte. Egal für was sich der Patrol Leader entscheidet, er erteilt dem Sicherungselement einen EWAC-Plan, welchen das Sicherungselement zur Bestätigung wiederholt.

---

[1] **Realität:** Normalerweise würden Rucksäcke am Objective Rally-Point verbleiben. Jedoch in der Ausbildung an der Schule würde man die Rucksäcke mit zum Release-Point nehmen, sodass sie nicht gestohlen werden können.

Führereinteilung bei einem Hinterhalt

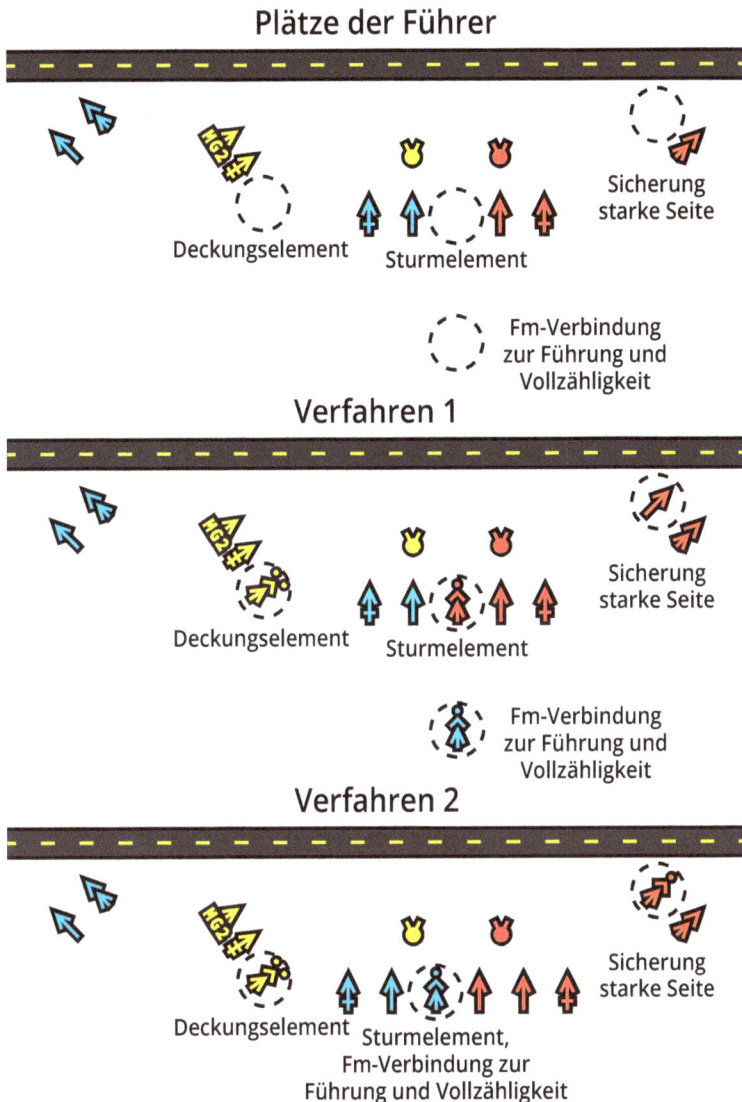

Plätze der Führer

Sicherung
starke Seite

Deckungselement   Sturmelement

Fm-Verbindung
zur Führung und
Vollzähligkeit

Verfahren 1

Sicherung
starke Seite

Deckungselement   Sturmelement

Fm-Verbindung
zur Führung und
Vollzähligkeit

Verfahren 2

Sicherung
starke Seite

Deckungselement   Sturmelement,
Fm-Verbindung zur
Führung und Vollzähligkeit

Bild 111: Jede Stellung profitiert von einem Führer, (oder zumindest jemanden der Befehle brüllt). Der erste Abschnitt zeigt vier Stellungen innerhalb eines Hinterhalts: die des Deckungselements, des Sturmelements, des Sicherungselements der starken Seite und für die Fernmeldeverbindung zur übergeordneten Führung. Die Verteilung der Führer ist von vielen Einflussfaktoren abhängig. **Die zwei bedeutsamsten Faktoren sind jedoch die Wichtigkeit der Stellung für den Erfolg des Hinterhalts und der Erfahrungsgrad der Soldaten** (d.h., wie viel oder wie wenig die Soldaten geführt werden müssen). Die Sicherung der schwachen Seite ist zum Beispiel nicht so wichtig wie das Deckungselement, weshalb das Deckungselement immer zuerst einen Führer zugewiesen bekommt.

Bild 112: Soldaten der 1st Infantry Brigade, 30th Infantry Regiment, 2nd Infantry Brigade Combat Team, 3rd Infantry Division bereiten ihre Rucksäcke für eine Übung in Senegal vor. Fort Stewart, Georgia, 07 Jul 2016.

Rucksackplan

Sicherungselement

Deckungselement

Sturmelement

Bild 113: Hier ist ein üblicher Rucksackplan für den Objective Rally-Point oder den Release-Point. **Das Hinterlassen der Rucksäcke in einer festgelegten Reihenfolge erlaubt den Soldaten schnellstmöglich nach dem Hinterhalt mit ihrer Ausrüstung auszuweichen.** Soldaten werden auch hier schon zum Sichern in die gleichen Trupps eingeteilt, sodass die Zuweisung der Stellungen schneller erfolgen kann.

EWAC[1]-Kriterien sind mini-Handlungspläne für das Sicherungselement:

Feuereröffnungskriterien – Die Bedingungen und Merkmale des Feindes, die entscheiden, ob das Sicherungselement: 1) den Feind bekämpft, 2) den Feind passieren lässt und/oder, 3) diese Information an das Hauptelement weitermeldet. Die Hauptaufgabe ist die Identifizierung und Bestätigung des Feindes. Dieser Punkt soll das Sicherungselement daran erinnern, was es identifizieren soll und wie zu handeln ist. (Siehe Bild 114, S. 160.)

Ausweichkriterien – Die Bedingungen unter denen das Sicherungselement zum Release-Point zurückkehren muss. Diese Kriterien müssen alle Szenarien abdecken und beinhalten oft ein Zeitlimit.

Abbruchkriterien – Was zum Abbruch des Auftrags führt.

Verhalten bei Aufklärung – Wie zu handeln ist, wenn das Sicherungselement vom Feind aufgeklärt wurde. Es gibt den „soft Compromise" und den „hard Compromise." Ein hard Compromise bedeutet, dass der Feind weiß, wo du bist (z.B. ein feindlicher Spähtrupp sieht dich). Ein soft Compromise bedeutet, dass der Feind wissen könnte, dass du da bist (z.B. durch Steilfeuer in der Ferne). Die genauen Grenzen zwischen soft und hard Compromise werden jedoch oft debattiert. Jeder Compromise erfordert einen anderen Handlungsablauf.

Sobald beide Sicherungselemente das EWAC erhalten und bestätigt haben, erteilt der Patrol Leader dem Release-Point-Führer und dem Überwachungs- und Beobachungstrupp ein GOTWA

für die Stellungseinweisung des Sicherungselement der starken Seite. Der Patrol Leader und ein Stellv. (z.B. der ursprüngliche Truppführer, der bei der Erkundung der Stellung dabei war) führen das Sicherungselement zur Stellung und führen nochmal ein SLLS durch. Der Patrol Leader setzt das Sicherungselement in die primäre Stellung und zeigt, wo sich die sekundäre Stellung befindet.

Der Patrol Leader führt dann eine Funküberprüfung mit dem Sicherungselement und dem Überwachungs- und Beobachungstrupp durch und meldet anschließend dem Überwachungs- und Beobachungstrupp und dem Release-Point-Führer seine Rückkehr. Der Patrol Leader benutzt Erkennungszeichen, um sich beim

---

1 **Beispiel** EWAC:
Feuereröffnung – „Es wird bekämpft: abgesessener Feind in Uniform in Stärke 20 Pax, sowie aufgesessener Feind in Stärke fünf Fahrzeuge. Größere Kräftegruppierung werden durchgelassen. Der Patrol Leader eröffnet den Hinterhalt."
Ausweichen – „Es wird ausgewichen: 20 Minuten nach der Feuereröffnung, zwei Minuten nach der Explosion, was durch „Fire in the Hole 3" ausgerufen wird; oder spätesten um 2300."
Abbruch – „Abbruch bei: Compromise durch überlegenen Feind, Steilfeuer auf oder um das Objective, Ankunft von feindlichen Folgekräften, auf Befehl der nächsten Führungsebene, oder spätestens um 2300."
Aufgeklärt werden – „Bei einem soft Compromise ist die Person festzusetzen. Nach dem Festsetzen oder falls ein Festsetzen nicht möglich ist, Meldung an die übergeordnete Führung. Bei einem hard Compromise, unterziehen bis es zum Feuerkampf kommt und Meldung an die Führung abgeben. Falls es zum Feuerkampf kommt, verschießen von AT4s (Panzerabwehrhandwaffen) und zwei Magazinen, Einsatz von Nebel und Lösen vom Feind zum Release-Point."

Bild 114: Serbische Kräfte durchstoßen einen simulierten Hinterhalt in einer Konvoi-Lage auf der Übung Platinum Wolf 15. South Base, Serbien, 26 Nov 2014. Diese Soldaten sollten das Feuer nicht mit Gewehren auf ein gepanzertes Fahrzeug eröffnen. **Dies ist ein gutes Beispiel dafür, warum Feuereröffnungskriterien notwendig sind.**

Release-Point-Führer zu authentisieren. Die gleichen Schritte werden bei der Stellungszuweisung auf der schwachen Seite wiederholt.

18.g Stellungswahl für das Deckungs- und das Sturmelement)

Nachdem das Sicherungselement in Stellung gebracht wurde, muss der Patrol Leader das Deckungs- und das Sturmelement zum Platz des Hinterhalts führen und den Überwachungs- und Beobachtungstrupp auf dem Weg abholen. Es existieren viele Verfahren, um das Deckungs- und das Sturmelement in Stellung zu bringen. Zwei dieser Verfahren werden hier gezeigt. Verfahren 1 teilt die Soldaten in das Deckungs- und das Sturmelement auf, während Verfahren 2 die Soldaten zwischen der linken und der rechten Seite des Hinterhalts aufteilt. Beide Führer, die Teil des Erkundungskommandos waren, können Stellungen zuweisen. (Siehe Bild 115, S. 161.)

Verfahren 1: der Patrol Leader bringt das Deckungselement zuerst in Stellung, während sein Stellv. das Sturmelement in Stellung bringt. Der Vorteil dieses Verfahrens ist, dass die Möglichkeit besteht einen Hinterhalt nach nur kurzer Vorbereitung durchzuführen, falls sich der Feind während der Stellungszuweisung annähert. Zudem ist es einfacher ein Element nach dem anderen in Stellung zu bringen. Diese Einfachheit gewinnt an Bedeutung, wenn sich der Hinterhalt von der Gruppenebene auf die Zugebene erweitert, wo der Zugführer drei MG-Trupps besitzt und sich nicht unbegrenzt mit dem Sturmelement befassen kann. Der Nachteil dieses Verfahrens ist, dass die Stellungszuweisung des Sturmelements

Verfahren zur Stellungszuweisung

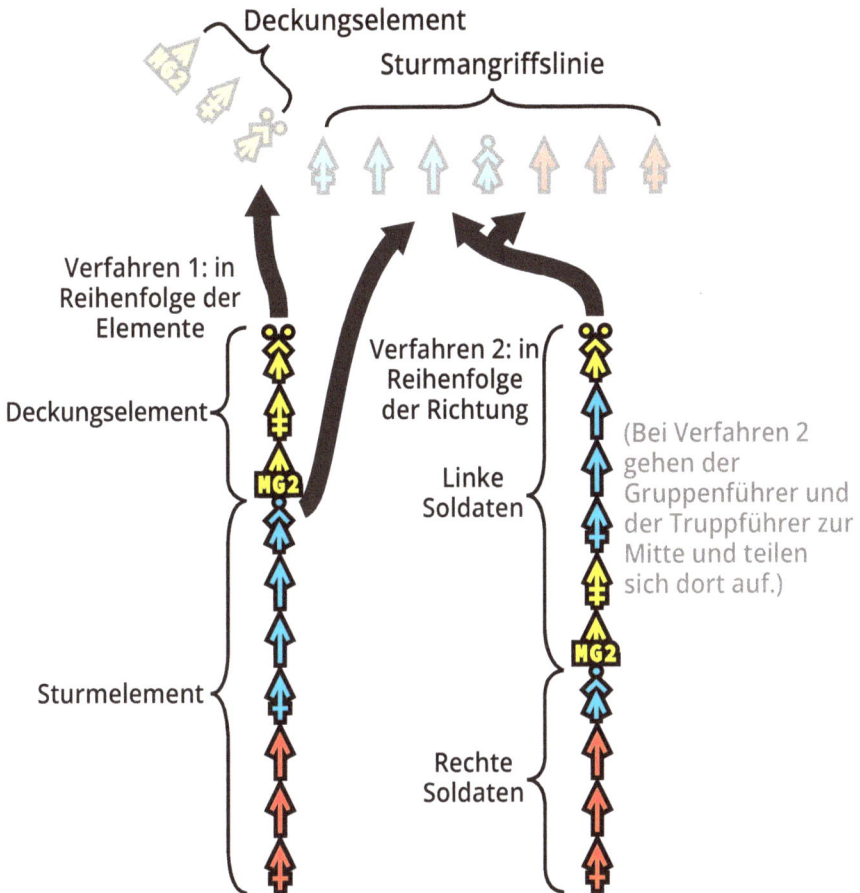

Deckungselement

Sturmangriffslinie

Verfahren 1: in
Reihenfolge der
Elemente

Deckungselement

Verfahren 2: in
Reihenfolge
der Richtung

Linke
Soldaten

(Bei Verfahren 2
gehen der
Gruppenführer und
der Truppführer zur
Mitte und teilen
sich dort auf.)

Sturmelement

Rechte
Soldaten

Bild 115: Verschiedene Verfahren der Stellungszuweisung für das Deckungs- und das Sturmelement. In der Praxis sind die Vorteile zwischen den beiden Verfahren nur minimal. Ein Verfahren muss allerdings angewendet werden, denn **irgendein beliebiges Verfahren ist besser als kein Verfahren**. Hier ist zu beachten, dass die letzten beiden Soldaten in jeder Reihe der Überwachungs- und Beobachtungstrupp waren, der abgeholt werden musste.

mehr Zeit in Anspruch nimmt, da diese erst abgeschlossen ist, wenn der Patrol Leader zurückkehrt und die Stellung abgenommen hat.

Verfahren 2: Die beiden Führer bewegen sich zur Mitte der Angriffslinie des Sturmelements und gehen anschließend nach links oder nach rechts, um den Soldaten ihre Stellungen zu zeigen. Wenn die Soldaten eine Reihe bilden, nehmen sie schon die Reihenfolge für die Stellungsverteilung ein. Der Soldat, der sich am nächsten zur Angriffslinie des Sturmelements befinden soll, geht an die Spitze und der Soldat, der am weitesten entfernt ist, befindet sich am Ende der

161

Reihe. Dadurch befindet sich der nächste Soldat, der in Stellung gebracht werden soll, immer an der Spitze und neben dem Führer, der ihm die Stellung zuweist. Der Vorteil dieses Verfahrens ist, dass die Stellungszuweisung schneller ist, da der Führer schon beim ersten Anlauf auf die richtige Stellung zeigen kann. (Die Stellungen wurden während der Vorerkundung markiert.).

18.h Stellungen für das Deckungselement[1]

Der Patrol Leader begibt sich zur Markierung für die Stellung des Deckungselement, die er bei der Vorerkundung gesetzt hat. Er befiehlt dem MG-2 das Dreibein (d.h. die M192 Leichtbau-Lafette) leise abzulegen und anschließend platziert der MG-Schütze das Maschinengewehr M240 auf dem Dreibein und arretiert es.

Der Patrol Leader übergibt seine Waffe an den MG-Schützen und legt sich hinter das lafettierte Maschinengewehr. Er passt die Höheneinstellung an, um eine möglichst flächendeckende Wirkung zu erzielen (d.h. circa einen Meter über den Boden auf Motorblock- und Hüfthöhe). Der Wirkungsbereich des M240 deckt 100% der Killzone ab und hält gleichzeitig die 15° Sicherheitsabstand zum Sturmelement ein. Die 15° Sicherheitsabstand werden durch eine Metall-auf-Metall-Grenze an der Lafette eingestellt. "**Metall-auf-Metall**" bedeutet, dass das M240 das eingestellte Ende des Schwenkbereichs erreicht hat und sich nicht weiter auf der Lafette drehen lässt. Für die gegenüberliegende Grenze kann Klebeband an der Höhen- und Seiteneinstellung der Lafette angebracht werden, um den Schwenkbereich des M240 einzuschränken.

Nachdem der Patrol Leader die linke und rechte Grenze gefunden hat und die Metall-auf-Metall-Sperre arretiert hat, legt er den MG-Schützen wieder hinter seine Waffe und nimmt sein Gewehr zurück. Anschließend legt sich der Patrol Leader auf den Rücken des MG-Schützen und bewegt das Maschinengewehr bis zum Metall an die linke und rechte Grenze, während er ihn und den MG-2 anhand von SPARC einweist.

18.i Stellungen für das Sturmelement und SPARC

Von jedem Soldaten wurde die Stellung während der Vorerkundung markiert.[2] (Falls die Markierungen nicht erkennbar sind, muss der Raum erneut erkundet werden.) Die SAWs befinden sich normalerweise an den Enden der Formation,

---

1 **Zitat:** Wenn man im Dunkeln schießt, ist es immer eine gute Idee ein Maschinengewehr zu benutzen. – Craig Reucassel, australischer Fernseh- und Radiokomödiant

2 **Realität:** Der Patrol Leader kann ein oder zwei Soldaten nach hinten sichern lassen, um gegen einen feindlichen Gegenstoß in den Rücken vorbereitet zu sein. Falls dem Feind die U.S.-amerikanischen Ausbildungsgrundsätze bekannt sind, weiß er bestimmt, dass bei einem linearen Hinterhalt die Formation im Rücken leicht angreifbar ist. Denn jeder Soldat blickt auf die Killzone und der Lärm des eigenen Feuers verdeckt auch den des Feindes. Falls es ein feindlicher Soldat schafft hinter die Formation zu gelangen, kann er einen nach dem anderen die gesamte Linie ausschalten.

Bild 116 und andere: C Company, 1st Battalion, 157th Infantry Regiment, 86th Infantry Brigade Colorado National Guard bei der Vorbereitung eines Hinterhalts. Camp Ethan Allen, Jericho, Vermont, 23 Jan 2017. Eine niedrige Erhöhung bietet diesem Sturmelement Deckung, doch aufzustehen würde diese Stellung verraten. **Es wird oft bis zur Killzone geglitten, um den Feind nicht zu alarmieren.** In dieser Lage ist ein Gleiten notwendig. Falls es die Zeit zulässt, kann bei jeder Vorerkundung oder in jede Stellung geglitten werden.

um durch Feuerkraft vor einen Angriff in die Flanken zu schützen, um nach der Ausgliederung des EPW-Trupps die Breite der Angriffslinie des Sturmelements aufrechtzuerhalten und um den Feind aus verschiedenen Winkeln zu bekämpfen.

Sobald das Sturmelement in Stellung gebracht wurde, prüft der stellv. Patrol Leader mit seinem Kompass, ob sich die Formation im selben Winkel wie die Straße befindet. (Eine schrägliegende Formation führt zu einem diagonalen Sturmangriff auf die Straße.) Eine Anpassung wird schnell und einfach durch kleine Bewegungen vollbracht, wie „verschiebe dich einen Meter zurück."

Jedes SAW muss zwei volle Gurttrommeln haben. Eine Gurttrommel befindet sich am Boden und der Gurt wird zugeführt. Die Gurttrommel am Boden kann zur Stabilisierung halbwegs eingegraben werden. Die andere Gurttrommel ist am SAW in der Halterung angesteckt, der Gurt wird aber nicht zugeführt. Die angesteckte Gurttrommel wird genutzt, sobald die Eröffnung des Hinterhalts vorüber ist und der SAW-Schütze für den darauffolgenden Sturmangriff schnellstmöglich nachladen muss. Jeder Gewehrschütze hat zwei volle Magazine bereitgelegt, um ebenfalls schnellstmöglich nachzuladen.

Sobald der Patrol Leader und sein Stellv. bereit dazu sind, geben sie eine Einweisung gemäß SPARC. Dabei beginnen sie mit den SAW-Schützen. Schlussendlich ist der Patrol Leader dafür verantwortlich, dass das Sturmelement richtig in Stellung gebracht und eingewiesen wurde. Dennoch übergibt er diese Aufgabe oft an seinem Stellv., da dieser den Sturmangriff auch führt. **SPARC's** entspricht METT-TC,[1] doch es gibt noch einige allgemeine Punkte zu berücksichtigen:

Sector-of-Fire (Wirkungsbereich) – Die erste Priorität besteht darin, den SAW- und M240-Maschinengewehrschützen ihre Wirkungsbereiche zuzuweisen. (Siehe Koordinieren der Wirkungsbereiche, S. 165.) Der Wirkungsbereich der Gewehrschützen wird grob auf 10 Uhr und 2 Uhr eingegrenzt. Der Führer

---

1 **Beispiel** SPARC:
Wirkungsbereich – „Dein Wirkungsbereich ist von 10 Uhr bis 2 Uhr. Vergiss nicht, das Sicherungselement befindet sich von dir aus auf 9 Uhr und 3 Uhr."
Bekämpfungsreihenfolge – „Zuerst werden angesessene Kräfte bekämpft, anschließend das Verbringungsfahrzeug."
Angriffsbahn – „Deine Angriffsbahn ist geradeaus."
Schussfolge – „Lange Feuerstöße. Falls aber das MG ausfällt, Dauerfeuer."
Tarnung – „Die Tarnung während dieser Einweisung weiter verbessern."

Bild 117: Palehorse Troop, 4th Squadron, 2nd Cavalry Regiment bei einer Gefechtsübung. Grafenwöhr, Deutschland, 24 Feb 2016. **Ist dies gemäß SPARC eine gute Tarnung?** Gleicht die Farbe der Tannenzweige der Umgebung? Jedes Mal, wenn der Soldat seinen Kopf bewegt, geschieht eine unnatürliche Pflanzenbewegung. Tarnung sollte nie vom Kopf rausstecken.

beugt sich über den Gewehrschützen und bewegt sein Gewehr zur linken und zur rechten Grenze.

Priority of Targets (Bekämpfungsreihenfolge) – Jeder Waffe wird eine Bekämpfungsreihenfolge für die erwarteten Ziele zugewiesen. Die Reihenfolge wird durch die Fähigkeiten der einzelnen Waffen bestimmt. M240 Maschinengewehre sind perfekt dafür geeignet feindliche Fahrzeuge zum Stehen zu bringen und wirken deshalb zuerst auf den Motorblock, anschließend auf die Fahrerkabine und zuletzt auf abgesessene Kräfte. Bei einem Hinterhalt im Zugrahmen bekämpft jedes M240 Maschinengewehr von links nach rechts jeweils das erste, zweite und das dritte Fahrzeug. SAW-Schützen bekämpfen zuerst den Fahrgastraum bzw. den hinteren Bereich eines Fahrzeugs, dann die Fahrerkabine und zuletzt alle abgesessenen Kräfte (d.h. Personen, die sich nicht in Fahrzeugen befinden). Jeder SAW-Schütze bekämpft das zu ihm nächstgelegene Fahrzeug zuerst. M4 Gewehre sind Punktwaffen, die zuerst einzelne abgesessene Feindkräfte bekämpfen und anschließend die Fahrerkabine. Wenn kein Ziel mehr übrig ist, feuern die Waffen mit Gurtzuführung mehrmals hin und her, um den Bereich noch einmal abzustreuen und um die Gewalt des Handelns aufrechtzuerhalten.

Assault Lane (Angriffsbahn) – Um es einfach zu halten, ist bei einem linearen Hinterhalt die Bewegungslinie im Sturmangriff eines jeden Soldaten gerade aus. Der Patrol Leader gibt jeden Soldaten eine Richtung vor. Bei einem nicht-linearen Hinterhalt werden die Angriffsbahnen weitaus komplexer. (Siehe Notfall-/Alternativplanung, S. 182.)

Rate-of-Fire (Schussfolge) – Die Schussfolge wird in drei Spezifizierungen unterteilt: Dauerfeuer, lange Feuerstöße und kurze Feuerstöße. „Dauerfeuer" bedeutet, dass eine vollautomatische Waffe so schnell wie möglich schießt. „Lange Feuerstöße" bedeutet weniger Schuss in einem bestimmten Zeitraum und „kurze Feuerstöße" bedeutet nochmals weniger. (Siehe Schussfolge, S. 237.) Maschinengewehr schießen für die ersten 15 Sekunden eines Hinterhalts gewöhnlich Dauerfeuer. (Der Feind erleidet die meisten Verluste in dieser Phase.) Danach kann sich die Schussfolge für die nächsten 15 Sekunden auf lange Feuerstöße verringern. Der Führer kann bei Munitionsknappheit eine niedrigere Schussfolge befehlen.

M4-Schützen schießen nur kurze Feuerstöße, weil ihre Hauptaufgabe daraus besteht, einzelne Ziele zu bekämpfen und nicht flächendeckend zu wirken. Um zu verhindern, dass alle M4 zur gleichen Zeit nachladen müssen, können manche M4 lange Feuerstöße schießen. Falls die Maschinengewehre ausfallen, können auch die M4 im Dauerfeuer wirken, sodass die Kadenz des gesamten Hinterhalts angehoben wird.

Camouflage (Tarnung) – Soldaten müssen sich tarnen und Führer müssen ihre Soldaten tarnen. Das Thema Tarnung würde über den Rahmen dieses Abschnitts hinaus gehen, dennoch werden hier ein paar Grundsätze genannt. Tarnmittel, wie Laub und Dickicht, sind immer von hinter einer Stellung zu nehmen. Dadurch werden leicht erkennbare, schwarze Flecken auf dem Boden vermieden. Die Tarnung ist an den genauen Platz anzupassen und nicht an die allgemeine Umgebung. (Z.B., ein großer Haufen an Ästen wird unnatürlich erscheinen, wenn der nächste Baum 50 Meter entfernt steht.) Stecke nichts an deinen Kopf, was darüber hinausragen wird. Köpfe bewegen sich und Dinge, die nach oben rausstecken betonen diese Bewegungen. Das menschliche Auge nimmt zuerst Bewegungen wahr, dann Umrisse und zuletzt Farben. (Siehe Bild 117, S. 164.) (Siehe Bild 118 et al, S. 166.)

18.j Koordinieren der Wirkungsbereiche[1]

Der Führer weist aus drei Gründen jedem Waffensystem einen eigenen Wirkungsbereich zu:

▸ Um Eigenbeschuss zu verhindern. Ein Wirkungsbereich schließt jede Stellung eigener Kräfte aus, denn ein Soldat kann im Eifer des Gefechts vergessen, wo sich jede einzelne Stellung befindet.

▸ Um Lücken zwischen den Wirkungsbereichen zu schließen. Falls sich jeder Soldat auf nur einen feindlichen Schützen fokussiert, kann ein anderer unerkannt aus einer anderen Richtung kommen. Deshalb wird jedem Soldaten jeweils ein Abschnitt zugewiesen, sodass der gesamte Bereich abgedeckt wird und kein toter Winkel entsteht.

---

1 Zitat: Die Streubomben einer B-52 sind sehr, sehr genau. Die Bomben treffen immer den Boden. – U.S. Air Force, Unbekannt

Bild 118 et al: Ein Soldat der japanischen Selbstverteidigungsstreitkräfte bei einer Stalking-Übung während der Iron Fist 2014 Gefechtsübung an der 1st Marine Division School. Camp Pendleton, Kalifornien, 11 Feb 2014. **Hier ist zu sehen, wie gut der Soldat seine Tarnung an die Umgebung angepasst hat.**

▸ Um ein Überschneiden der Wirkungsbereiche sicherzustellen. Aus Gründen der Redundanz wird sich die komplette Abdeckung niemals auf nur ein einziges Waffensystem verlassen.

Für die Zuweisung von überschneidenden Wirkungsbereichen werden standardmäßige Grenzen verwendet.[1] Feuergrenzen sind wie Wirkungsbereiche, nur genauer. (Ein Wirkungsbereich besteht aus einer linken und rechten Grenze.) (Siehe 360° Sicherung (Wirkungs- und Beobachtungs-bereichen zuweisen), S. 130.)

Bei einem linearen Hinterhalt liegt die linke Grenze des linken SAW-Schützen im 90° Winkel zur Straße, während die rechte Grenze die Mitte der Killzone ist. Für den rechten SAW-Schützen liegt die rechte Grenze im 90° Winkel zur Straße und die linke Grenze ist wieder die Mitte der Killzone. Trotz dessen können die Grenzen verschoben werden so lange 100 Prozent der Killzone durch beide SAW-Schützen abgedeckt wird. (Siehe Bild 119, S. 167.)

Sobald die linke und rechte Grenze für beide SAW-Schützen festgelegt wurde, können diese Grenzen direkt an den MG-Trupp weitergegeben werden. Durch die Zuweisung derselben Grenzen (mit den nötigen Anpassungen) wird eine 200-prozentige Abdeckung der Killzone gewährleistet. Gewehrschützen hingegen kann ein grober Wirkungsbereich zugewiesen werden (z.B. „deine linke und rechte Grenze ist auf 10 und 2 Uhr.“), um eine 300-prozentige Abdeckung der Killzone zu erreichen.

Es kann nicht genug betont werden, wie wichtig es ist, dass Soldaten ihre linken und rechten Grenzen verstehen und sich diese auch merken. Hier sind fünf Beispiele, um **Feuergrenzen zu erteilen** (idealerweise ist mehr als nur eine Methode zu nutzen):

▸ Lege dich auf den Soldaten drauf, greife seine Waffe und richte sie auf einen (bei Tag und Nacht) leicht erkennbaren Punkt im Gelände. Je ausgewöhnlicher der Punkt, desto leichter ist er sich zu merken.

▸ Gehe zum Punkt und markiere ihn.

▸ Zeige mit einem Infrarotlaser (z.B. einen PEQ-15) die Grenze auf.

---

1 Anwendung: Wie kann der Zugführer Wirkungsbereiche während eines Feindkontakts zuweisen?

Referenzpunkte zum Koordinieren von Feuer

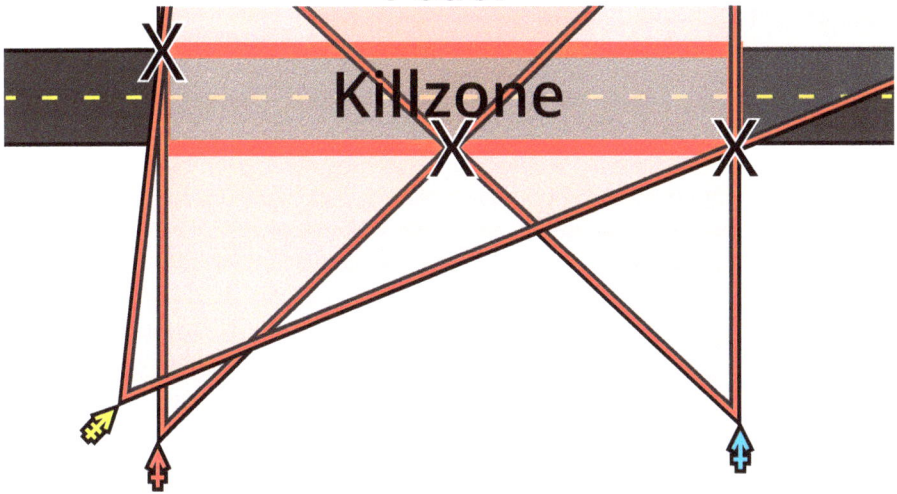

Bild 119: Wie die Wirkungsbereiche aussehen sollen, wird in der Vorerkundung festgelegt. (Siehe Vorerkundung für das Deckungs- und das Sturmelement, S. 147.) (Siehe Bild 104, S. 149.) Dieses Bild zeigt, wie man diesen Plan in der Praxis umsetzt. Die richtige Koordinierung des Feuers mit einem M240 und zwei SAWs benötigt nur drei Referenzpunkte. **Hier ist zu beachten, dass ein Punkt der vordere Rand der Straße ist, während der andere Punkt der hintere Rand ist. Die Straße ist nicht zu überqueren.** Denn auf der Straße ist es leicht aufgeklärt zu werden und damit den gesamten Auftrag zu gefährden.

▸ Ein Auspflocken der Grenzen mit Stöcken schränkt die Links- und Rechtsbewegungen des Schützen ein.

▸ Lasse den Soldaten seinen Kompass rausholen und sich seine eigenen Punkte im Gelände raussuchen gemäß der Kompasszahl, die du ihm vorgibst.

Bei der Wahl einer Markierung jenseits und diesseits oder auf und abseits der Straße ist zu beachten, wie sich Blickwinkel auf die Einsehbarkeit auswirken. Falls eine Markierung diesseits der Straße die Grenze zweier Waffen aufzeigen soll, wird jede Waffe eine leicht unterschiedliche Killzone haben, da sie aus einem anderen Winkel auf die Markierung blicken.

Die effektivste Art und Weise die Grenzen aufzuzeigen ist auf die Killzone zuzugehen und diese zu markieren. Da der Führer von der Straße aus aufgeklärt werden kann, ist dies allerdings auch die gefährlichste Variante. Annäherungen bis an die Straße sollten nur geschehen, wenn es notwendig und verhältnismäßig sicher ist, wie zum Beispiel bei Dunkelheit und ausgelegter Sicherung. Falls es unbedingt notwendig ist, sollte das allerdings nur dreimal erfolgen: jeweils für die linke Grenze, Mitte und rechte Grenze, welche für das M240, sowie den SAW-Schützen zutreffen. Bevor man losläuft, ist immer ein GOTWA zu erteilen, sodass ein schläfriger Soldat nicht plötzlich aufwacht und anfängt auf dich zu schießen.

Den Hinterhalt vorbereiten

Vor dem Sturmelement sind nur gerade Bewegungen direkt zur Straße hin und zurück zu machen, niemals Querbewegungen parallel zur Straße. (Soldaten beabsichtigen ein querbewegendes Ziel im Hinterhalt zu vernichten.)

18.k Platzieren von Claymores und letzte Maßnahmen[1]

Sobald das Sturmelement auf einer Linie in Stellung gebracht wurde, legen der Patrol Leader und sein Stellvertreter die Platzierung der Claymore-Minen fest. Bei einem Hinterhalt ist der hauptsächliche Zweck von Claymore-Minen in „**totem Raum**" zu bewirken. Toter Raum ist vor der eigenen Waffenwirkung geschützt. Zum Beispiel könnte ein Feind sich bei der Feuereröffnung hinter einem Erdwall oder einem großen Felsbrocken verstecken, sodass er von eigenen Waffen nicht erfasst werden kann. (Ein M240 Maschinengewehr kann durch die meisten Bäume hindurch schießen, weshalb Bäume oft nicht als toter Raum bewertet werden.) Falls kein toter Raum vorhanden ist, können Claymores so platziert werden, dass sie mit aneinander liegenden Wirkungsbereichen auf die Straße feuern.[2] Die Splitterwirkung ist in einem 60° Fächer auf 50 Meter tödlich. Der Gefahrenbereich für eigene Kräfte erweitert sich auf 250 Meter bei einem 180° Fächer.

Bevor eine Claymore platziert wird, ist eine Überprüfung des Zündkreises durchzuführen. Zündleitung und Zünder sind beide mit den M40-Testset zu überprüfen. Neben der Überprüfung sollte der Zünder (z.B. ein M57) immer von der Zündleitung entfernt aufbewahrt werden, sodass eine ungewollte Zündung verhindert wird. Den Zünder zu verbinden ist genauso wie den Finger auf den Abzug zu legen.

Um die Claymore vorzubereiten, ist die Zündleitung dort abzubinden, wo der Zünder benutzt wird (d.h. der Platz des Patrol Leaders und des stellv. Patrol Leaders). Die Zündleitungen müssen an einem festen Gegenstand angebunden werden (nicht an einer MG-Lafette). Die Rolle der Zündleitung ist bis zum Platz der Anbringung auszurollen. Die Zündleitungen dürfen sich nicht überkreuzen, denn die Leitung einer Claymore kann die Nutzung einer anderen Claymore stören. Ein guter Platz für eine Claymore ist **16, 35, 18**:

16, 35 – Zwischen 16 und 35 Metern von der Feuerstellung entfernt. (Die Rückstrahlzone hat eine Länge von 16 Metern, während die Zündleitung 35 Meter lang ist.)

18 – Falls die Claymore nicht in totem Raum angebracht wurde, sollte diese vor einem Baum mit einer mindestdicke von 50 cm platziert werden, um so den Rückstrahl zu absorbieren. Ein Baum der schmäler als 50 cm ist, wandelt sich in Splitter um und ist schlechter als gar kein Baum.

Beim Anbringen einer Claymore-Mine ist die Abkürzung **ATARC-C** zu nutzen:

---

1 **Zitat:** FRONT TOWARD ENEMY (dt. Vorderseite Richtung Feind) —Aufschrift auf einer Claymore-Mine

2 **Anwendung:** Falls das Erkundungskommando für den Hinterhalt einen Platz ohne toten Raum findet, wäre es besser die Claymores beim Sicherungselement zu platzieren?

Bild 120: Ein Pionier platziert eine Claymore. East Range Training Center, Hawaii, 09 Sep 2014. **Dieser Soldat platziert die Claymore so, um geradeaus zu wirken, während der Soldat rechts versucht toten Raum abzudecken.**

Bild 121: Ein U.S. Army Sergeant der Iron Troop, 3rd Squadron, 2nd Cavalry Regiment bei der Vorbereitung einer improvisierten Claymore-Mine auf einer Gefechtsübung mit den estnischen Streitkräften. Tapa Training Area, Estland, 15 Mär 2025.

Aim the mine (Richte die Mine) – Drücke die Beine der Mine bis zu einem Drittel in den Boden. Wähle ein Ziel in circa 50 Meter Entfernung. Blicke über die Kimme, um die Mine zu richten. Platziere einen Stift oder ein Messer auf die Mine, um so das Ausrichten zu erleichtern.

Tie the mine (Binde die Mine fest) – Sichere die Zündleitung ungefähr einen Meter hinter der Mine, sodass sich die Mine nicht bewegt, falls an der Zündleitung gezogen wird.

Arm the mine (Stelle die Mine scharf) – Schraube die Sprengkapsel in die Claymore hinein.

Re-aim the mine (Richte die Mine neu aus) – Die gleichen Schritte wie beim ersten Ausrichten wiederholen.

Camouflage the mine (Tarne die Mine ab) – Sammle Laub, ohne einen erkennbaren Fleck zu hinterlassen. Vergrabe oder tarne die Zündleitung bis zur Feuerstellung zurück. Falls die Zündleitung mit Laub abgedeckt wird, ist zu bedenken, dass eine gerade und definierte Linie von Laub mehr auffällt als gar kein Laub.

Nachdem der Patrol Leader die Wirkungsbereiche zugewiesen hat und die Claymores platziert wurden, verschiebt er sich zurück zum Deckungselement und führt mit allen Elementen eine Funküberprüfung durch. Anschließend meldet er „Hinterhalt bezogen" im Spare-Format an die Führung. Der Patrol Leader selbst geht neben dem MG-Schützen in Stellung. Wer auch immer den Zünder am Ende in der Hand hält, verbindet ihn mit der Zündleitung und tarnt sich selbst so gut wie möglich.

18.1 Zug-Raumhinterhalt[1]

Ein Zug-Raumhinterhalt besteht aus mehreren Gruppen-Punkthinterhalten.
Ein Raumhinterhalt ist besonders zweckmäßig, wenn mehrere Ziele vernichtet

---

1 **Zitat:** Der Papst? Wie viele Divisionen hat der Papst? - Antwort des Diktators der Sowjetunion Josef Stalin, nachdem er gefragt wurde, ob er die Sympathie des Papstes gewinnen könnte.

werden müssen, aber es sicherer ist sich in einer größeren Gruppe zu bewegen. Z.B. ein Hinterhalt, um einen Konvoi zu vernichten und zwei weitere, um jegliche Verstärkungskräfte zu zerschlagen. Die einzige Besonderheit an einem Zug-Raumhinterhalt ist das Teilen und Zusammenführen der verschiedenen Zug-Elemente. Das Teilen wird im folgenden Absatz beschrieben. Das Zusammenführen ist ein komplexes Verfahren, dass man als Linkup bezeichnet und später in der Patrol-Base-Phase erklärt wird. (Siehe Zusammenführen der Kräfte, S. 220.)

Es existieren zwei Optionen zum Teilen eines Zuges: Während der Bewegung oder während eines langen Halts. Während der Bewegung kann sich eine Gruppe unscheinbar ausgliedern, indem es eine andere Marschrichtung einschlägt, sobald der Zug einen vorgeplanten Punkt durchlaufen hat. Im Gegenzug können Führer beim langen Halt noch einmal prüfen, ob sich die Gruppe am richtigen Ort ausgliedert. Kurz vor der Ausgliederung, müssen der MG-Trupp und der Zugführer bereit sein sich der festgelegten Gruppe mit anzuschließen.

19. Zug-Punkthinterhalt

Den Zug-Punkthinterhalt führt der Zug geschlossen an einem Ort durch. Beim Zug-Raumhinterhalt hingegen teilt sich der Zug in verschiedene Gruppen auf und greift an verschiedenen Orten zeitgleich an. Die Verteilung der Stellungen ist bei einem Zug-Punkthinterhalt grundsätzlich einem Gruppen-Punkthinterhalt ähnlich. (Siehe Den langen Halt sicherstellen, S. 123.) (Siehe Den Sammelpunkt vor dem Objective sicherstellen, S. 132.) (Siehe Den Hinterhalt vorbereiten, S. 143.)

Wie beim Gruppen-Punkthinterhalt, ist der erste Schritt der lange Halt. Als zweiter Schritt folgt der Objective-Rally-Point. Ein Zug ist zu groß, um sich in einer Gruppenentfaltungsform zu bewegen, weshalb eine „Zugformation" genutzt wird. Die Zugformation bildet das Kernthema dieses Kapitels, denn diese ist der entscheidende Unterschied zu dem bisher erklärten Ablauf auf Gruppenebene. (Weitere Unterschiede, wie der Platz des Führers, werden am Ende des Kapitels erläutert.)

Es ist zu beachten, dass obwohl die Zugformation in diesem Buch ausführlich erklärt wird, ist diese nicht die einzige Lösung. Eine Zugformation ist nur eine allgemeine Formation, die ein Zug anwenden kann, wann immer er für längere Zeit in einem bedrohlichen Raum hält. (Dies beinhaltet den Objective-Rally-Point, die Patrol-Base und sogar manche Hinterhalte.) Es ist schlichtweg einfacher durch ein bestimmtes Beispiel zu lernen, das für einen Zug zweckmäßig ist, anstatt durch übermäßig viele und abstrakte Konzepte.

19.a Vorerkundung der Zugformation

Bevor die Zugformation eingenommen wird, muss zuerst eine Vorerkundung des Platzes durchgeführt werden. Die Zugformation wird für einen Halt in einer verhältnismäßig gefährlichen Umgebung eingenommen. Da sich der größere

Zug-Punkthinterhalt

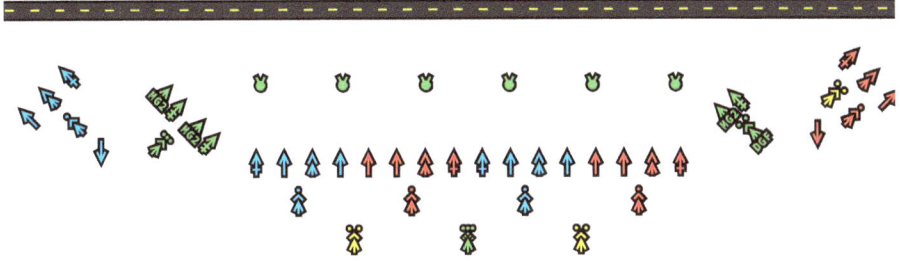

Bild 122: Beispiel eines linearen **linearen Zug-Punkthinterhalts**. Entfernungen sind nicht maßstabsgetreu.

Zug schlechter in der natürlichen Tarnung des Geländes verbergen kann als die kleinere Gruppe, ist er während des Halts einer größeren Gefahr ausgesetzt.

Der erste Schritt ist die Patrol in der langen-Halt-Formation des Zuges zu bringen. Der lange Halt des Zuges beruht auf den gleichen Grundsätzen wie der lange Halt der Gruppe. (Siehe Den langen Halt sicherstellen, S. 123.) Der Unterschied besteht aus den zusätzlichen Ebenen der Führer. Beim langen Halt des Zuges, verbleiben Truppführer bei ihrem Trupp und Gruppenführer sind im Bereich der Gruppe freibeweglich. Die zwei Hauptbereiche bestehen aus dem Zugtrupp und der 360° Sicherung (in diesem Beispiel die drei Gruppen). (Siehe Bild 123, S. 172.)

Das Erkundungskommando verläuft grundsätzlich genauso wie bei einer Gruppe, nur dass sich die Anzahl der Soldaten erhöht. (Siehe Vorerkundung des Objective Rally-Point der Gruppe, S. 135.) Bei einem Zug besteht das Erkundungskommando aus acht Soldaten: einen Führertrupp (Patrol Leader, Fernmelder, Deckungsgruppenführer), Überwachungs- und Beobachtungstrupp (SAW-Schütze des ersten Trupps, Pointer des ersten Trupps) und alle drei MG-2s.

Die Bewegungsformation des Erkundungskommando kann eine doppelte Diamant-Formation sein: der erste Diamant besteht aus dem Patrol Leader, Fernmelder, Alpha-SAW-Schützen und Alpha-Pointer; der zweite Diamant besteht aus dem Deckungsgruppenführer und den drei MG-2s. (Siehe Bild 92, S. 136.) Bevor sich das Erkundungskommando ausgliedert, erteilt der Patrol Leader ein GOTWA an den Führer des Hauptelements, der noch einmal durchzählt.

Die Vorerkundung wird in zwei Schritten durchgeführt: erst wird der Bereich für die Formation durchkämmt und auf Gefahren überprüft, anschließend wird der umliegende Raum auf externe Bedrohungen überprüft. Sobald das Erkundungskommando die voraussichtliche Stelle für die Zugformation erreicht hat, wird der Bereich in wenigen Schritten **durchkämmt** (Siehe Bild 124, S. 174.):

1) Das Erkundungskommando erreicht den Punkt in einer doppelten Diamantformation und führt ein SLLS durch.

2) Alle Soldaten bilden eine Linie, außer der Überwachungs- und Beobachtungstrupp und der MG-2 der 2. Gruppe. Der MG-2 der 1. Gruppe geht ans rechte Ende und der MG-2 der 3. Gruppe geht ans linke Ende.

Lange Halt des Zuges

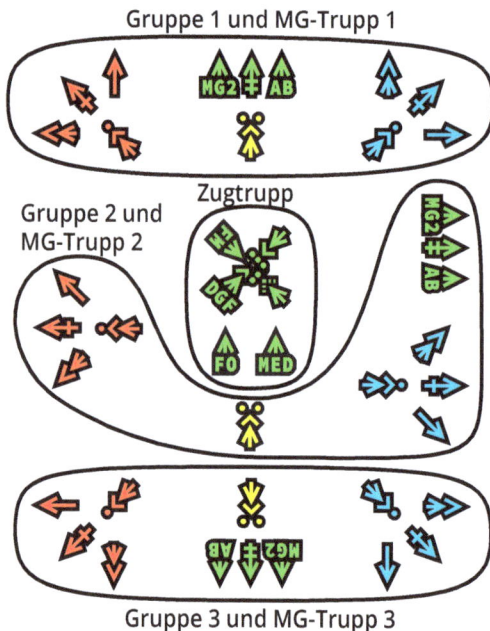

Bild 123: In diesem Beispiel sind die Trupps der 2. Gruppe räumlich getrennt, da aus der Bewegung in den langen Halt übergegangen wurde und die 2. Gruppe sich in der Mitte bewegte. Hier werden auch markante Strong-Points errichtet. Solange eine 360° Sicherung gewährleistet ist, ist jegliche Form der Anordnung möglich.

3) Der Überwachungs- und Beobachtungstrupp geht so in Stellung, dass er den gesamten Bereich für die Zugformation überwachen kann. Der MG-2 der 2. Gruppe sichert die Formation auf 6 Uhr.

4) Die Linie bewegt sich 50 Meter vor, um Fallen oder sonstige Gefahren zu räumen.

Nachdem der Bereich durchkämmt wurde, wird der umliegende Raum auf externe Bedrohungen überprüft. Doch zuerst wird das Grundgerüst für die Zugformation fertiggestellt. Die grundlegende Form der Zugformation ist ein auf den Kopf gestelltes Dreieck mit 35 Meter langen Seiten (die bei einer Patrol-Base länger sind, um genügend Platz für weitere Planungsvorgänge zu ermöglichen). (Siehe Bild 128, S. 178.) Zum Markieren dieses Dreiecks platziert der Patrol Leader einen MG-2 als Referenzpunkt an jedes Eck.

Während des Durchkämmens wurde der MG-2 der 2. Gruppe schon so platziert, um das untere Eck des Dreiecks zu markieren. Die übrigen MG-2 werden als nächstes in die anderen zwei Ecken gebracht. Sobald alle MG-2 in Stellung sind, werden sie im Idealfall nicht mehr verschoben. Der Deckungsgruppenführer begleitet das Erkundungskommando primär, um die MG-2 zu führen, während der Patrol Leader zum Hauptelement zurückkehrt und dieses herführt.

Nachdem der Bereich durchkämmt wurde, ist der nächste Schritt, **den umliegenden Raum auf Bedrohungen zu überprüfen.** (Siehe Bild 125, S. 175.)

5) Die zwei verbleibende MG-2 werden aus der Linie ausgegliedert und in den übrigen zwei Ecken der Zugformation in Stellung gebracht.

6) Von der Linie aus bewegt sich der Führertrupp mindestens 100 Meter vor und führt ein SLLS durch.

7) Der Führertrupp geht mindestens 50 Meter nach links und nach rechts und führt ein SLLS durch.

8) Der Führertrupp lässt den Deckungsgruppenführer an dem jetzt bestätigten Platz der Zugformation verbleiben und kehrt zum Hauptelement zurück, um dieses in den Raum zu führen. Während der Führertrupp weg ist, halten der Deckungsgruppenführer, die MG-2 und der Überwachungs- und Beobachtungstrupp Sichtverbindung.

19.b Zugformation

Der Zug hier im Beispiel besteht aus drei Gruppen und drei MG-Trupps. Jede Gruppe bezieht eine Seite des Dreiecks. Jeder MG-Trupp bezieht eine Ecke. Vor dem Beziehen bildet der stellv. Zugführer einen Chokepoint auf 6 Uhr, um eine Vollzähligkeit durchzuführen. Jede Gruppe betritt (und verlässt) die Formation auf 6 Uhr. Eine Einhaltung der gleichen An- und Abmarschwege erleichtert die Übersicht und verhindert, dass Soldaten auf unbekannte Bewegungen in der Dunkelheit schießen. (Siehe Bild 127, S. 177.)

1. Gruppe – Geht nach rechts und dreht sich auf Höhe des auf 2 Uhr befindlichen MG-2s nach links ein, um die obere Seite des Dreiecks zu beziehen.

2. Gruppe – Geht nach rechts, um hinter der 1. Gruppe zu folgen und die rechte Seite des Dreiecks zu beziehen. Der zweite MG-Trupp bezieht Stellung auf 6 Uhr.

3. Gruppe – Geht nach links und bezieht die linke Seite des Dreiecks. Der dritte MG-Trupp geht vor die 3. Gruppe, anstatt zu folgen und bezieht Stellung auf 10 Uhr.

Die fertige Formation ist wie folgt. (Siehe Bild 128, S. 178.) **Jede Seite** des Dreiecks enthält nur Gewehrschützen und SAW-Schützen. Diese Linien bestehen aus zwei oder drei Krähenfuß-Trupps, sodass jeder Soldat mindestens einen Kameraden zum Durchwechseln hat. (Siehe Trupps bilden (Strong-Point/Krähenfuß), S. 129.) Falls möglich, befindet sich in jedem Strong-Point ein leichtes Maschinengewehr.

An jedem Eck befindet sich ein MG-Trupp dessen Wirkungsbereich an eine Führungslinie zur Koordinierung des Feuerkampfes angepasst ist. Eine Führungslinie zur Koordinierung des Feuerkampfes ist ein Verfahren, das aus einer Feuergrenze besteht, die so nah wie möglich an eigenen Kräften liegt. Der Theorie zufolge würde bei zu hohem Feindaufkommen 7,62 Munition eine Wand aus Geschossen bilden, die alles, was versucht durchzukommen, zerfetzen würde. (Deshalb wird an der Führungslinie zur Koordinierung des Feuerkampfes nah am Boden geschossen mit einem Minimum an totem Raum.)

Zugformation – Durchkämmen

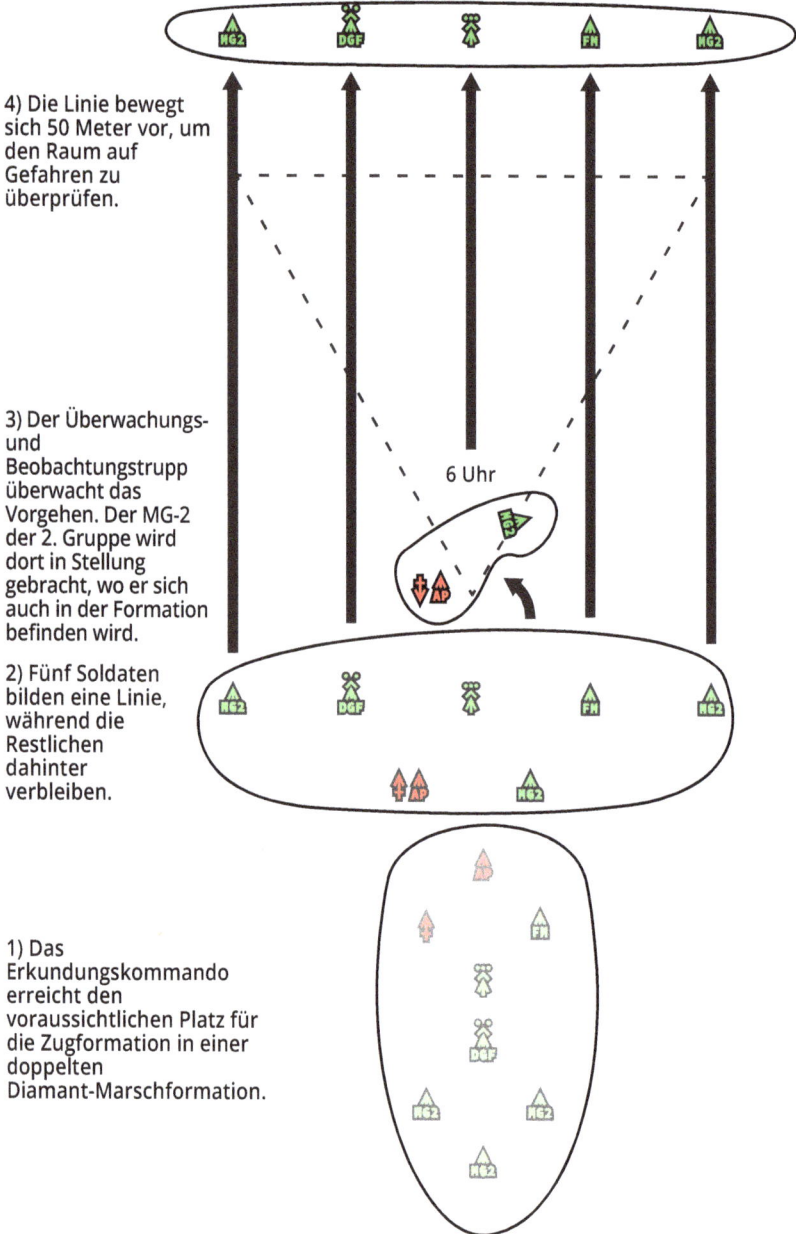

4) Die Linie bewegt sich 50 Meter vor, um den Raum auf Gefahren zu überprüfen.

3) Der Überwachungs- und Beobachtungstrupp überwacht das Vorgehen. Der MG-2 der 2. Gruppe wird dort in Stellung gebracht, wo er sich auch in der Formation befinden wird.

6 Uhr

2) Fünf Soldaten bilden eine Linie, während die Restlichen dahinter verbleiben.

1) Das Erkundungskommando erreicht den voraussichtlichen Platz für die Zugformation in einer doppelten Diamant-Marschformation.

Bild 124: Die Vorerkundung für die Zugformation beginnt mit einem Durchkämmen des Bereichs. Der Umriss eines Dreiecks ist dort, wo sich die Zugformation voraussichtlich befinden wird. Zum Markieren des unteren Ecks wird der MG-2 der 2. Gruppe in Stellung gebracht und verbleibt dort, bis die Formation letztendlich vollständig eingenommen wurde.

Zugformation – Erkundung des umliegenden Raums

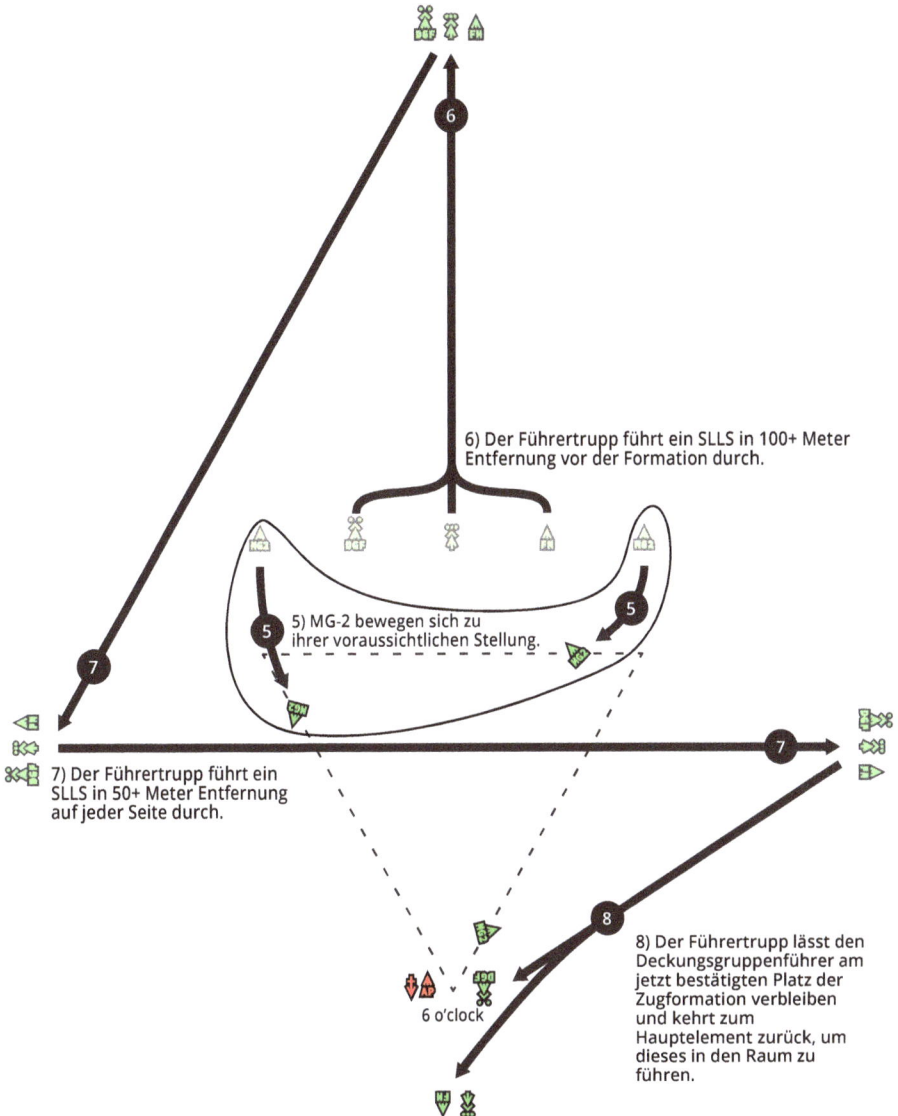

6) Der Führertrupp führt ein SLLS in 100+ Meter Entfernung vor der Formation durch.

5) MG-2 bewegen sich zu ihrer voraussichtlichen Stellung.

7) Der Führertrupp führt ein SLLS in 50+ Meter Entfernung auf jeder Seite durch.

6 o'clock

8) Der Führertrupp lässt den Deckungsgruppenführer am jetzt bestätigten Platz der Zugformation verbleiben und kehrt zum Hauptelement zurück, um dieses in den Raum zu führen.

Bild 125: Nach dem Durchkämmen werden die MG-2 so in Stellung gebracht, um die Ecken der Formation zu markieren. **Die Vorerkundung endet mit einer Überprüfung auf Bedrohungen im umliegenden Raum.** Jeder Soldat ist daran zu erinnern, dass der Führertrupp ein SLLS durchführt, denn ein vergesslicher Soldat in der Mitte könnte laute Geräusche von sich geben.

Zug-Punkthinterhalt

Die Herausforderung, richtige Wirkungsbereiche an den Ecken festzulegen, ist besonders hervorzuheben. (Siehe Bild 129, S. 179.)(!!!) An jeder Ecke müssen die Gruppen einen Mindestsicherheitsabstand von 15° zu den MG-Trupps einhalten und gleichzeitig eine überschneidende 360° Sicherung stellen. Währenddessen ist die linke Grenze des MG-Trupps 15° vor den Stellungen der links befindlichen Gruppe, was durch Metall-auf-Metall-Kontakt an der Lafette sichergestellt wird. (D.h. die Lafette des M240 Maschinengewehrs verhindert ein Überschreiten der linken Grenze.)

Im Inneren des Dreiecks befindet sich der Zugtrupp. Die Führer auf Trupp- und Gruppenebene befinden unmittelbar hinter den Stellungen und führen alle Gewehrschützen und Strong-Points. Der Zugführer und sein Trupp befinden sich in der Mitte der Formation und führen die gesamte Formation.

Schlussendlich ist das M240 nach dem Beziehen immer besetzt mit einem 300-Schuss-Gurt eingelegt. Die Strong-Points und MG-Trupps legen ihre Rucksäcke ordentlich hinter sich ab, sodass diese nicht in der Stellung stören, aber immer noch bequem erreichbar sind.

19.c Vorerkundung des Objectives

Die Vorerkundung eines Objectives auf Zugebene ist einem Objective auf Gruppenebene sehr ähnlich, nur dass der Kräfteansatz größer ist. (Siehe Den Hinterhalt vorbereiten, S. 143.) Alle Führer des Deckungs- und des Sturmelements nehmen an der Vorerkundung teil, um ein Gefühl für das Gelände zu entwickeln. Allgemein geht mit: der Zugführer, Fernmelder, Deckungsgruppenführer, 1. Gruppenführer, 2. Gruppenführer, Pointer des 1. Trupps der 1. Gruppe, der SAW-Schütze der 1.Gruppe und alle drei MG-2. Vor dem Abmarsch muss das Erkundungskommando ein GOTWA-Befehl erteilen, eine Vollzähligkeit an der Ausrüstung und Personal durchführen. Falls in einer Formation marschiert wird, wird diese gemäß METT-TC festgelegt.

Die Vorerkundung auf der Zugebene folgt den gleichen Grundsätzen wie auf der Gruppenebene. (Siehe Vorerkundung von Release Point, S&O und Killzone, S. 144.) Da sich mehr Personen in einem Zug-Erkundungskommando befinden, lässt der Patrol Leader mit seinem Fernmelder den Rest des Elements am voraussichtlichen Release-Point zurück, während er den Überwachungs- und Beobachtungstrupp in Stellung bringt und das Objective prüft. (Dies geschieht, um die Signatur so gering wie möglich zu halten.) Sobald das Objective bestätigt wurde, holt der Patrol Leader den Rest des Erkundungskommandos zum Objective. Am Objective wählt der Patrol Leader die Stelle für den Hinterhalt gemäß den gleichen Grundsätzen wie auf der Gruppenebene.

Deckungsfeuer spielt eine komplizierte Rolle bei einem Zug-Punkthinterhalt, da mehrere MG-Trupps vorhanden sind und deren Feuerkraft auf verschiedene Arten verteilt werden kann. MG-Trupps und deren zugewiesenen Führer können auf drei Stellen verteilt werden: links des Sturmelements, in der Mitte des Sturmelements und rechts des Sturmelements. Die bevorzugte Methode zum Vernichten von Fahrzeugen in einem Hinterhalt besteht daraus zwei MG-Trupps

Beziehen der Zugformation

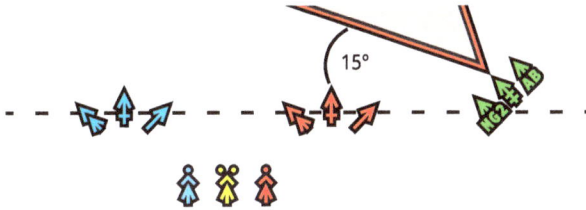

Bild 126: Eine Seite der Zugformation. Vor dem Durchlaufen des Chokepoints, bildet jede Gruppe eine Reihe in der Reihenfolge in der die Stellungen bezogen werden. Wäre dies die 1. Gruppe, würden die blauen Soldaten als Erste gehen.

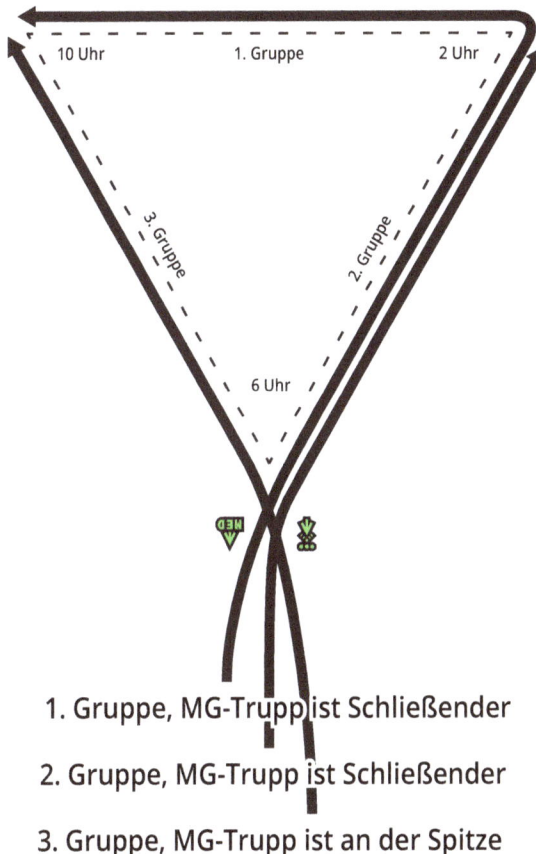

1. Gruppe, MG-Trupp ist Schließender

2. Gruppe, MG-Trupp ist Schließender

3. Gruppe, MG-Trupp ist an der Spitze

Bild 127: Wenn das Hauptelement den bestätigten Platz der Zugformation erreicht, fließt es als eine riesige Reihe oder Keil durch den Chokepoint hindurch. Jede Gruppe betritt den Raum in einer bestimmten Reihenfolge. **In der jeweiligen Reihe befinden sich die Soldaten schon in der richtigen Reihenfolge, um deren Seite des Dreiecks zu beziehen.** Im oberen Bild würden zum Beispiel die blauen Soldaten vorneweg gehen und der MG-Trupp folgen. Allerdings erfordert diese bestimmte Formation auch, dass der dritte MG-Trupp vor der 3. Gruppe läuft.

Zugformation

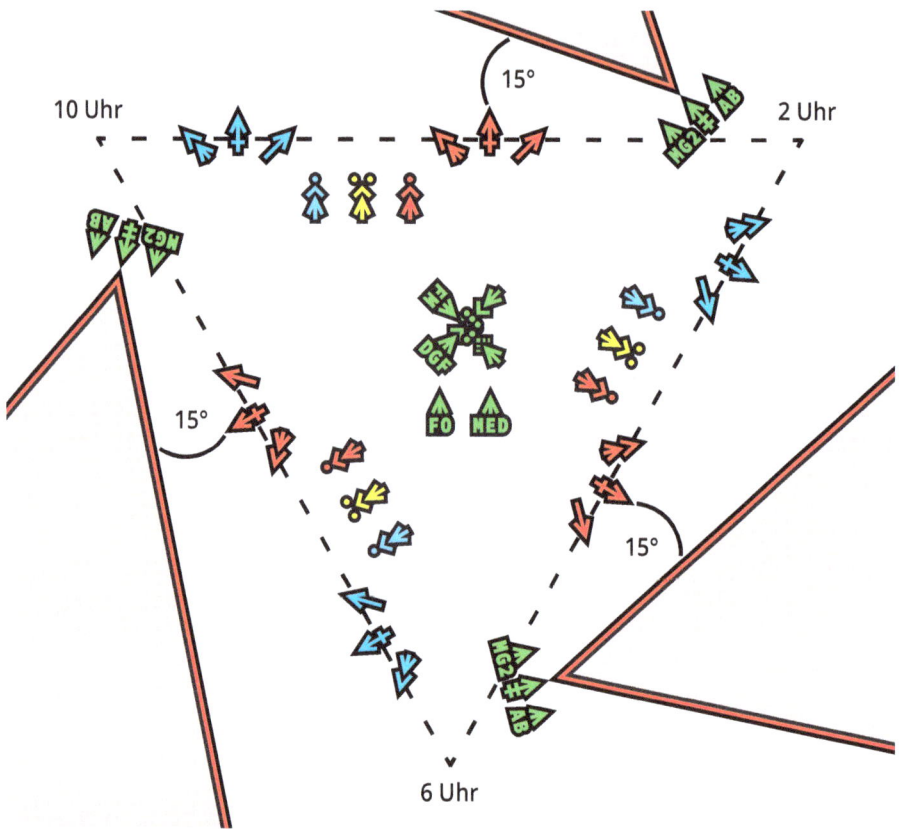

10 Uhr

15°

2 Uhr

15°

15°

6 Uhr

Bild 128: Der Zugtrupp befindet sich in der Mitte, während die restlichen Soldaten die Formation sichern. **Dies ist eine Allzweck-Formation für einen haltenden Zug.** Obwohl diese Formation komplex aussieht, ist eine drehbare Symmetrie zu sehen, die das Verständnis erleichtert. Die Wirkungsbereiche der MG-Trupps wurden markiert, um zu zeigen, wie eine Führungslinie zur Koordinierung des Feuerkampfes aussieht. Falls der Feind zu nah kommt, kann der MG-Trupp neben Feuer in die Flanke auch vor die eigenen Kräfte wirken, um eine Wand aus Feuer zu bilden.

nebeneinander in Richtung des wahrscheinlichsten Anmarschweges des Feindes zu setzen, wie bei einem Hinterhalt im Gruppenrahmen. Dies bietet die maximale Sichtstrecke entlang der Straße. Bei einem Hinterhalt gegen abgesessenen Feind könnte es allerdings von Vorteil sein, die MG-Trupps gleichmäßig zu verteilen, um bestmöglich hinter Hindernissen, wie Bäumen, zu wirken. Stehen mehrere M240 Maschinengewehre zur Verfügung, kann eines davon 51% der Killzone abdecken, anstatt 100% der Killzone. (Siehe Bild 130, S. 181.)

Zum Markieren der MG-Stellungen, bringt der Patrol Leader den MG-2 schon bei der Vorerkundung in die jeweilige Stellung. Wie bei der Zugformation, wird das Beziehen beschleunigt, indem die MG-2s als Referenzpunkte genutzt werden. Falls mehrere dislozierte MG-Stellungen eingesetzt werden sollen, kann der

Wirkungsbereiche an den Ecken

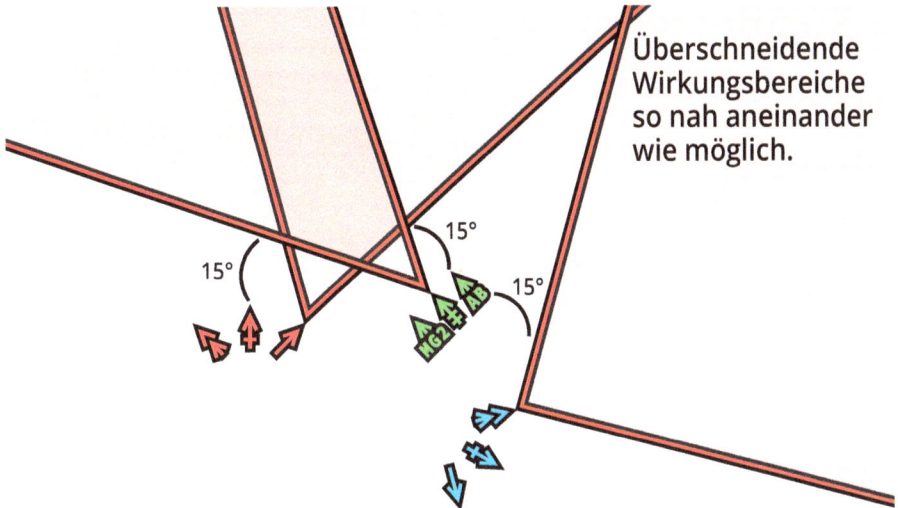

Überschneidende
Wirkungsbereiche
so nah aneinander
wie möglich.

15°

15°

15°

Bild 129: Die M240 Maschinengewehre zählen nicht zu der von der Formation benötigten 360° Sicherung. Deshalb kann es herausfordernd sein eine Rundumsicherung zu gewährleisten und gleichzeitig einen 15° Sicherheitsabstand zu allen Stellungen einzuhalten. **Dementsprechend ist der zweckmäßige Einsatz des M240 nicht als eine Spitze der Zugformation, sondern leicht eingezogen.**

Patrol Leader den Deckungsgruppenführer die MG-2s positionieren lassen zum Markieren der MG-Stellungen.

Während die Patrol Leader die MG-Stellungen sucht und markiert, markieren der oder die Sturmelementführer ihre Stellungen. Der Patrol Leader ist dafür verantwortlich jede Stellung zu überprüfen. Nachdem die Erkundung abgeschlossen ist, verbleiben die MG-2, der Deckungsgruppenführer und der Überwachungs- und Beobachtungstrupp vor Ort. Der Patrol Leader, sein Fernmelder, der 1. Gruppenführer und der 2. Gruppenführer kehren zum Hauptelement zurück, um anschließend das Sturm-, Deckungs- und das Sicherungselement in Stellung zu bringen.

19.d Beziehen des Objectives[1]

Der einfachste Zug-Punkthinterhalt besteht aus zwei nebeneinander gesetzten linearen Gruppen-Hinterhalte, die einen circa 100 Meter langen linearen Zug-

---

1 **Anwendung:** Um in einem bedrohlichen Umfeld besonders aggressiv zu agieren, kann ein Zug einen defensiven Hinterhalt durchführen. Ein defensiver Hinterhalt nutz die Zugformation als Angriffsformation. Dadurch wird eine 360° Sicherung gebildet, in der nur eine Seite den eigentlichen Hinterhalt durchführt. Die durchführende Seite kann durch die anderen zwei Seiten verstärkt werden. Falls sich der defensive Hinterhalt an einer Kreuzung von zwei Straßen befindet, können zwei Seiten an den Straßen anliegen und beide bereit sein, um einen Hinterhalt durchzuführen.

Hinterhalt bilden. (Siehe Bild 122, S. 171.) Obwohl dieser Abschnitt einen solchen Hinterhalt voraussetzt, gelten diese Hinweise auch für viele andere Arten eines Hinterhalts.

Vom Release-Point des Zuges aus wird das Sicherungselement, wie bei einem Hinterhalt im Gruppenrahmen, an beiden Enden der Killzone in Stellung gebracht. Da die Killzone und der Kräfteansatz viel größer sind als bei einer Gruppe, kann der Abstand zwischen dem Sicherungselement und der Killzone größer sein. Das sollte auch nicht außer Acht gelassen werden. Eine gesamte Gruppe kann in zwei Trupps aufgeteilt werden, um die Sicherung zu übernehmen. Ein Trupp nimmt die Starke Seite und ein Trupp nimmt die schwache Seite. Da ein Gruppenführer für das Sicherungselement zuständig ist, kann das Sicherungselement auf Zugebene sich selbstständig in Stellung bringen.

Die MG-Trupps werden als nächstes in Stellung gebracht. Jede Stellung hat schon einen MG-2 vor Ort, der während der Vorerkundung positioniert wurde. Die Stellungen der M240 Maschinengewehre befolgen den gleichen Grundsätzen wie bei einer Gruppe. (Siehe Stellungen für das Deckungselement, S. 162.)

Die Sturmgruppen werden genau wie bei einem Hinterhalt im Gruppenrahmen für den Sturmangriff auf eine Linie gebracht, jedoch mit einer Ausnahme. Es befinden sich mehrere Trupp- und Gruppenführer im Sturmelement, wodurch eine zweite Ebene an Führern gebildet wird. Eine übliche SOP ist, dass der 1. Sturmgruppenführer das Sturmelement führt, nachdem der Zugführer Feuer einstellen befiehlt oder der Feuerkampf zu Ende ist. (In dieser SOP ist der Zugführer und der 1. Sturmgruppenführer das Äquivalent des Gruppenführers und Truppführers in einem Gruppen-Punkthinterhalt.) Der 2. Sturmgruppenführer bewegt sich leicht hinter seiner Gruppe und korrigiert die Bewegungsrichtung und Abstände, aber hauptsächlich übernimmt er für den 1. Sturmgruppenführer, falls dieser ausfällt. Der 2. Sturmgruppenführer übernimmt auch besondere Aufgaben, wie das Führen von Kriegsgefangenentrupps und Verwundeten-Tragetrupps.

Ein Zug-Punkthinterhalt verfügt über weitaus mehrere Claymores und AT4 Panzerabwehrhandwaffen. Die Aufteilung dieser Waffen erfolgt gemäß eine METT-TC-Analyse. AT4s sind besonders effektiv, um Fahrzeuge zum Stehen zu bringen und sollten dafür auch eingesetzt werden. Claymores sind wirksam für das Ausschalten von abgesessenen Kräften und das Abdecken von totem Raum innerhalb der Killzone, sowie für Feinde, die versuchen aus der Killzone zu fliehen. Falls die Zeit es zulässt, prüft der Patrol Leader die Position jeder Claymore.

19.e Platz des Führers

Der genaue Platz der Führer innerhalb eines Zuges hängt von den Folgerungen einer METT-TC-Analyse ab. Nichtdestotrotz befinden sich der Zugführer und der Deckungsgruppenführer immer am Objective, da der Zugführer für den Sturmangriff verantwortlich ist und der Deckungsgruppenführer für die MG-Trupps.

Im Gegensatz kann der stellv. Zugführer am Objective verbleiben, oder auch am Casualty Collection Point [Verwundetensammelstelle] sein. Befindet sich der

MG-Trupps in Stellung bringen

Strongpoint-Stellung der MG-Tupps

Dislozierte-Stellung der MG-Tupps

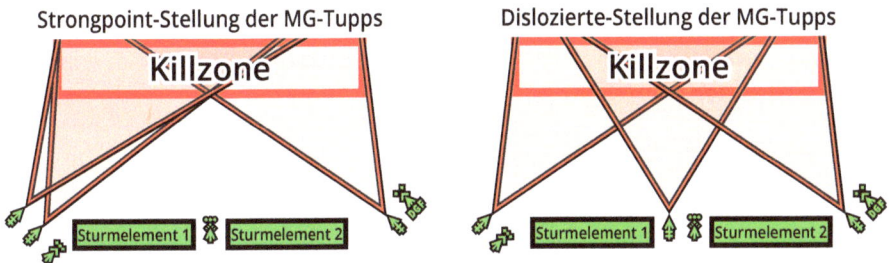

Bild 130: Die Positionierung der MG-Trupps hängt stark vom Feind und dem geplanten Ziel ab. Das Bilden von **Strong-Points** ist besonders zweckmäßig, um Fahrzeuge zum Stehen zu bringen. Andererseits ist mit **drei dislozierten** Stellungen die Feuerkraft gleichmäßig verteilt, um abgesessenen Feind bestmöglich zu vernichten. **Der Platz des Zugführers ist stark von der Position der verheerendsten Waffe, den M240 Maschinengewehren, abhängig.** Allerdings kann jeder Führer dahin gehen, wo er gebraucht wird. Warum könnte der Zugführer sich dazu entscheiden, das Sturmelement zu führen und nicht die MG-Trupps?

stellv. Zugführer am Objective, ist jeder Führer des Zuges am Objective. Falls in diesem Fall etwas am Objective schiefgehen würde, könnten alle Führer ausfallen und nicht mehr einsatzfähig sein. Würde man allerdings den stellv. Zugführer hinten behalten, würde der erfahrenste Soldat beim Hinterhalt fehlen. Mit einem stellv. Zugführer am Objective wäre es auch möglich, dass ein Führer auf der Zugebene eine MG-Stellung zum Bekämpfen von abgesessenen Kräften führt.

Im Objective kann der Platz der verschiedenen Führer stark variieren. Die Verteilung der MG-Stellungen spielt dabei eine wichtige Rolle, da es von höchster Bedeutung ist die wirksamsten Waffen der Patrol zu koordinieren. (Siehe Bild 130, S. 181.) Der Zugführer kann beim Deckungselement verbleiben, er kann diese Verantwortung auch an seinen Deckungsgruppenführer oder stellv. Zugführer delegieren. (Siehe Bild 131, S. 183.)

Der Zugführer kann auch den Sturmangriff führen. Verbleibt er beim Deckungselement, verbessert das sein Lagebewusstsein über den gesamten Hinterhalt, da ein MG-Trupp verhältnismäßig eigenständig ist. Der Zugführer könnte jedoch den Sturmangriff führen wollen, da dies der schwierigste Teil in der Durchführung ist. Es besteht auch die Möglichkeit, dass der stellv. Zugführer den Sturmangriff führt, da er der erfahrenste Soldat der Patrol ist. Nichtsdestotrotz führt meist ein Gruppenführer den Sturmangriff, sodass der stellv. Zugführer sich auf allgemeinere Führungsaufgaben oder die Verwundetenversorgung fokussieren kann.

20. Notfall-/Alternativplanung[1]

Es ist unmöglich für jeden Notfall vorzuplanen und vorbereitet zu sein. Nichtdestotrotz, werden im Folgenden ein paar der häufigeren Szenarien erläutert, für die sich eine Vorausplanung lohnt.

20.a Zeitnot (eilig bezogene Stellungen)

Besteht Zeitnot während des Beziehens der Stellungen, können Stellungen auch eilig bezogen werden. Eilig bezogene Stellungen überspringen viele standardmäßige Schritte, wodurch Zeit gespart wird, allerdings mit Abstrichen bei der Genauigkeit des Hinterhalts. Obwohl dieser Abschnitt ein schnellstmögliches Beziehen der Stellungen vom Objective-Rally-Point an beschreibt, können viele der mittigen Schritte übersprungen werden, je nachdem wie viel Zeit der Patrol bleibt.

Streiche die Vorerkundung des Objectives. Vom Objective-Rally-Point marschiert jeder Soldat weiter bis der Patrol Leader einen Release-Point festlegt. Am Release-Point angekommen, setzten das Sicherungs-, das Deckungs- und das Sturmelement ihre Rucsäcke ab und beziehen zeitgleich Stellungen. Der Patrol Leader weist das Sicherungselement auf zu beachtende Geländemerkmale ein, sowie den EWAC-Kriterien. Anschließend zählt der stellv. Patrol Leader alle Trupps vor dem Ausgliedern durch. Die Sicherungstrupps erkunden und beziehen ihre Stellungen, während sich das Deckungs- und das Sturmelement weiter Richtung Objective bewegen. Da keine Vorerkundung durchgeführt wurde, ist nicht zu vergessen, dass ein SLLS und vorsichtige und diskrete Bewegungen umso wichtiger sind!

Das Sturmelement bewegt sich in einer Reihe in Richtung Objective und gliedert sich unmittelbar davor zu einer Linie um mit fünf Meter Abstand zwischen den Soldaten. Die SAW-Schützen befinden sich an den jeweiligen Enden der Linie und der (die) Führer des Sturmelements in der Mitte. Der Patrol Leader und die MG-Trupps gehen am Ende der Hinterhaltslinie in Stellung und richten sich entgegen der Anmarschrichtung des Feindes aus. **Die Grundidee dahinter ist, das Sturm- und das Deckungselement auf dem Weg zum Objective zu positionieren, anstatt am Objective.** Wenn das Deckungs- und das Sturmelement 35 Meter vor der Killzone angekommen sind, kann im Idealfall jeder Soldat selbst hinter der nächsten Deckung eine Stellung finden und in den liegenden Anschlag gehen.

---

[1] Zitat: Ich unterschätze nicht den Wert von militärischem Wissen, aber wenn Männer sich bei der Kriegsführung sklavisch den Regeln unterwerfen, werden sie versagen. - Ulysses S. Grant, 6. befehlshabender General der U.S. Armee

Bild 131: U.S. Fallschirmjäger des 2nd Battalion, 503rd Infantry Regiment, 173rd Airborne Brigade bekämpfen ein Ziel auf der Gefechtsübung Exercise Rock Knight. Pocek Range, Postonja, Slowenien, 18 Jul 2017. Dieses Deckungselement besteht aus zwei MG-Trupps. **Der Soldat in der Mitte führt beide MGs.** Dieser Führer könnte je nachdem wie der Hinterhalt geplant wurde, der Patrol Leader, der Deckungsgruppenführer, oder ein anderer Führer sein.

20.b Aufgeklärt beim Beziehen der Stellungen

Die Patrol kann zu jeder Zeit und aus jeder Richtung vom Feind aufgeklärt werden. Eine Notfallplanung muss viele Szenarien berücksichtigen. Was passiert, wenn ein Zivilist die Patrol sieht? Eine mögliche Lösung ist Festnahmemittel mitzuführen und den Zivilisten bis zum Abschluss des Auftrags festzusetzen.

Falls sich der Feind der Patrol annähert, aber sie nicht aufklärt, wird das Beziehen der Stellungen unterbrochen. Der Patrol Leader kann entscheiden, ob er den Feind passieren lässt, oder ob er einen eilig bezogenen Hinterhalt durchführen will. Falls der Feind die Patrol doch aufgeklärt hat, wird kein Hinterhalt durchgeführt, sondern die standardmäßigen Gegenmaßnahmen bei Feindkontakt. (Es ist zu beachten, dass die Gegenmaßnahmen bei Feindkontakt weitaus komplizierter ist, wenn die Patrol auf ein Sicherungs-, Deckungs- und ein Sturmelement aufgeteilt ist.) **Jedenfalls sollte der Patrol Leader es in Erwägung ziehen die nächsthöhere Führungsebene zu fragen, ob der Erfolg des Auftrags gefährdet ist.**

Das Sicherungselement wird vor dem Deckungs- und dem Sturmelement in Stellung gebracht, um das Risiko einer Aufklärung durch den Feind zu minimieren. Falls das Sicherungselement die Hauptkräfte des Hinterhalts vorwarnen kann, dann müssen die Hauptkräfte an Ort und Stelle runter gehen und sich bereit machen das Feuer zu eröffnen. Der Patrol Leader kann bewerten, ob der eilig bezogener Hinterhalt erfolgsversprechend genug ist, oder ob der Feind vorbeigelassen werden soll.

Falls allerdings das Sicherungselement aus irgendwelchen Gründen die Patrol nicht vorwarnen kann, verbleibt nur wenig Spielraum für die Auftragserfüllung. Eine schlecht positionierte Patrol wird es als schwierig empfinden, ein schnell fahrendes Fahrzeug zu treffen. Zudem wird das Fahrzeug die schwerbewaffnete Patrol schon gesehen haben.

20.c Hinterhalt an einem Wegeknie

Ein L-förmiger Hinterhalt erfordert einen starken Knick im Verlauf der Straße, was eine „L-Form" ergibt. Allgemein ist der L-förmige Hinterhalt dem linearen Hinterhalt überlegen, da das M240 Maschinengewehr geradewegs der Straße entlang feuern kann und feindliche Fahrzeuge ihre Geschwindigkeit in der Kurve verringern müssen. L-förmige Hinterhalte werden nur selten angewendet, weil diese ein besonderes Geländemerkmal voraussetzen, das Wegeknie, dass nur selten vorkommt. Wegen dieser Seltenheit, kann ein einziger L-förmiger Hinterhalt den Feind dazu bewegen an jedem Wegeknie besonders vorsichtig vorzugehen.

Das M240 Maschinengewehr wird so platziert, dass es direkt auf den annähernden Feind gerichtet ist. Der MG-Trupp kann entlang der Straße frontal auf den Feind in seiner Längsachse **wirken**. Währenddessen befindet sich das Sturmelement im rechten Winkel, anstatt in einem schrägen Winkel, wie beim linearen Hinterhalt. Die Feuergrenzen des Deckungselements werden immer noch

Bild 132: Ein U.S. Marine der Black Sea Rotational Force und ein moldauischer Soldat führen einen **eilig bezogenen Hinterhalt** durch. Novo Selo Training Area, Bulgarien, 6 Aug 2017. Diese Soldaten hatten nicht genügend Zeit Tarnung gemäß SPARC anzulegen, dennoch **tnutzen sie einen Erdwall, um dies auszugleichen.**

mit einem 15° Sicherheitsabstand zum Sturmelement auf der Lafette eingestellt. Realistisch betrachtet sind die Ausläufer der Straße die Feuergrenzen. Um noch mehr Sicherheit zu gewährleisten, kann die Patrol einen **Z-förmigen** Hinterhalt anlegen, indem die Sicherung der starken Seite zu einem Flankenschutz und Sicherung des rückwärtigen Raums umgewandelt wird. (Siehe Bild 134, S. 187.)

Da jetzt der Rücken der Gruppe auf zwei Richtungen aufgeteilt ist und das Deckungselement weiter vom Hauptelement entfernt ist, ist die Sicherung des rückwärtigen Raums umso wichtiger. Es könnte von Vorteil sein einen zusätzlichen Gewehrschützen einzuteilen, um den Rücken des Deckungselements zu sichern. Des Weiteren muss jeder Soldat genau wissen, wo sich der Sicherungstrupp der schwachen Seite befindet, da sich die schwache Seite schräg vor dem Sturmelement befindet und die starke Seite neben dem Wirkungsbereich des M240 Maschinengewehrs.

20.d Einseitiger Hinterhalt (T & V)

Falls die Anmarschrichtung des Feindes mit absoluter Gewissheit bekannt ist, kann der Hinterhalt seine volle Aufmerksamkeit auf eine Richtung fokussieren und der anderen Richtung den Rücken zukehren. Bei einem linearen Hinterhalt dagegen ist ein Grund, wofür die M240 Maschinengewehre abseits vom Weg sind, dass diese sich leicht drehen können, um Feind aus der „falschen" Richtung bekämpfen zu können.

Bei einem einseitigen Hinterhalt können M240 Maschinengewehre den Feind besser frontal in der Längsachse bekämpfen, indem sie näher an die Straße verschoben werden. (Siehe Bild 135, S. 188.) Den Feind **frontal in der Längsachse zu bekämpfen** bedeutet, dass Geschosse, die ein Ziel durchschlagen

185

Bild 133: Feinddarsteller bereiten einen L-förmigen Hinterhalt gegen einen Munitionstransport auf der Übung Beverly Herd 16-2 vor. Osan Air Base, Republik Korea, 24 Aug 2016. Im Gegensatz zu einem linearen Hinterhalt, wo die Soldaten nur über die Straße blicken können, **können die Soldaten hier der gesamten Straße entlang blicken**.

haben, weitere Ziele dahinter penetrieren können. (Eine Zielerfassung geschieht auch schneller und präziser, da sich die Ziele näher aneinander befinden. Ein M240 kann schnell und durch die meisten Materialien hindurch schießen. Deshalb wird die Zerstörungskraft stark erhöht, wenn die Ziele nah und hintereinander stehen.

Den Feind auf der Längsachse zu bekämpfen ist besonders effektiv, wenn der Feind in einem Konvoi unterwegs ist. Eine Fahrzeugreihe kann den Feind vor Feuer im rechten Winkel schützen, aber schlechter vor parallelem Feuer.

Da der Hinterhalt entlang des Straßenverlaufs gerichtet ist, anstatt über die Straße hinweg, kann ein zweites Sturmelement auf der gegenüberliegenden Straßenseite positioniert werden. Dies erschwert dem Feind die Patrol vor dem Hinterhalt zu flankieren und auch sich auf der gegenüberliegenden Straßenseite zu verstecken.

Allerdings ist die Nutzung beider Straßenseiten nicht effektiv gegen Feind, der es schafft in der Mitte zwischen den beiden Sturmelementen stehen zu bleiben. In diesem Fall kann sich der Hinterhalt nicht auswirken, ohne ein Friendly Fire zu riskieren. Die Planung für diesen Notfall enthält die gleichen Punkte wie beim Überwinden eines linearen Gefahrenbereichs, wo der Feind plötzlich in der Mitte der Patrol anhält und somit dieses in zwei teilt. (Siehe Beobachtungsstellung, S. 139.)

20.e Hinterhalt gegen Hinterhalt-Abwehrtrupps (K & X)

Ein Hinterhalt-Abwehrtrupp besteht aus einer Vorhut, die der Feind vor seinen eigenen Kräften entweder auf der Straße oder abseits der Straße einsetzt. Die Hinterhalt-Abwehr-Vorhut hat den Auftrag, das Sicherungselement eines Hinterhalts aufzuklären und zu bekämpfen, bevor der Feind in den Hinterhalt geraten kann.

186

Hinterhalt an einem Wegeknie (L und Z)

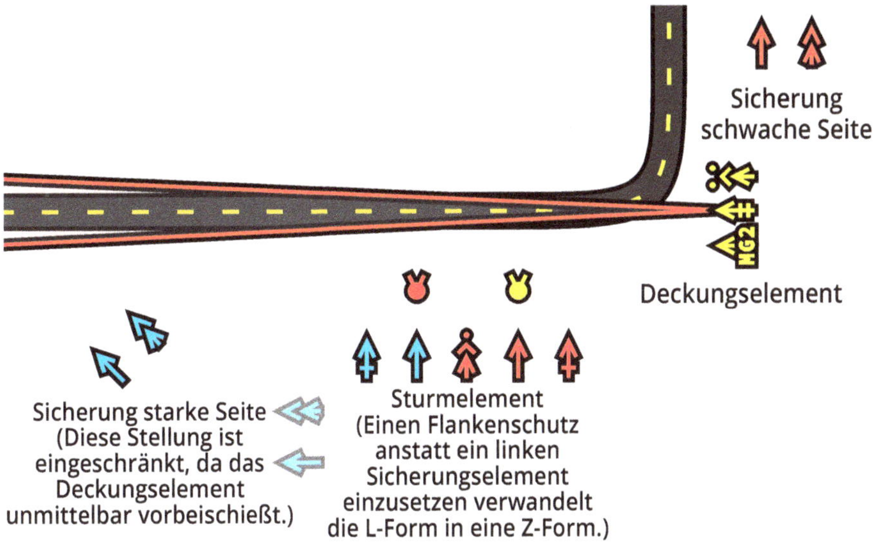

Sicherung
schwache Seite

Deckungselement

Sicherung starke Seite
(Diese Stellung ist
eingeschränkt, da das
Deckungselement
unmittelbar vorbeischießt.)

Sturmelement
(Einen Flankenschutz
anstatt ein linken
Sicherungselement
einzusetzen verwandelt
die L-Form in eine Z-Form.)

Bild 134: Ein Wegeknie bietet vorteilhaftes Gelände für einen Hinterhalt, da das Deckungselement mehr Ziele auffassen kann und den Feind besser zum Stehen bringen kann. **Feindliche Fahrzeuge verringern auch ungezwungen ihre Geschwindigkeit an einem Wegeknie.** Der Hauptnachteil ist jedoch, dass Wegekniee selten und vorhersehbar sind.

Falls die Vorhut das Sicherungselement des Hinterhalts aufklärt, wird der Feind die Gegenmaßnahmen bei Feindkontakt befolgen und versuchen den Hinterhalt flankierend zu schlagen. **Ein flankierender Angriff kann ein zahlenmäßig unterlegenes Sicherungselement schnell überwältigen.** Ein flankierender Angriff nutz auch die Schwäche der Formation des Sturmelements aus, da sich die eigenen Soldaten auf einer Linie im rechten Winkel zum feindlichen Angriff befinden. Feindliches Feuer, dass einen Soldaten verfehlt, könnte den Nächsten treffen. Das Feuer zu erwidern ist ebenfalls schwierig, weil Kameraden, die sich weiter vorne in der Linie befinden, feindliche Ziele verdecken. (Siehe Das Sicherungselement ist kampfunfähig, S. 214.)

Um auf Hinterhalt-Abwehrtrupps vorbereitet zu sein, kann das Sicherungselement weggelassen werden, um stattdessen die Flanken des Sturmelements zu sichern. Eine mögliche Vorgehensweise ist eine Positionierung der Hinterhaltslinie diagonal zur Straße, sodass bei einem flankierenden Angriff, mehrere Soldaten das Feuer erwidern können, ohne einen Eigenbeschuss zu riskieren. Falls beide Seiten des Hinterhalts sich diagonal zu Straße befinden, ist der Hinterhalt **K-förmig**. (Siehe Bild 138, S. 191.)

Falls der Feind standardmäßig Hinterhalt-Abwehrtrupps einsetzt und die Bewegungsrichtung bekannt ist, ist der **V-förmige** Hinterhalt ideal. (Siehe Bild 137, S. 189.) Der Name bezieht sich auf die Formation des Sturmelements, welche wie ein seitlich gedrehtes „V" aussieht. Die zwei Angriffslinien bilden

Bild 135: Ein Soldat des 1st Battalion, 12th Cavalry Regiment bei einem Hinterhalt auf ein gepanzertes Fahrzeug. Camp Shelby bei Hattisburg, Massachusetts, 28 Jul 2015. **Hier ist zu sehen, wie vorteilhaft eine Kurve sein kann, um frontal auf den Feind zu wirken und ihn zu verlangsamen. Falls vorhanden, ist eine Stellung zu nutzen, in der man den Feind frontal in seiner Längsachse bekämpfen kann.**

jeweils eine Seite des „Vs". Die Straße verläuft genau durch die Mitte, sodass jede Angriffslinie im 45° Winkel zur Straße liegt.

Mit einem V-förmigen Hinterhalt können auch Feindkräfte, die sich abseits der Straße bewegen, von allen eigenen Kräften bekämpft werden. Das Deckungselement geht neben der Straße in Stellung, um den Feind in der Längsachse zu bekämpfen. Claymores werden platziert, um parallel zur Straße zu wirken, anstatt im rechten Winkel zur Straße, um einen Eigenbeschuss zu verhindern. Da der V-förmige Hinterhalt kein Sicherungselement auf der starken Seite besitzt, übernimmt der Patrol Leader selbst die Vorwarnung, indem er sich nahe der Straße beim MG-Trupp aufhält.

20.f Keine Funkverbindung mit dem Sicherungselement

Ein Sicherungstrupp ohne weitreichende Fernmeldemittel kann die eigenen Kräfte nicht frühzeitig warnen und erfüllt damit seinen hauptsächlichen Zweck nicht. Falls die Fernmeldeverbindung unterbrochen wird, muss entweder eine Methode zum Kommunizieren gefunden werden, oder der Sicherungstrupp muss eingezogen werden und die Kräfte bei der Durchführung des Hinterhalts unterstützen.

Einseitiger Hinterhalt (T & V)

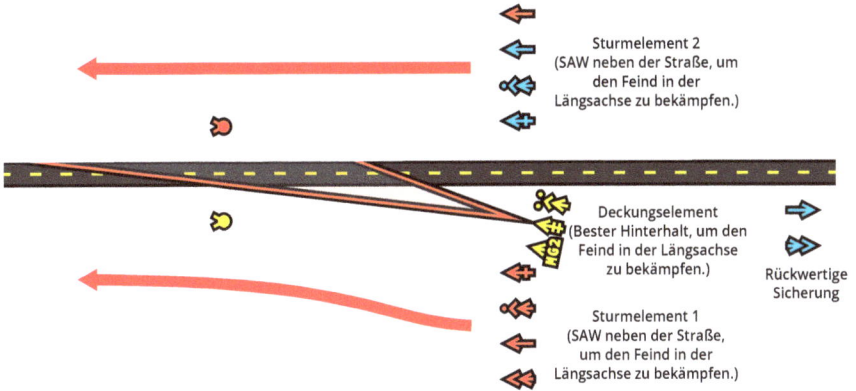

Bild 136: Ein **T-förmiger** Hinterhalt bietet gute Möglichkeiten, um den Feind in der Längsachse zu bekämpfen und um gegen Hinterhaltsabwehrtrupps vorzubeugen. Der Koordinierungsaufwand ist bei einseitigen Hinterhalten allerdings höher, da das Element durch die Straße aufgeteilt wird. Fahrzeuge können auch in das Sturmelement reinfahren, was dieses Verfahren gefährlicher macht. Dennoch werden **effektivere Wirkungsmöglichkeiten geboten, da der Feind in der Längsachse bekämpft werden kann.**

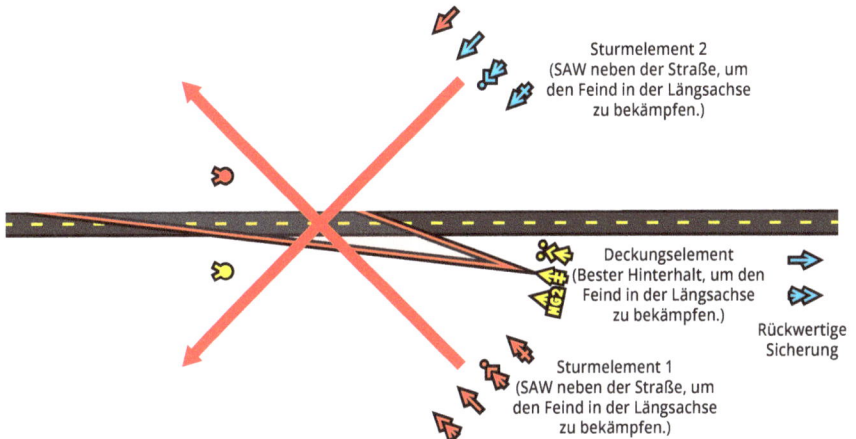

Bild 137: Der **V-förmige** Hinterhalt ist wie der T-förmige Hinterhalt; **außer dass er zwei verschiedene Sturmangriffe beinhaltet.** Wie beim flankierenden Angriff, säubert Sturmelement 1 die Killzone zuerst und Sturmelement 2 säubert die Killzone erneut. Die Killzone wiederholt zu durchkämmen verbessert die Abdeckung, ist jedoch schwieriger zu koordinieren.

Eine Möglichkeit ist der Einsatz von Relais-Trupps, um die Reichweite der Verbindung zu verbessern. **Relais-Trupps** werden zwischen zwei Elementen positioniert, die selbst keine Sichtverbindung haben, aber immer noch den Relais-Trupp einsehen können. Der Relais-Trupp gibt Meldungen zwischen den beiden Elementen weiter, die sonst keine Verbindung zueinander hätten. Dies erfordert zwei zusätzliche Soldaten pro Seite und könnte bei einer vollen Zugstärke funktionieren. Allerdings vier Männer von einer Gruppe abzuziehen, wäre unzweckmäßig. Als Kompromiss könnte der Sicherungstrupp der schwachen Seite eingezogen werden und als Relais-Trupp für die Sicherung der starken Seite fungieren.

20.g Weitere Arten des Hinterhalts

Der einfache, lineare Hinterhalt, der hier im Buch gezeigt wird, ist der standardmäßige Hinterhalt, der an U.S. Militärschulen unterrichtet wird. Dennoch existieren unzählig viele Möglichkeiten einen Hinterhalt zu planen, die je nach verfügbaren Mitteln und Auftragszielen variieren. Wie würdest du zum Beispiel in deinem Hinterhalt **Scharfschützen** integrieren oder nur Scharfschützenfeuer einsetzen?

Eine der effektivsten Alternativen ist es den Hinterhalt dreidimensional zu gestalten, indem man auf **zwei Höhen Stellung bezieht und eine Senke dazwischen angreift** (mit einem 15° Sicherheitsabstand). In Städten kann eine Patrol mehrere Stockwerke eines Gebäudes besetzten. Durch einen Angriff aus verschiedenen Richtungen und Winkeln kann dem Feind ein Ausweichen zu Fuß verwehrt werden.

Eine weitere Art des Hinterhalts ist der **Störhinterhalt**. Dieser wird als „Stör"-Hinterhalt bezeichnet, weil kein Sturmangriff durchgeführt wird. Die Patrol schießt den Feind an und weicht unmittelbar danach aus. Ohne einem Sturmangriff können feindliche Abschüsse nicht garantiert und nicht bestätigt werden. Nichtdestotrotz ist diese Art des Hinterhalts sicherer, da die Patrol von der Killzone mehr Abstand halten kann. Während beim Vernichtungshinterhalt versucht wird den Feind in voller Gänze zu vernichten, wird bei einem Störhinterhalt versucht den Feind nur Schaden zuzufügen, um ihn zu entmutigen, zu verlangsamen, Furcht einzuflößen und ihn Stück für Stück zu zerschlagen.

Ein letztes Beispiel ist der Einsatz eines **ausgegliederten Elements**, oder dritten Trupps, um Nebenaufgaben zu übernehmen. Ein ausgegliedertes Element kann die wahrscheinlichsten Ausweichwege sperren und alle fliehenden Feindkräfte ausschalten. Dieser Trupp kann auch zusätzliche Sicherungsaufgaben übernehmen, um einen feindlichen Gegenstoß abzuwehren. Der Einsatz eines dritten Elements ist nur erfahrenen Einheiten zu empfehlen, da es eine weitaus komplexere Koordinierung erfordert und dazu Kräfte vom hauptsächlichen Angriff wegnimmt.

Hinterhalt gegen Hinterhalt-Abwehrtrupps (K & X)

Bild 138: Hier ist ein **K-förmiger** Hinterhalt gezeigt. **Die Idee hinter einem Hinterhalt-Abwehrtrupps ist, dass der Feind sich abseits der Straße bewegt und den Hinterhalt flankiert.** Um dies den Feind zu verwehren, wird auf Sicherungsstellungen verzichtet und die Flanken werden eingedreht. Hier ist zu beachten, dass die Sicherungsstellungen durch Claymores ersetzt werden.

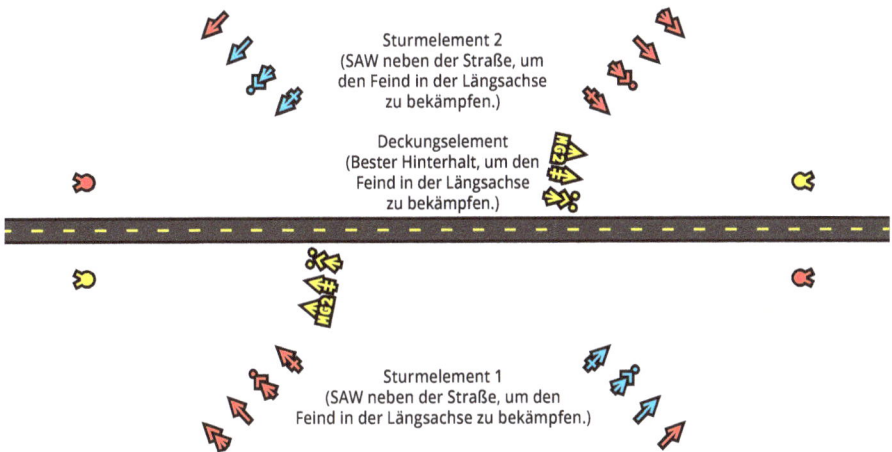

Bild 139: Ein **X-förmiger** Hinterhalt ist das Gleiche wie zwei V-förmige Hinterhalte oder zwei K-förmige Hinterhalte. Der X-förmige Hinterhalt erfordert einen höheren Kräfteansatz, aber er bietet dem M240 Maschinengewehr die Möglichkeit den Feind in der Längsachse zu bekämpfen und schützt vor Hinterhalt-Abwehrtrupps aus beiden Richtungen. Diese Art des Hinterhalts unterscheidet sich radikal im Aufbau und im Zweck von einem linearen Hinterhalt. **Dieser wird hier hauptsächlich erwähnt, um zu zeigen, dass ein Hinterhalt nicht auf eine lineare Formation beschränkt ist, solange die Grundsätze eines Patrol-Einsatzes befolgt werden.**

Bild 140: Ein Soldat der 149 CBRN Company (ABC-Abwehrkompanie), 49th Military Police Brigade, California Army National Guard, sichert den Konvoi seiner Einheit bei einem Halt am Straßenrand. Fort Hunter Ligget, Kalifornien, 12 Jul 2017. **Dieser Soldat könnte einen linearen Hinterhalt oder eine Sicherungsstellung flankieren.**

Bild 141: Soldaten des 1st Platoon, 216th Mobile Augmentation Company (Pioniere), U.S. Army National Guard von Long Beach, Kalifornien suchen neben einem Highway nach IEDs. 22 Jan 2014. **IED-Suchtrupps können auch als Hinterhalt-Abwehrtrupps agieren.**

Bild 142: Bei einer Senke zwischen zwei Höhen kann der Hinterhalt auch durch Steilfeuer verstärkt werden. Dieser Hinterhalt setzt zwei Deckungselemente ein, um den Feind ein Ausweichen zu verwehren.

Phase 4 Inhalte

Joe greift den Feind an (Phase 4: Maßnahmen am Objective)

Der Tod löst alle Probleme. Kein Mensch, kein Problem.
—Josef Stalin, Generalsekretär der Sowjetunion

Die Gewalt des Handelns besteht aus uneingeschränkter Schnelligkeit und Aggressivität, die den Feind entgegengebracht wird, um ihn zu überwältigen. Dadurch kann man eine schlechte Vorbereitung ausgleichen, jedoch kann die beste Vorbereitung kein schwaches Handeln ausgleichen. In diesem Kapitel werden (bei nur einer Form des Hinterhalts) die Maßnahmen am Objective beschrieben, wie zum Beispiel den Sturmangriff und das Säubern von Fahrzeugen. Vor allem jedoch wird in diesem Kapitel beschrieben, wie zu verfahren ist, wenn der Feind vom Drehbuch abweicht.

21. Hinterhalt im Gruppenrahmen

Ein Hinterhalt im Gruppenrahmen (bzw. jeder Hinterhalt) besteht aus drei unterschiedlichen Phasen. Zuerst wird der Hinterhalt ausgelöst, indem der Gruppenführer das Feuer eröffnet und anschließend das Feuer einstellt. Zweitens folgt der Sturmangriff, wo das Objective genommen wird. Drittens, nachdem alle Aufgaben abgeschlossen sind, weicht die Gruppe aus.

21.a Auslösen des Hinterhalts[1]

Der Sicherungstrupp meldet dem Gruppenführer per Funk, dass sich das Ziel annähert und folgende Informationen dazu: linker/rechter Sicherungstrupp, Anzahl der Feindkräfte, aufgesessen oder abgesessen und den Standort.[2] Der Gruppenführer hat seine linke Hand am Trizeps des MG-Schützen und seine rechte Hand am Claymore-Zünder.

---

[1] **Zitat:** Meine Regel ist: Falls du auf ein schwächeres Schiff triffst, greife an. Falls das Schiff deinem ebenbürtig ist, greife an. Und falls es stärker ist, greife an. – Russischer Vizeadmiral Stepan Makarov

[2] **Beispiel** Feinderkennung:
Sicherungstrupp: „Linke Sicherung, vier feindliche Schützen abgesessen, gehen jetzt an uns vorbei."

Bild 143: U.S. Fallschirmjäger des 1st Squadron, 91st Cavalry Regiment, 173rd Airborne Brigade, kurz vor der Feuereröffnung. Pocek Range, Slowenien, 02 Dez 2016. Vor dem Gefecht ist es ruhig und friedlich.

Das Auslösen des Hinterhalts erfolgt durch den Gruppenführer mit möglichst vielen Redundanzen.[1] Zum Beispiel kann er den MG-Schützen am Arm drücken, um das Maschinengewehr feuern zu lassen, Befehle ausrufen, oder den Claymore-Zünder betätigen. (Falls die Claymore-Mine toten Raum abdeckt, wartet der Gruppenführer bis der Feind die Möglichkeit hatte den toten Raum auch zu betreten.) (Siehe Bild 144, S. 197.) Falls ein Auslöser des Hinterhalts fehlschlägt, ist der nächste Auslöser gemäß der PACE-Planung zu nutzen. Der MG-2 oder der Fernmelder geben die nächsten Schritte weiter und das Sicherungselement schneidet Ausweichwege ab, indem es sich von der primären zur sekundären Stellung bewegt.

Die „wilde Minute" der Feuereröffnung beginnt, in der möglichst viele Feindkräfte mit möglichst viel Feuerkraft ausgeschaltet werden sollen. Das Maschinengewehr schießt im Dauerfeuer und die Gewehre schießen lange Feuerstöße für 15 bis 30 Sekunden. (Siehe Schussfolge, S. 237.) Falls Maschinengewehre nicht wirken können, übernehmen die Gewehre und erhöhen die Kadenz. Anschließend verringert sich die Schussfolge für die nächsten 15 bis 30 Sekunden auf lange bis hin zu kurzen Feuerstößen. Selbst wenn sich keine Feinde im Wirkungsbereich eines Schützen befinden, feuert er nichtsdestotrotz weiter, um die Gewalt des Angriffs zu steigern und den Feind einzuschüchtern. Gleichermaßen streuen die Maschinengewehre den Bereich wiederholt ab, um, wenn auch nur durch Zufall, Feindkräfte zu treffen.

Sobald 30 bis 60 Sekunden vergangen sind, ruft der Gruppenführer: „**Feuer einstellen!**" (Jeder Soldat achtet darauf.) Nachdem das Feuer eingestellt wurde, wartet die Gruppe drei bis fünf Sekunden, um zu sehen, ob sich noch etwas bewegt. Falls ein Soldat ein Anzeichen einer Bewegung erkennt, wird das Feuer erneut eröffnet. Bei der zweiten Feuereröffnung folgt eine zweite, kürzere 15 Sekunden-

---

[1] **Realität:** Der PACE-Plan für die Auslösung des Hinterhalts variiert je nachdem welche Waffensysteme vorhanden sind. Oft ist auch die Verlässlichkeit mit der maximalen Zerstörungskraft abzuwägen. Wirkungsstarke zuschießende Waffen, wie das M240 Maschinengewehr, geben bei einer Störung einen erkennbaren dumpfen Schlag von sich, der den Feind alarmieren könnte. Gleichermaßen kann der Einsatz von Claymore-Minen unzweckmäßig bei gepanzerten Fahrzeugen sein. Der PACE-Plan muss wie alles andere vorgeübt werden..

196

Bild 144: U.S. Marines des Battalion Landing Team 2/6, 26th Marine Expeditionary Unit, mit einem M240 Maschinengewehr bei einer scharfen Gefechtsübung im Operationsraum der 5. U.S. Flotte. 30 Nov 2015. Vor dem Hinterhalt verhält sich die Patrol äußerst leise. (Siehe Bild 143, S. 196.) **Sobald der Hinterhalt ausgelöst wird, ist jegliche Tarnung aufgeflogen.** Schreie so laut du kannst und nutze die Gewalt des Handelns, um den Feind zu verwirren und ihm die Orientierung zu nehmen.

lange „wilde Minute". Sobald die Zeit abgelaufen ist, ruft der Gruppenführer erneut „Feuer einstellen."

Unmittelbar nach einer kurzen und ausreichenden Pause oder einer zweiten „wilden Minute", ruft der Patrol Leader: **„Fertig machen zum Sturmangriff!"** Der Führer des Sturmelements leitet die Ladetätigkeiten ein, indem er mit „Gurttrommeln!" antwortet. Die SAW-Schützen nehmen die leeren Gurttrommeln ab und setzen Neue ein. (Es muss eine Gurttrommel vor dem Hinterhalt bereitgelegt werden.) Sobald die SAW-Schützen diese Maßnahme abgeschlossen haben, gehen sie über in den knienden Anschlag und melden „SAW [links oder rechts] bereit." (Siehe Bild 145, S. 198.)

Wenn beide SAW-Schützen eine Fertigmeldung abgegeben haben, oder zu viel Zeit in Anspruch nehmen, ruft der Führer des Sturmelements „Magazine!" und die Gewehrschützen führen einen Magazinwechsel durch. „Gurttrommel" und „Magazine" werden nacheinander ausgerufen, um zu verhindern, dass nicht alle Waffen zeitgleich bei Ladetätigkeiten gebunden sind. Wenn abgeschlossen, geht jeder Gewehrschütze ebenfalls in den knienden Anschlag. Sobald jeder Soldat mit einem Knie am Boden steht, ist das Sturmelement bereit die Killzone zu nehmen.[1]

21.b Sturm auf das Objective[2]

Der Sturm auf das Objective ist dem Sturmangriff als Gegenmaßnahme bei Feindkontakt sehr ähnlich. **Das erste und dauerhafte Ziel eines Sturmangriffs ist es, Feindkräfte auszuschalten und deren Waffen weg zu treten.** (Siehe Sturm auf einen Geländeabschnitt (Gefechtsdrill 4), S. 80.) Der Führer des

---

[1] **Beispiel** Auslösen des Hinterhalts:
Gruppenführer –   „Feuer einstellen!"
                                       „Fertigmachen zum Sturmangriff!"
Stellv. Truppführer –   „Gurttrommeln! Magazine!"

[2] **Zitat:** Die Essenz des Krieges ist Gewalt. Mäßigung im Krieg ist Dummheit. – Britischer Admiral John Fisher

Feuereröffnung und Sturmangriff

Schritt 1: Der Patrol Leader signalisiert dem Führer des Sturmelements zu beginnen. Der Führer des Sturmelements befiehlt einen taktischen Magazinwechsel.

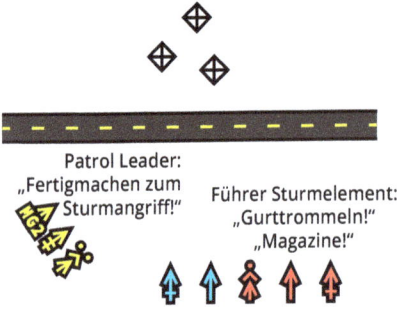

Patrol Leader: „Fertigmachen zum Sturmangriff!"

Führer Sturmelement: „Gurttrommeln!" „Magazine!"

Schritt 2: Der Patrol Leader dreht den MG-Trupp, um den Wirkungsbereich vom Sturmelement abzuwenden. Der Führer des Sturmelements verschiebt seine Formation mittig vor den Feind.

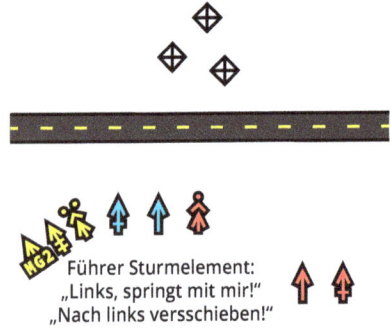

Führer Sturmelement: „Links, springt mit mir!" „Nach links versschieben!"

Schritt 3: Der Führer des Sturmelements bildet seine Linie erneut.

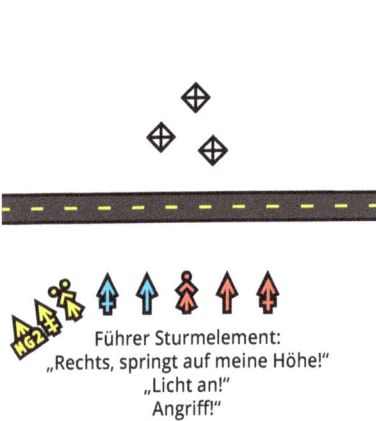

Führer Sturmelement: „Rechts, springt auf meine Höhe!" „Licht an!" Angriff!"

Schritt 4: Der Führer des Sturmelement greift über das Objective hinweg an.

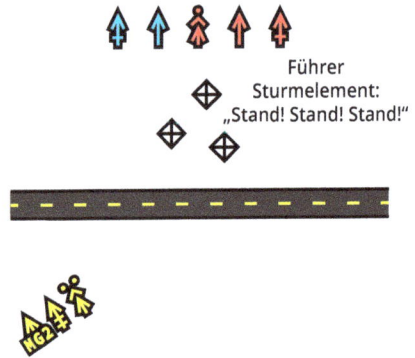

Führer Sturmelement: „Stand! Stand! Stand!"

Bild 145: Vier Schritte vom Auslösen des Hinterhalts bis zum Abschluss des Sturmangriffs. In dieser Zeitspanne fokussieren sich die Soldaten darauf, Feinde zu töten, die bis dahin überlebt haben. Schritt 3 wird im nächsten Bild gezeigt.

Bild 146: U.S. Fallschirmjäger des 1st Battalion, 503rd Infantry Regiment, 173rd Airborne Brigade, nähern sich gefallenen Feinddarstellern, nachdem der Raum in einem simulierten Hinterhalt genommen wurde. Dandolo Range, Pordenone, Italien, 18 Jan 2018. Diese Soldaten greifen von der Sturmausgangsstellung bis zum Stand an. **Am wichtigsten bei einem Sturmangriff ist es keinen Tunnelblick zu bekommen!** Die hier gezeigten Feindkräfte konnte man schon von der Sturmausgangsstellung sehen und sollten schon genügend Feuer abbekommen haben. Es ist besonders wichtig, die Aufmerksamkeit nicht auf leblose Körper zu richten und dabei den Weitblick in Gelände zu verlieren. Auf ihren Weg treten die Soldaten jegliche Waffen weg.

Hinterhalt im Gruppenrahmen

Sturmelements bildet mit seinen Soldaten eine Linie, um möglichst viel Feuerkraft nach vorn zu bringen und eine gute Eigensicherung zu bewirken.[1]

Das zweite Ziel ist die Linie des Sturmelements breit und mittig vor den gefallenen oder noch lebenden feindlichen Soldaten zu bringen. Durch eine mittige Ausrichtung werden beim Sturmangriff keine feindlichen Soldaten ausgelassen. Der Führer des Sturmelements befiehlt den ersten Halbtrupp zu springen und zu verschieben mit den Kommandos: „[Linker oder rechter] Halbtrupp, springt mit mir!"[2] (Siehe Bild 145, S. 198.) (Vor der Bewegung werden die bereitgelegten Magazine oder Gurttrommeln vom Boden aufgenommen und eingeführt.) (Siehe Bild 146, S. 199.)

Sobald der MG-Trupp das erste Kommando für den Sturmangriff hört, **dreht es sofort das Maschinengewehr weg von der Killzone**, um zu verhinden das ein „Cook-Off" in Richtung des Sturm- oder Sicherungselements fliegt. (Ein „Cook-off" entsteht, wenn das Rohr einer Waffe so heißgeschossen ist, dass eine Patrone die notwendige Temperatur für eine Selbstzündung erreicht hat.)

Sobald sich er Führer des Sturmelements auf dem halben Weg zur Straße oder hinter einer guten letzten Deckung befindet, bleibt er stehen. Anschließend befiehlt er den restlichen Trupp aufzuschließen und die Linie neu zu bilden: „[Linker oder rechter] Halbtrupp, springt auf meine Höhe!" (Siehe Bild 145, S. 198.) Sobald sich die Linie mittig befindet, ruft der Führer des Sturmelements „Licht an!", und jeder Soldat schaltet (bei Dunkelheit) das Licht an seinem Gewehr an. Als nächstes ruft er „Angriff bis Straßenkante diesseits!", und die Linie springt bis zur diesseitigen Straßenkante.

Während sich das Sturmelement vorwärtsbewegt, richtet sich der MG-Trupp auf die wahrscheinlichsten Anmarschwege des Feindes und überwacht diese. Meist bedeutet das, dass der MG-Trupp sich hinter dem Sturmelement zur anderen Seite des Hinterhalts verschiebt, um die Straße zu überwachen, die der Feind als Anmarschweg nutze. Schieße nicht auf das Sicherungselement! Der MG-Trupp muss Feuergrenzen zugewiesen bekommen, die es unmöglich machen auf das Sicherungselement zu wirken. (Ein Beispiel einer Feuergrenze ist die diesseitige Straßenkante, welche allerdings nur funktioniert, wenn der Verlauf der Straße auch gerade ist.)

Ist das Sturmelement an der diesseitigen Straßenkante angekommen und es stehen Fahrzeuge auf der Straße, befiehlt der Führer des Sturmelements erst ein Säubern der Fahrzeuge. (Siehe Verfahren bei Fahrzeugen, S. 203.) Sobald die Fahrzeuge feindfrei sind, oder keine Fahrzeuge vorhanden sind, ruft der Führer „Angriff bis Straßenkante jenseits!", und die Linie springt bis auf die andere Straßenseite.

---

1 Realität: Es muss im Voraus festgelegt werden, welche Feinde getötet werden und welche nicht. Bei einem Hinterhalt wird normalerweise jeder in der Killzone getötet. Taten sagen auch mehr als Worte. Es ist bedeutungslos, wenn jemand „ich ergebe mich!" schreit und dabei nach einer Waffe greift oder eine Geisel festhält.

2 **Beispiel** Platzwahl. Weitere Details bezüglich der Platzwahl sind im Abschnitt über Sturmangriffe nachzulesen. (Siehe Sturm auf einen Geländeabschnitt (Gefechtsdrill 4), Seite 83.) (Siehe Bild 51, Seite 83.) Die Befehle, die ein Führer erteilt, müssen präzise und eindeutig sein.

Bild 147: Unteroffiziere der afghanischen Armee. Kabul, Afghanistan, 25 Okt 2010. **Direkt nach dem Hinterhalt ist die Patrol am angreifbarsten.** Falls der Feind im Vordergrund nicht tot wäre, wie viel Schaden könnte er verrichten?

Bild 148: U.S. Army-Soldaten der C Company, 1st Battalion, 503rd Infantry Regiment, 173rd Airborne Brigade, nach dem Überlaufen der Killzone. Drawsko-Pomorskie, Polen, 17 Jun 2014. Die Soldaten sind hoch aufmerksam und gehen so in Deckung, als würden sie noch im Feuerkampf stehen.

Außer, dass der Führer des Sturmelements einen Grund hat, stehen zu bleiben (zum Beispiel ein langer Erdwall am Straßenrand, der einen Feind oder eine Sprengladung verstecken könnte), befiehlt er den Angriff über die Killzone hinweg. Während die SAW-Schützen die Straße überqueren, werfen sie Knicklichter ab, um die Enden der Killzone für den Kriegsgefangenentrupp zu markieren. Gemäß einer Faustregel beträgt die Entfernung bis zum Stand 35 Meter (Handgranatenreichweite) vom Ende der Straße oder dem letzten toten Feind. Allerdings sollte bis zu guter Deckung oder gutem Sichtschutz weiter vorgegangen werden. (Siehe Bild 147, S. 201.)

Sobald der Feind überlaufen wurde, ruft der Führer und das Sturmelement wiederholt „Stand! Stand! Stand!" Der Führer des Sturmelements führt unmittelbar danach ein BLAST durch. (Siehe Sturm auf einen Geländeabschnitt (Gefechtsdrill 4), S. 80.) Im Anschluss gliedern sich die eingeteilten Trupps aus. (Siehe Aufräumen nach dem Angriff (eingeteilte Trupps), S. 97.) Der einzige Unterschied ist, dass der Kriegsgefangenentrupp die Knicklichter am Ende der Killzone wieder einsammelt.

21.c Ausfließen aus dem Objective[1]

Abgesehen von ein paar Unterschieden ist das Ausfließen ähnlich wie bei den Gegenmaßnahmen zum Feindkontakt. (Siehe Ausfliesen aus dem Raum nach dem Angriff, S. 104.) Da sich ein Truppführer im rückwärtigen Raum mit den Rucksäcken und einem Funkgerät befinden kann, ruft der Sturmelementführer einen Chokepoint aus, um den Gruppenführer eine Vollzähligkeit am Objective zu

---

1 Zitat: Veni, vidi, vici. – Julius Caesar, Diktator der römischen Republik

melden. Ein Soldat muss beim Gruppenführer verbleiben als Kampfkamerad und um ihm beim Sprengen zu unterstützen.[1]

Ein Führer zählt am Release-Point oder am Objective-Rally-Point nochmal alle Soldaten durch. Das Sicherungselement befolgt die EWAC-Kriterien zum Ausfliesen. Sobald jeder zurück bei seiner Ausrüstung ist, setzt die Gruppe ihre Rucksäcke auf und macht sich auf den Weg zur Patrol-Base. Falls die Rucksäcke nicht organisiert abgelegt wurden, ist keine Zeit zu verlieren und es wird einfach irgendein Rucksack aufgenommen. Ein Austausch kann später noch stattfinden. **Nach einem Hinterhalt wird der Feind auf der Hut sein. Deshalb müssen Sicherheitsmaßnahmen und die Schnelligkeit erhöht werden.** Mit einer SALUTE- und SPARE-Meldung bestätigt der Führer den Auftrag als erfüllt."

22. Zug-Punkthinterhalt[2]

Ein Zug-Punkthinterhalt ist dem Hinterhalt im Gruppenrahmen bzw. einem Gruppen-Punkthinterhalt sehr ähnlich. (Siehe Hinterhalt im Gruppenrahmen, S. 195.) Der Ablauf der Feuereröffnung ist vorgeplant und im Anschluss stürmt das Sturmelement die Killzone. Eingeteilte Trupps werden ausgegliedert, um den Bereich zu durchkämmen. Zuletzt folgt ein organisiertes Ausfliesen aus dem Raum. Dieser Abschnitt befasst sich mit den Merkmalen, die einen Zug-Punkthinterhalt auszeichnen.

22.a Deckungsgruppe

Während eine Gruppe den MG-Trupp für die Auslösung des Hinterhalts einsetzt, **setzt ein Zug die gesamte Deckungsgruppe ein**. Eine Deckungstruppe kann aus drei MG-Trupps und einem zugeteilten Deckungsgruppenführer bestehen. Abhängig von der Form des Hinterhalts, können die MG-Trupps auf ein, zwei, oder drei verschiedenen Stellen aufgeteilt werden. Deshalb ist die Koordinierung der M240 Maschinengewehre von besonderer Bedeutung.

Der wichtigste Aspekt bei der Koordinierung ist, dass der Patrol Leader und der Deckungsgruppenführer ein überschlagendes Feuer der Maschinengewehre sicherstellen. "**Überschlagendes MG-Feuer**" bedeutet, dass abwechselnd gefeuert wird, aber immer ein MG schießt (z.B., erstes MG schießt, zweites MG schießt, drittes MG schießt, wiederholen). Überschlagendes MG-Feuer ermöglicht

---

1 **Beispiel** Ausfliesen:

Gruppenführer –	„Fire in the Hole 1."
Stellv. Truppführer –	„Auf mich sammeln."
	„9 Pax. Sturmelement vollzählig."
Gruppenführer –	„Fire in the Hole 2."
MG-2 –	„3 Pax. MG-Trupp vollzählig."
Gruppenführer –	„Fire in the Hole 3. Brennt! Brennt! Brennt!"

2 **Zitat:** Gott ist nicht auf der Seite der großen Bataillone, sondern auf der Seite derer, die am besten schießen. - Voltaire, französischer Philosoph; vgl. „Man besagt, dass Gott immer auf der Seite der großen Bataillone ist." - Voltaire, französischer Philosoph; siehe auch „Ein schlauer Spruch beweist überhaupt nichts." – Voltaire, französischer Philosoph

jedem MG den gleichen Munitionsverbrauch bei einer moderaten Schussfolge, wobei der Feind keine Unterbrechung im Feuer wahrnehmen kann. (Siehe Handhabung, S. 237.)

Nachdem das Feuer eingestellt wurde, verschieben sich alle MG-Trupps an die Straße. Während der erste Sturmgruppenführer eine Munitions- und Verwundetenmeldung einholt, erhaltet der Deckungsgruppenführer eine Munitions- und Verwundetenmeldung von jedem MG-Trupp und gibt diese an den Patrol Leader weiter. Wenn der Patrol Leader „Fire in the Hole 2!" ruft, prüft der Deckungsgruppenführer, dass jeder MG-Trupp vollzählig ist.

22.b Sturmelement[1]

Das Sturmelement eines Zuges hat eine zusätzliche Führungsebene. Bei einem Hinterhalt im Gruppenrahmen, kontrolliert der Truppführer jeden Soldaten des Sturmtrupps. Allerdings bei einem Hinterhalt im Zugrahmen kontrolliert der Führer des Sturmelements (meist ein Gruppenführer) die Truppführer, während die Truppführer ihre Soldaten kontrollieren. Ein Zugführer könnte als dritte Ebene im Sturmangriff sogar Gruppenführer führen.

Mehrere Gruppenführer nehmen an einem Hinterhalt im Zugrahmen teil, jedoch braucht der Sturmangriff nur einen Führer. Die weiteren Gruppenführer sind hinter ihren eigenen Gruppen als Verstärkung anwesend und halten sich bereit Befehle zu wiederholen oder Führungsverantwortung zu übernehmen. Ein weiterer Gruppenführer führt den Kriegsgefangenentrupp und den Verwundetentragetrupp.

Beim Ausfliesen prüft jeder Gruppenführer, ob seine Gruppe vollzählig ist, um die allgemeine Vollzähligkeit zu erleichtern. Die Gruppenführer stehen an unterschiedlichen Enden der Killzone mit verschiedener Beleuchtung oder Markierungen und rufen einen Chokepoint aus. Jeder Gruppenführer meldet dem Patrol Leader die jeweilige Anzahl inklusive sich selbst.

Beim Ausfliesen eines Zuges führt der Zugführer das Sprengen nicht allein durch, sondern er koordiniert einen Sprengtrupp. Er blickt jeden Sprenghelfer ins Gesicht und sagt „fertig", und sobald jeder fertig ist, beginnt er mit dem Ablauf zum Sprengen. (Siehe Sprengtrupp, S. 103.)

23. Verfahren bei Fahrzeugen

Das Säubern von Fahrzeugen ist schon ein komplexes Thema an sich, ohne dass man noch zusätzlich die verschiedenen Szenarien von stehenden Fahrzeugen in der Killzone berücksichtigt. Unterschiedliche Fahrzeuge auf unterschiedlichen Straßen, die unterschiedlich ausgerichtet sind, erfordern alle möglichen Anpassungen im Vorgehen. Tatsächlich kaufen manche Einheiten das zutreffende

---

1 **Zitat:** Nimmt man mal die vielen schönen Worte und die akademische Zweideutigkeit beiseite, hat man im Grunde genommen ein Militär, um zwei Jobs zu erledigen: um Menschen zu töten und zu zerstören. – General Thomas Sarsfield, Oberbefehlshaber des Strategic Air Command

Bild 149: Ein U.S. Special Operation Forces Soldat beobachtet, wie burkinische Soldaten ein Fahrzeug während einer Checkpoint-Ausbildung überprüfen. Übung Flintlock 17. Camp Zagre, Burkina Faso, 13 Mär 2017. Ein Soldat öffnet die Tür, während der andere sichert. **Der sichernde Soldat hält etwas Abstand vom Fahrzeug, sodass ein plötzlich auftretender Feind nicht seine Waffe greifen kann.**

Fahrzeug, um ihren Hinterhalt zu planen und dabei nur darauf zu schießen! In welcher Situation auch immer, der Endzustand einer Fahrzeugsäuberung muss sein, dass alle Feindkräfte tot sind und ihre leblosen Körper aus dem Fahrzeug entfernt werden.

23.a Ein Fahrzeug

Wenn das Sturmelement die diesseitige Straßenkante erreicht, säubern zwei Soldaten das Fahrzeug (normalerweise ein Truppführer und ein Gewehrschütze). Der Rest des Sturmelements sichert entlang ihrer Angriffsbahnen jenseits des Fahrzeugs.

Falls der Feind zu irgendeinem Zeitpunkt das Feuer von hinter dem Fahrzeug eröffnet, muss der Truppführer entscheiden, ob sich alle im Sturmelement auf den Boden werfen und das Feuer erwidern, oder ob weiter auf den Feind angesetzt wird.

Zwei Soldaten nähern sich dem Fahrzeug im 45° Winkel von vorne an, wodurch die größte Einsicht ins Fahrzeug durch die Windschütz- und Seitenscheiben ermöglicht wird. Falls ein Feind hinter einer Scheibe zu erkennen ist, wird geschossen. (Es ist nicht zu vergessen, dass bei einem Hinterhalt normalerweise jede Person feindlich gesinnt ist.)

Beim Säubern eines Fahrzeugs muss ein Sicherheitsabstand von ein bis zwei Metern eingehalten werden, solange nichts berührt werden muss. Bei der Annäherung zum Fahrzeug sichert ein Soldat oben (durch die Scheiben und aufs Dach) und ein Soldat unten (unterhalb des Fahrzeugs). Der nach oben sichernde Soldat kontrolliert die Bewegungen des nach unten Sichernden und ist deshalb normalerweise auch der Truppführer. Der nach unten Sichernde prüft sorgfältig

Ein Fahrzeug säubern

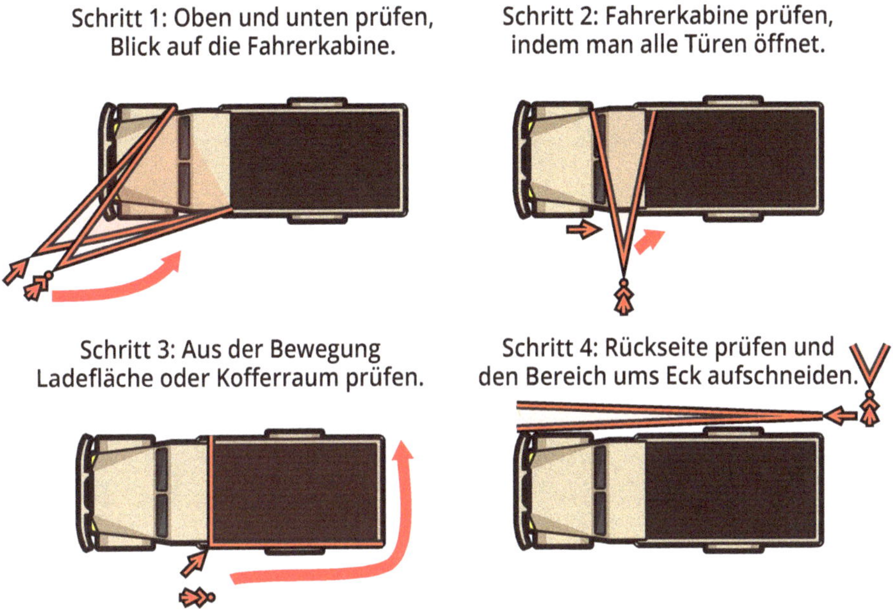

Schritt 1: Oben und unten prüfen, Blick auf die Fahrerkabine.

Schritt 2: Fahrerkabine prüfen, indem man alle Türen öffnet.

Schritt 3: Aus der Bewegung Ladefläche oder Kofferraum prüfen.

Schritt 4: Rückseite prüfen und den Bereich ums Eck aufschneiden.

Bild 150: Das Säubern eines Fahrzeugs muss ein fließender Ablauf sein. **Hier zum Beispiel bewegen sich die Soldaten immer gegen den Uhrzeigersinn um das Fahrzeug.** Ein fließender Ablauf verbessert die Schnelligkeit und Sorgfältigkeit und muss geübt werden.

unter dem Fahrzeug und blickt dabei auf die andere Seite des Fahrzeugs. Falls er einen Feind sieht (tot oder lebendig), schießt er. (Siehe Bild 150, S. 205.)

Sobald der nach unten Sichernde die Unterseite des Fahrzeugs geprüft hat, wird der Innenraum Tür für Tür gesäubert. Beim Öffnen einer Tür stellt sich ein Soldat auf die Scharnierseite. Der zweite Soldat richtet seine Waffe auf die Tür, sodass er nach dem Öffnen sofort das Feuer eröffnen kann. **Sie halten auch Abstand von der Tür, sodass kein Feind aus dem Fahrzeug die Waffe von einen der Soldaten greifen kann.**

Sobald sich der Soldat im Anschlag in Position befindet, wackelt er leicht mit seiner Mündung hoch und runter, um seinem Kameraden zu signalisieren, dass er die Tür öffnen soll. Sobald die Tür geöffnet wurde, schießt der Soldat auf alle Feindkräfte (egal ob sie als tot erscheinen oder nicht). Die zweite Tür wird im selben Verfahren geöffnet. Nachdem alle Türen auf dieser Seite des Fahrzeugs geöffnet wurden, werden alle leblosen Körper vom Fahrzeug entfernt und die Lichter und der Motor abgestellt. Zuletzt blicken die Soldaten noch einmal ins Fahrzeug, um sicher zu gehen, dass auch nichts mehr am Leben ist. Das Fahrzeug ist jetzt als „klar" zu bezeichnen.

Anschließend bewegen sich die zwei Soldaten zur Rückseite des Fahrzeugs und säubern bei erster Gelegenheit den Kofferraum. Ein Soldat sichert,

Bild 151: U.S. Army Soldaten **säubern ein Fahrzeug bei einem simulierten Hinterhalt** auf einen Konvoi. Pocek Range, Slovenia, 02 Dez 2016. Der Soldat im Vordergrund überwacht den leblosen Körper eines Feindes. Dieser Feind muss absolut vernichtet worden sein. Wo sollte der Soldat stattdessen nach weiteren Feindkräften Ausschau halten? Die drei Soldaten im Vordergrund stehen eng aneinander gereiht in einer aktiven Killzone ohne Deckung und ohne Sichtschutz. Wo sollten sie stattdessen stehen? Vier der sechs Soldaten starren auf das Fahrzeug. Wohin sollte die Sicherung ausgelegt werden? Was ist sonst nicht richtig auf diesem Foto?

---

während der Zweite mit seiner Taschenlampe ins Innere leuchtet und auf alle Bedrohungen schießt.

Der letzte ungesicherte Teil des Fahrzeugs ist die gegenüberliegende Seite. Wie mit jedem Verfahren in diesem Buch, gibt es auch hier verschiedene Möglichkeiten. Bei der ersten Methode säubert ein Mann die gegenüberliegende Seite. Beide Soldaten stehen Schulter an Schulter an der Rückseite des Fahrzeugs. Der äußere Soldat beginnt den Bewegungsablauf mit einem Vorwärtsschritt, sichert in die Ferne und drückt dabei den inneren Soldaten mit sich mit. Der innere Soldat macht somit einen Schritt nach vorn und dreht sich dabei um 90°, um einen Feind hinter dem Fahrzeug zu finden und wenn nötig zu erschießen.

Die zweite Methode erfordert beide Soldaten in einem oben-unten Ansatz. Dabei drehen sich beide Soldaten zeitgleich um 90° um das Eck auf die nächste Fahrzeugseite ein. Der innere Soldat kniet und der äußere Soldat steht. (Stehe nie auf, ohne vorher nach hinten zu blicken, sonst könnte man dir aus Versehen in den Hinterkopf schießen.) Sobald das Fahrzeug keine Bedrohung mehr darstellt, wird „Fahrzeug klar!" gerufen und es wird alles von dieser Seite rausgenommen, was man von der anderen Seite nicht greifen konnte.

Falls ein Fahrzeug im Verhältnis zur Angriffslinie schräg steht, hat es keine gegenüberliegende Seite. Zwei Seiten des Fahrzeugs sind der Angriffslinie zugewandt und die anderen zwei Seiten können von den Enden der Angriffslinie eingesehen werden. Es muss besonders darauf geachtet werden, dass Soldaten, die das Fahrzeug sichern, nicht versehentlich auf ihre Kameraden zielen. Dementsprechend sollten die Soldaten, die das Fahrzeug säubern, auch nicht ins Schussfeld ihrer Kameraden treten.

23.b Mehrere Fahrzeuge

Falls mehrere Fahrzeuge auf der Straße stehen, müssen diese in einem synchronisierten Ablauf gesäubert werden, sodass die gegenüberliegenden Seiten aller Fahrzeuge zeitgleich abgearbeitet werden. Wenn ein Trupp sich um ein Fahrzeug herumbewegt und sich auf die gegenüberliegende Seite eindreht, zeigt die Mündung des Gewehrs den gesamten Konvoi entlang. Ein anderer Trupp, der gerade mit einem Fahrzeug weiter vorne beschäftig ist, könnte ins Schussfeld treten.

Um zu vermeiden, dass vor die Mündung des Kameraden getreten wird, warten alle Soldaten an der letzten Fahrzeugkante bevor sie sich auf die gegenüberliegende Fahrzeugseite eindrehen. Der verantwortliche Führer gibt vor, wie er die gegenüberliegende Seite gesäubert haben möchte. Die zwei Verfahrensweisen zum Säubern der gegenüberliegenden Seite sind: erstens, nur ein Trupp säubert die gesamte gegenüberliegende Seite des Konvois; zweitens, zwei Trupps gehen gleichzeitig mittig zwischen Fahrzeugen, wobei ein Trupp nach links säubert und eine Trupp nach rechts.

Da mehrere Fahrzeuge systematisch gesäubert werden müssen, kann nicht immer an der Vorderseite eines Fahrzeugs begonnen werden. Unter manchen Umständen muss von hinten begonnen werden. Ein Fahrzeug von hinten beginnend zu säubern, funktioniert genauso wie von vorne, nur umgekehrt. Von vorne wird nur meist bevorzugt, da es eine bessere Sicht in die Fahrerkabine bietet.

Manchmal halten Fahrzeuge auch am Straßenrand. In diesem Fall wäre das standardmäßige Säuberungsverfahren nicht möglich. Falls zwei Fahrzeuge zu nah aneinander stehen, sodass die Türen nicht geöffnet werden können, muss zwischen den Fahrzeugen gegangen werden, auch wenn es eng ist. Falls es nicht möglich ist zwischen die Fahrzeuge zu gehen, muss durch einen erhöhten Munitionsansatz vergewissert werden, dass alles innerhalb der Fahrerkabine tot ist. Der Führer kann das Sturmelement auch breit aufteilen, sodass ein Soldat gezielt von der gegenüberliegenden Straßenseite in die Lücke schießen kann. (Die Ansatz ist zu vermeiden, falls sich ein Soldat am Release-Point befindet.)

Bild 152: U.S. Fallschirmjäger des 1st Battalion, 503rd Infantry Regiment, 173rd Airborne Brigade, üben einen Hinterhalt mit der griechischen 1. Fallschirmjäger Kommandobrigade. Übung Bayonet Minotaur. Camp Redina, Griechenland, 18 Mai 2017. Mehrere Fahrzeuge zu säubern kann schnell kompliziert werden. Hier sind drei Fahrzeuge und vier Feinde zu erkennen. **Plane und übe immer mit mehreren Fahrzeugen.**

24. Notfall-/Alternativplanung[1]

Hinterhalte bestehen aus schnellen und organisierten Chaos. Nichtdestotrotz hat der Feind seinen eigenen Kopf.[2] Es ist wichtig nicht nur die standardmäßigen Verfahren zu verstehen und zu verinnerlichen, sondern auch die Szenarien, bei denen etwas schiefläuft. Dadurch wirst du, falls etwas doch schiefläuft, nicht unvorbereitet sein und nicht die Nerven verlieren.

24.a Abgesessener Feind

Ein abgesessener Feind bewegt sich langsamer als ein aufgesessener Feind. Nun ist Geduld gefragt, denn der Patrol Leader muss mit der Feueröffnung warten, bis der Feind sich entweder mittig in der Killzone befindet oder ein einzelner Schütze kurz davor ist, die Killzone zu verlassen.

Abgesessener Feind ist nachts schwerer zu erkennen als die Scheinwerfer und die Motorengeräusche eines aufgesessenen Feindes. Deshalb muss bei der Zielbestätigung mit besonderer Sorgfalt vorgegangen werden. Zur Zielbestätigung und Feuereröffnung muss der Patrol Leader die Einsatzrichtlinien kennen.

---

1 **Zitat:** Sei höflich, sei professionell, aber habe immer einen Plan, um jeden im Raum umzubringen. -United States Marine Corps General James Mattis

2 **Realität:** Falls du es schaffst einen makellosen, einfachen linearen Hinterhalt durchzuführen, wirst du den Feind das nächste Mal wieder überraschen können? Wer zweimal auf den gleichen Trick hereinfällt, ist selbst schuld.

24.b Feind hält außerhalb der Killzone

Eine der wichtigsten Aufgaben bei einem Hinterhalt ist das feindliche Fahrzeug zum Stehen zu bringen. Dieser Punkt wird in der Planungsphase ausführlich durchgesprochen. (Siehe Bild 153, S. 210.) Ein U.S. Humvee kann über 3,5 Tonnen wiegen und schneller als 110 Km/h fahren. Das bedeutet, dass der physikalische Impuls eines Humvees 10 000-mal größer ist als der einer 7,62 mm Patrone! **Feuerkraft ist nicht gleich Mannstoppwirkung.** Viele Hinterhalte, die mit der Feuereröffnung auf den Motorblock eines Fahrzeugs beginnen, verlassen sich darauf, dass das Fahrzeug irgendwo dagegen fährt oder von selbst anhält.[1] Falls das Fahrzeug nicht stehen bleibt, oder das Feuer zur falschen Zeit eröffnet wird, oder falls sich der Feind aus irgendeinem anderen Grund außerhalb der Killzone befindet, muss die Patrol bereit sein sich zu verschieben, um den Feind auszuschalten.

Ziele außerhalb der Killzone können zu Eigenbeschuss führen, wo das Sturmelement nicht wirken kann, ohne sich selbst oder das Sicherungselement zu treffen. Um das Risiko eines Eigenbeschusses zu minimieren und gleichzeitig die Manövrierfähigkeit des Feindes einzuschränken, muss der Patrol Leader mit seinen Soldaten den Feind niederhalten, solange keine guten Winkel vorhanden sind, um den Feind zu töten. Ein Niederhalten schafft Zeit zum Neuformieren, während die Gewalt des Handelns aufrechterhalten wird.

Eine weitere Möglichkeit, um sichere Wirkungsbereiche für das Sturmelement zu ermöglichen, besteht daraus, dass der Führer des Sturmelements die gesamte Linie aufstehen lässt und parallel zur Straße verschiebt, um so vor einer neuen Killzone eilig in Stellung zu gehen. Es ist besser, wenn alle Soldaten mit improvisiert-koordiniertem Feuer wirken als Bedenken über Friendly Fire zu haben.

Falls sich der Feind genau zwischen dem Sturmelement und dem Sicherungselement befindet, können die Maschinengewehre nicht wirken. Falls sich das Sicherungselement nach der Feuereröffnung hinter die Deckung der sekundären Stellung verschiebt und das Gewehrfeuer präzise ist, kann es unter machen Umständen akzeptiert werden in die Richtung des Sicherungselements zu schießen. (Aus diesem Grund liegt der Schwerpunkt bei der Erkundung der sekundären Stellung für das Sicherungselement auf guten Schutz entgegen der Killzone.) Es besteht ein Gleichgewicht zwischen Niederhalten (d.h. nicht selbst erschossen zu werden) und Vertrauen gegenüber dem Sicherungselements, dass es sich richtig in Stellung befindet. Unabhängig davon, muss das Sturmelement es schaffen den Feind flankierend zu schlagen und eilig die Gegenmaßnahmen bei Feindkontakt durchführen.

---

[1] **Realität:** Der Plan, um ein feindliches Fahrzeug zum Stehen zu bringen, hängt vom Gelände und den verfügbaren Mitteln ab. Allerdings besteht auch die Möglichkeit eine Sprengladung an einem Baum am Straßenrand anzubringen, welcher bei der Auslösung des Hinterhalts auf die Straße gesprengt wird.

Bild 153: Ein Marine bereitet eine Sprengladung für eine Baumsperre vor. Motutapu, Tonga. 25 Jul 2016. **Mit den richtigen Schutz- und Vorsichtsmaßnahmen kann eine Patrol einen Baum auf die Straße sprengen, um ein Fahrzeug zum Stehen zu bringen.** Im urbanen Raum ist der Einsatz von Sperren ein weitverbreitetes Verfahren, da Konvois auf beiden Seiten durch künstlich geschaffene Strukturen eingegrenzt werden.

24.c Ausdehnung der Feindkräfte ist breiter als die Killzone

Falls die feindliche Kolonne breiter als die vorgeplante Killzone ist, muss sich das Sturmelement ausdehnen, um sich der Breite der Feindkräfte anzupassen. Falls der Feind immer noch zu breit ist, kann sich das Sturmelement in zwei Linien aufteilen. Das Sturmelement kann auch über die Killzone angreifen und sich 90° eindrehen, um parallel zur Straße weiter anzugreifen. Das Sturmelement kann sich auf einen Teil der Feindkräfte fokussieren, während die restlichen Kräfte durch den MG-Trupp niedergehalten werden, bis das Sturmelement einbricht. Falls der Feind so breit ist, dass er im Grunde genommen aufgeteilt ist, kann der Führer es in Erwägung ziehen: auszuweichen, das Sicherungselement zu verschieben und sich an einer größeren Killzone neuzuformieren.

24.d Feindlicher Gegenstoß

Falls sich weitere Feinde hinter dem Objective nach dem Sturmangriff befinden, werden die standardmäßigen Gegenmaßnahmen bei Feindberührung eingeleitet, was entweder zu einem weiteren Angriff oder zu einem Ausweichen führt. Obwohl die Killzone vergrößert werden kann, muss darauf geachtet werden, dass die Kontrolle über und die Verbindung zwischen den Elementen nicht verloren geht.

24.e Feindliche Quick Reaction Force und Störhinterhalt

Überall auf der Welt, wo ein Element angegriffen und Verstärkung anfordert wird, bezeichnet man diese Verstärkung als Quick Reaction Force (QRF). **Eine QRF steht bereit** und kann wortwörtlich zu ihrem Fahrzeug rennen und zum angeschossenen Element hin rasen. Die Zeit bis zur Ankunft der QRF kann weniger als fünf Minuten betragen. Diese Zeitspanne muss an die gesamte Patrol in der Planungsphase bekanntgegeben werden. Als Faustregel gilt, dass man sich innerhalb der Hälfte der Zeit bis zum Eintreffen der QRF vom Objective entfernt haben soll. (Siehe Bild 154, S. 212.)

Falls man auf eine QRF stößt, ist dies wie ein reguläres Begegnungsgefecht zu behandeln. Eine Patrol in Gruppenstärke muss höchstwahrscheinlich das gesamte Sturmelement neu einsetzen. Ein Zug hat allerdings die Möglichkeit auf verschiedene Soldaten zurückzugreifen. Deshalb hat ein Zugführer auch mehr Freiraum Soldaten einzuteilen, während gleichzeitig eine Sicherung gewährleistet wird. Eine übliche Herangehensweise ist, dass der Patrol Leader den Kriegsgefangenentrupp zur Abwehr gegen die QRF einsetzt und die übrigen Soldaten weiterhin die Killzone sichern lässt.

Die übliche Herangehensweise im Umgang mit einer feindlichen QRF ist der Einsatz eines Störhinterhalts. Ein Störhinterhalt ist anders als ein regulärer Hinterhalt, da nicht versucht wird den Feind vollkommen zu überwältigen. Das Ziel ist die feindliche QRF zu verzögern und abzunutzen, um den Hauptkräften des Hinterhalts mehr Zeit zum Ausweichen zu geben. Ein Störhinterhalt wird vom eigentlichen Hinterhalt nur kurz entfernt an der Straße angelegt in der Richtung, aus der die feindliche QRF erwartet wird. Das kann so einfach sein wie ein paar Soldaten, die die feindliche QRF anschießen, oder der Einsatz von ein paar Claymores zum Verlangsamen der feindlichen Fahrzeuge. (Siehe Bild 155, S. 213.)

Abhängig von der Lage und dem Gefechtsumfeld, **kann der Störhinterhalt zum eigentlichen Auftrag werden.** Falls zum Beispiel bekannt ist, dass die feindliche QRF um ein Vielfaches stärker als ein normaler Konvoi ist und jedes Mal in voller Stärke ausrückt, kann der Konvoi angegriffen werden, um die feindliche QRF zu ködern. Dann kann die QRF mit einem vorteilhaften Kräfteverhältnis bekämpft werden, ohne dass Verstärkungskräfte noch übrig sind. (Siehe Bild 156, S. 213.)

Neben dem Gruppenhinterhalt und dem Störhinterhalt existiert noch der Trupphinterhalt. Das Ziel eines Trupphinterhalts ist das Ausschalten weniger Hochwertziele, was oft auf großer Entfernung geschieht. Ein Trupphinterhalt mag nicht den Kräfteansatz haben, um jeden Feind in der Killzone auszuschalten und wird Maßnahmen ergreifen müssen, wie Ablenkungsmanöver, Täuschungen, den Einsatz mehrerer Trupps, oder ein zugewiesenes Ausweichelement, um ein Ausweichen überhaupt zu ermöglichen. Zum Erleichtern der Koordinierung kann ein kleines Führungselement an den Trupp angegliedert werden.

Bild 154: U.S. Marines besetzen ihre Fahrzeuge vor einer Operation. Helmand Provinz, Afghanistan, 24 Jun 2013. Eine Quick Reaction Force steht 24/7 zum Abmarsch bereit. **Was auch immer die vermutliche Ankunftszeit der feindlichen QRF ist, plane so als wäre diese Zeitspanne nur halb so lang.**

24.f Der Führer des Sturmelements ist kampfunfähig

Ein Führer des Sturmelements kann kampfunfähig werden, weil er verwundet wurde oder weil er schlechte Entscheidungen getroffen hat. Der Patrol Leader muss zu jeder Zeit bereit sein das Sturmelement zu übernehmen. (Der Sturmangriff wird nicht abgebrochen, nur weil der Führer des Sturmelements ausgefallen ist.) Den Führer des Sturmelements zu entziehen wäre die allerletzte Option. (!!!) Stattdessen wäre ein Micromanagement mit deutlichen Befehlen (z.B. „nach links verschieben" schreien) ein besserer erster Schritt.

24.g Der Führer der Patrol ist kampfunfähig[1]

Falls der Patrol Leader ausfällt, verläuft der Angriff normal weiter. Da der Patrol Leader dafür verantwortlich ist „Feuer einstellen" zu rufen und den Sturmangriff einzuleiten, **muss dem Führer des Sturmelements bewusst sein wie viel Zeit seit der Feuereröffnung vergangen ist.** Falls nach 60 Sekunden noch kein „Feuer einstellen" gerufen wurde, besteht die Möglichkeit, dass der Patrol Leader ausgefallen ist.

---

[1] **Zitat:** Der Friedhof ist voller unentbehrlicher Männer. - Charles de Gaulle, französischer Brigadegeneral im zweiten Weltkrieg

Bild 155: Litauische Freiwilligenstreitkräfte (KASP) führen einen Hinterhalt auf ein gepanzertes Fahrzeug mit Panzerabwehrhandwaffen durch. Joint Multinational Readiness Center. Hohenfels, Deutschland. 28 Jan 2018. **Das Ziel dieses Störhinterhalts ist es eine Panzerabwehrhandwaffe abzufeuern und auszuweichen.**

Störhinterhalt

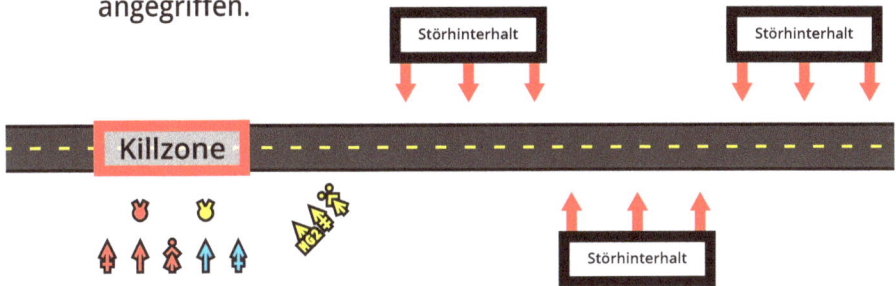

Schritt 1: das Ziel oder der Köder werden im Vernichtungshinterhalt angegriffen.

Schritt 2: mehrere Störhinterhalte verzögern Verstärkungs-/Entsatzkräfte beim Versuch das Ziel zu unterstützen.

Störhinterhalt

Störhinterhalt

Killzone

Störhinterhalt

Bild 156: Eine Möglichkeit, um einer feindlichen QRF entgegenzuwirken ist der Einsatz von Störhinterhalten auf dem wahrscheinlichsten Anmarschweg der QRF. **Diese Hinterhalte versuchen nicht den Feind vollkommen zu überwältigen.** Das Ziel ist, den Feind zu verzögern und abzunutzen, um den Hauptkräften des Hinterhalts mehr Zeit zum Ausweichen zu geben.

Sobald der Sturmangriff beginnt und es keinen Patrol Leader mehr gibt, übernimmt der Führer des Sturmelements die Aufgaben des Patrol Leaders zusätzlich zu seinen eigenen. Der Führer des Sturmelements erhält und notiert sich die Mun.- und Verwundetenmeldungen (inklusive des MG-Trupps). Der Führer des Sturmelements weist den Kriegsgefangentrupp ein und führt diesen auch. Zusätzlich koordiniert er den Verwundetentragetrupp und ruft den Sprengungsablauf zu Ausweichen aus.

24.h Das Sicherungselement ist kampfunfähig

Ein ausgefallenes Sicherungselement ist anders als andere Verluste, **denn das Sicherungselement befindet sich zwischen den Hauptkräften des Hinterhalts und dem Feind.** Deshalb kann mit Feuer auf den Feind ein Beschuss des Sicherungselements riskiert werden. (!!!) Bewegung wird zur obersten Priorität.

Eine Hälfte des Sturmelements, der Patrol Leader und der MG-Trupp brechen weg, um ein Deckungselement zu bilden, um (wie bei einem Ausweichen) niederzuhalten. Es muss besonders darauf geachtet werden, nicht auf die ursprüngliche Stellung des Sicherungselements zu wirken und auch nicht auf dem Ausweichpunkt. (!!!) Das Deckungselement verschiebt sich in eine gute Stellung zum Wirken und springt zum Release-Point, wenn nötig.

Die andere Hälfte des Sturmelements wird zum Abholtrupp und macht sich auf den Weg in Richtung der Stellungen des Sicherungselements. Sobald der Abholtrupp das Sicherungselement lokalisiert hat, evakuiert es dieses zu einem Release-Point und ruft „Objective klar!" (Siehe Bild 157, S. 215.)

Dem gegenüberliegenden Sicherungselement wird auch mitgeteilt, zum Release-Point auszuweichen. Sobald am Release-Point die Patrol vollzählig ist, wird geschlossen ausgewichen.

24.i Kampfmittel in der Killzone

Falls eine scharfe Sprengladung (z.B. eine IED in der Straße unabhängig vom Feind, oder eine Bombe mit Zeitzünder in einem Feindfahrzeug) gefunden wird, muss der Patrol Leader sofort vom Objective ausweichen. Das gängige Codewort für ein sofortiges Ausweichen ist „Landslide" [Erdrutsch]. Falls eine Art von Sprengmittel gefunden wird, befinden sich höchstwahrscheinlich mehrere im Bereich. Falls der Patrol Leader entscheidet, dass die Gefahr das Risiko wert ist (z.B. Granaten, mit dem Stift noch eingesetzt, innerhalb eines Fahrzeugs, welches in die Killzone gefahren wurde), kann der Sturmangriff fortgesetzt werden und dieser Bereich innerhalb der Killzone umgangen werden.

Das Sicherungselement wird angegriffen

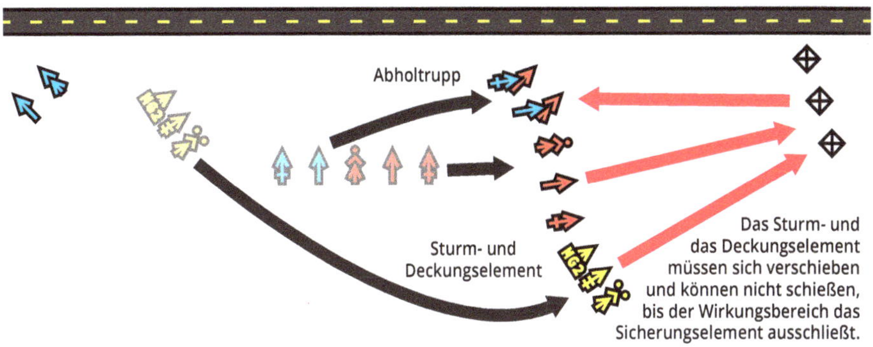

Abholtrupp

Sturm- und
Deckungselement

Das Sturm- und
das Deckungselement
müssen sich verschieben
und können nicht schießen,
bis der Wirkungsbereich das
Sicherungselement ausschließt.

Bild 157: Ein Beispiel wie die Gruppe verfahren kann, wenn das Sicherungselement angegriffen wird. **Die Gruppe kann dem Sicherungselement nicht helfen, solange es nicht weiß, wo es sich befindet.** Um dem Sicherungselement zu helfen, teilt sich die Gruppe in einen Abholtrupp und einen Flankierungstrupp auf, um das Sicherungselement zu holen und den Feind flankierend zu schlagen. Die extreme Verwundbarkeit in dieser Lage hebt ein paar Punkte besonders hervor. Das Sicherungselement muss gut getarnt und immer aufmerksam sein. Es muss auch einen detaillierten EWAC-Plan befolgen und Gefahren weitermelden!

Phase 5 Inhalte

Joe geht nach Hause (Phase 5: Ausweichen zu einer Patrol-Base)

Deshalb habe ich entschieden zuerst die größtmögliche Anzahl an Kräften einzusetzen…, [um] dem Feind die Möglichkeit zu nehmen, sich zu erholen, neuauszurüsten und die nötigen Vorräte zu produzieren, um weiter Widerstand zu leisten.

—Ulysses S. Grant, 6. befehlshabender General der U.S. Armee

Eine Patrol-Base ist ein Halt, der für längere Aufgaben angedacht ist (die nicht länger als 24 Stunden dauern). Während ein kurzer Halt für 5-Minuten-Aufgaben geeignet ist, wie einen Blick in die Karte, und ein langer Halt für 20-Minuten-Aufgaben, wie ein Munitionsausgleich, kann der gesamte Auftrag mehrere Tage in Anspruch nehmen und benötigt eine langanhaltende Lösung.

Bei einem längeren Einsatz müssen sich Soldaten ab einen gewissen Punkt neuorganisieren, versorgen und schlafen. Allerdings machen diese Aufgaben eine Patrol äußerst angreifbar. Falls die Patrol nicht nach Hause kann, wird eine Patrol-Base errichtet, welche für Patrol die sicherste Formation ist.

Der Nachteil einer Patrol-Base ist, dass sie enorm viel Zeit in Anspruch nimmt. Da der Zweck einer Patrol-Base mit der Ergänzung der Kampfbeladung zusammenhängt, wird sie meistens nur nach Abschluss irgendeiner Art von Operation (wie einem Hinterhalt) aufgebaut.

25. Patrol-Base beziehen[1]

Der erste Schritt beim Errichten einer Patrol-Base ist die Platzwahl. Da **die Patrol besonders angreifbar ist, wenn Soldaten schlafen oder planen**, ist es besonders wichtig eine gute und sichere Stelle zu finden. Für die gesamte Dauer der Patrol-Base-Betreibung, darf die Stelle nicht durch hinterlassene Spuren preisgegeben werden.

Eine Patrol nutzt gewöhnlich die Zugformation, um eine Patrol-Base zu errichten. (Siehe Zugformation, S. 173.) Wie die Patrol die Zugformation bildet,

---

1 **Realität:** Sich an einer festen, ungeschützten Stelle in der Wildnis aufzuhalten, nachdem man Feindkräfte angegriffen hat, ist der sichere Weg ins Verderben. Jeder Führer, der eine Patrol-Base in der Mitte des Waldes errichtet, um eilig mehrere, Folgeaufträge zu planen, hat etwas gravierend falsch gemacht. Die Patrol-Base wird aus zwei guten Gründen an der Schule ausgebildet: erstens, um zu bewerten, wie gut Soldaten mit Übermüdung umgehen; zweitens, um gute Gewohnheiten und Grundsätze zu vermitteln. Grundsätze wie Schwerpunkte bei der Arbeitsreihenfolge, einhalten der Sicherung, feldmäßige Instandhaltung der Waffen und vieles mehr.

hängt davon ab, ob die Patrol geschlossen ist oder in verschiedene Elemente aufgeteilt wurde. Falls die Patrol ein geschlossenes Element ist, können dieselben Verfahren, wie im vorhergenannten Kapitel angewendet werden. Falls die Patrol allerdings in verschiedene Elemente aufgeteilt ist, muss vor dem Beziehen der Patrol-Base und dem Bilden der Zugformation ein Linkup durchgeführt werden. (Siehe Zusammenführen der Kräfte, S. 220.)

25.a Einen guten Platz erkunden

Obwohl der grobe Platz für die Patrol-Base in der Planungsphase festgelegt wurde, kann die Patrol keine Gräben und kein vereinzeltes Dickicht aus der Karte rauslesen. Egal ob die Patrol ein geschlossenes Element ist oder nicht, müssen die ersten, die im Raum ankommen, eine Erkundung durchführen und den Platz bewerten.

Die Kriterien für einen Objective-Rally-Point entsprechen dem Merkwort COOL-E. (Siehe Vorerkundung des Objective Rally-Point der Gruppe, S. 135.) Eine Patrol-Base muss aber sicherer sein. Deshalb benötigen die Kriterien zusätzlich ein „NT", da die Patrol-Base länger besetzt wird und mehrere Aufgaben erfüllen muss.

C – Covered and concealed position [Sichtschutz und Deckung]. (Siehe Bild 158, S. 219.)

O – Off natural lines of drift [abseits von natürlichen Bewegungslinien].

O – Out of sight, sound, and small arms fire of the enemy [Außerhalb der Sicht- und Horchweite, sowie der Reichweite von Handfeuerwaffen].

L – Large enough to fit an entire element [groß genug, um das gesamte Element unterziehen zu lassen].

E – Easily defendable for a short period of time [kurzzeitig leicht zu verteidigen].

N – Near a source of water [in der Nähe einer Wasserquelle].

T – Tough, terrible terrain [hartnäckiges Gelände, welches der Feind nicht betreten möchte].

COOLENT ist ein fortlaufendes Kriterium. Falls ein Aufklärungs- oder Beobachtungstrupp eine potenzielle Gefahr meldet, muss, selbst nachdem die Patrol-Base bezogen wurde, der Patrol Leader in Erwägung ziehen, das Element zu einer alternativen Patrol-Base zu verschieben.

25.b Keine Spuren hinterlassen

Sobald eine Patrol einen guten Platz gefunden hat, ist es wichtig keine Spuren zu hinterlassen, die Hinweise auf den Aufenthalt der Patrol geben. Patrol-Bases existieren nur im feindlichen Gebiet und der Feind kann aus den unscheinbarsten Quellen Informationen rausziehen. Die Verpackung einer Mahlzeit kann auf die Nationalität einer Patrol hinweisen, eine Hülse kann auf bestimmte Waffen hinweisen und Löcher im Boden können auf Einsatzverfahren hinweisen

Während der Patrol-Base, sowie für den gesamten Einsatz, ist es notwendig alles an Müll wieder mitzunehmen. Ein Vergraben ist auch nicht besonders effektiv, da manchmal Tiere Reste ausbuddeln. Falls Löcher gegraben werden,

Bild 158: U.S. Fallschirmjäger des 2nd Battalion, 503rd Infantry Regiment, 173rd Airborne Brigade, greifen an. Übung Rock Knight. Pocek Range, Postonja, Slowenien. 24 Jul 2017. Ein gut gedeckter und getarnter Platz ist bei der Erkundung einer Patrol Base unschätzbar wertvoll. **Hier ist zu beobachten, wie gut der dritte Soldat links im Gegensatz zu den anderen Zwei getarnt ist.**

müssen diese gefüllt werden und der Bewuchs muss so ungestört wie möglich aussehen.[1] Um im Falle eines feindlichen Angriffs so wenig Spuren wie möglich zu hinterlassen, wird nur ein Gegenstand auf einmal aus dem Rucksack genommen. Jeder Soldat, der etwas aus seinem Rucksack nimmt, verpackt den Gegenstand wieder, bevor er etwas Neues rausnimmt.

---

1 Realität: Wenn im Zeitalter der luftgestützten Aufklärung und Rotpunktvisieren genügend Zeit vorhanden ist, um Löcher zu graben, ist auch genügend Zeit zum Marschieren und zum Ruhen vorhanden.

26. Zusammenführen der Kräfte[1]

Bevor man sich in einer Patrol-Base niederlässt, muss jedes ausgegliederte Element wieder zusammengeführt werden. Ein Linkup ist zum Beispiel nach einem Zug-Raumhinterhalt ein notwendiges Verfahren. Das Linkup-Verfahren enthält drei verschiedene Punkte im Gelände: **den langen Halt, die Signalisierungsstelle und die Patrol-Base**. Alle drei Punkte werden grob im OPORD festgelegt.[2]

26.a Langer Halt und Signalisierungsstelle

Während der Führertrupp die Signalisierungsstelle und die Patrol-Base erkundet, ist der lange Halt ein sicherer Ort, um die Patrol zu verstecken. Jede Gruppe führt den langen Halt an einer anderen Stelle durch. Diese Stellen sollten dafür geeignet sein, die Gruppe sicher im Raum vor der Signalisierungsstelle abzustellen.

Jede Gruppe bezieht den langen Halt zu einer in der Planungsphase festgelegten Zeit an einem festgelegten Ort (z.B. nach dem Hinterhalt bei 12UUA 8432 4079). Am langen Halt angekommen, bereiten die Führer ein Erkundungskommando vor. Das Erkundungskommando besteht aus drei kleineren Trupps aus jeweils zwei Soldaten: einen Führertrupp, Überwachungs- und Beobachtungstrupp 1 und Überwachungs- und Beobachtungstrupp 2. (Siehe Beobachtungsstellung, S. 139.) Aufgrund der vielen ausgegliederten Elementen, ist ein ausführlicher PACE-Verbindungsplan und GOTWA-Befehl für einen Linkup von besonderer Bedeutung, sowie die häufige Funküberprüfungen. (Siehe PACE Verbindungsoptionen, S. 242.) Vom langen Halt aus begibt sich der Führertrupp auf den Weg zur Signalisierungsstelle.

Die **Signalisierungsstelle** ist der Ort, an dem sich die Erkundungskommandos der verschiedenen Elemente treffen. Signalisierungsstellen sind aus zwei Gründen ein notwendiger Zwischenschritt zwischen dem langen Halt und der Patrol-Base.

Erstens, das Zusammenführen von Kräften ist von Natur aus gefährlich, da die ersten Schritte der Freund/Feindkennung immer schwierig sind. Das heißt, wenn größere Elemente der eigenen Kräfte sich der Patrol-Base annähern dürfen, besteht die Möglichkeit, dass größere feindliche Elemente das auch können und bei einem Linkup-Verfahren verwechselt werden. In diesem Fall könnte der Feind aus nächster Nähe angreifen.

Im Umkehrschluss kann ein eigenes Element auch versehentlich auf eine feindliche Patrol-Base auflaufen, versuchen einen Linkup durchzuführen und

---

1 **Realität:** Der Linkup wird hier inkludiert, um zu zeigen, dass jeder Abschnitt eines Patrol-Unternehmens ohne Funkgeräte verhältnismäßig sicher durchgeführt werden kann. Wann dieses komplexe Verfahren das letzte Mal ohne Funkgeräte durchgeführt wurde ist allerdings unklar.

2 **Anwendung:** Es ist wichtig für Notfälle zu planen. Der Linkup-Plan muss enthalten: Verhalten bei Feind vor, während und nach dem Linkup; die Ziet, wie lange am Linkup zu warten ist; Verhalten bei nicht-eintreffen eines Elements, alternativer Linkup-Point und Sammelpunkte.

Bild 159 et al: Ein wegwerfbares rotes Licht oder ein infrarot Knicklicht sind beide gute Signalmittel. **Der Treffpunkt kann vom Signalmittel versetzt sein**; zum Beispiel 70 Meter bei 70° vom Signalmittel entfernt.

dabei ein leichtes Ziel werden. Deshalb benötigen größere Gruppierungen unterschiedliche Orte für erste Identifizierungsverfahren, sowie für das Zusammenführen selbst. **Ein Linkup bietet einen alternativen Ort zur Identifizierung und ist deshalb sehr hilfreich (d.h. die Signalisierungsstelle).**

Zweitens, eine Patrol-Base sollte von Natur aus gut versteckt sein, sodass der Feind sie nicht finden kann. Allerdings sollte der Treffpunkt nicht in einem gut versteckten Bereich sein, da die beiden Elemente sonst Schwierigkeiten hätten sich gegenseitig zu finden. Deshalb sollten sich Signalisierungsstellen an leicht einsehbaren Punkten mit einem markanten Signalmittel befinden. An dieser Stelle können sich ein paar Führer von jedem Element sammeln und das weitere Vorgehen ihrer Elemente planen.

An der Signalisierungsstelle führt jedes Erkundungskommando (wie bei jedem Halt) ein SLLS durch. Anschließend wird der Überwachungs- und Beobachtungstrupp 1 an einem Punkt ab abgestellt, der bestmöglich gedeckt und getarnt ist und gleichzeitig gute Beobachtungsmöglichkeiten auf die Signalisierungsstelle bietet.

26.b Maßnahmen der ersten Gruppe an der Signalisierungsstelle

Die erste Gruppe, die an der geplanten Koordinate ankommt, wählt eine Signalisierungsstelle und platziert das in der Planung festgelegte Signalmittel, wie z.B. ein Trassierband. (Siehe Bild 159 et al, S. 221.) Idealerweise wäre diese Stelle schlecht getarnt, aber würde gute Deckungsmöglichkeiten bieten. Dadurch wäre das Signalmittel leicht zu erkennen, aber jeder könnte noch schnell in Deckung gehen. Der Überwachungs- und Beobachtungstrupp 1 würde dann die Signalisierungsstelle überwachen und warten bis die nächste Gruppe eintrifft. Die übrigen vier Soldaten des Erkundungskommandos bewegen sich weiter in Richtung der voraussichtlichen Patrol-Base („voraussichtlich", weil diese in der Planungsphase festgelegt wurde). (Siehe Bild 160, S. 223.)

An der voraussichtlichen Patrol-Base angekommen bringt das Erkundungskommando den Überwachungs- und Beobachtungstrupp 2 in Stellung. Die zwei letzten Soldaten Erkunden den Raum unter Berücksichtigung der Größe und der Aufenthaltsdauer des gesamten Zuges. Die Entfernung kann 200 Meter,

Zusammenführen der Kräfte

500 Meter oder noch mehr betragen. Sobald der Führertrupp den Platz für eine gute Patrol-Base bestätigt hat, kehren sie zum langen Halt zurück, um die Gruppe herzuholen. (Siehe Vorerkundung der Zugformation, S. 170.)

Sobald die Gruppe am Platz der Patrol-Base angekommen ist und den Überwachungs- und Beobachtungstrupp 2 wieder eingliedert, besetzt die Gruppe alle drei Ecken der Zugformation, wo sich später die Maschinengewehre befinden werden. (Siehe Bild 160, S. 223.) Ein Besetzen der Ecken erstellt die Form für die spätere Zugformation und vereinfacht das Eingliedern der anderen Gruppen. Sobald eine weitere Gruppe eintrifft, übernimmt deren M240 eine Ecke des Dreiecks und der Gewehrschütze verschiebt sich an die Seite.

Sobald das Dreieck erstellt wurde, gliedert die erste Gruppe einen Aufnahmetrupp aus (z.B. den Gruppenführer, Alpha-Truppführer und einen Gewehrschützen), um die Ankunft der zweiten Gruppe abzuwarten. Der Aufnahmetrupp befindet sich in einer gut gedeckten und getarnten Stellung mit Einsicht auf das umliegende Gelände des Signalmittels. Der Trupp nähert sich der Markierung an, wenn es den Aufnahmetrupp einer anderen Gruppe erkennt oder deren Signalmittel.

Der Aufnahmetrupp unterscheidet sich vom Überwachungs- und Beobachtungstrupp, weil beide unterschiedliche Aufgaben haben. Der Aufnahmetrupp muss zur Signalisierungsstelle hingehen, um mit anderen Kräften zu interagieren und kann deshalb nicht im Verborgenen bleiben. Der Überwachungs- und Beobachtungstrupp überwacht dieses Treffen. Wären der Aufnahmetrupp und der Überwachungs- und Beobachtungstrupp nicht aufgeteilt, könnte ein aufmerksamer Feind den Überwachungs- und Beobachtungstrupp aufklären, wenn sich der Aufnahmetrupp zu erkennen gibt.

Es existieren viele Variationen des Linkup-Verfahrens. Bei einem Beispiel, wie in der oben genannten Methode, nachdem die erste Gruppe die Signalisierungsstelle markiert hat, bewegt sich das Erkundungskommando weiter zur voraussichtlichen Patrol-Base. Bei einer anderen Methode kann das Erkundungskommando zum langen Halt zurückkehren, die Patrol-Base sofort gewinnen und sich dabei die Vorerkundung ersparen. Falls auch die erste Gruppe den Platz des langen Halts als gute Patrol-Base bewertet, kann der lange Halt auch zur Patrol-Base umgegliedert werden.

Linkup-Verfahren für die zuerst eintreffende Gruppe

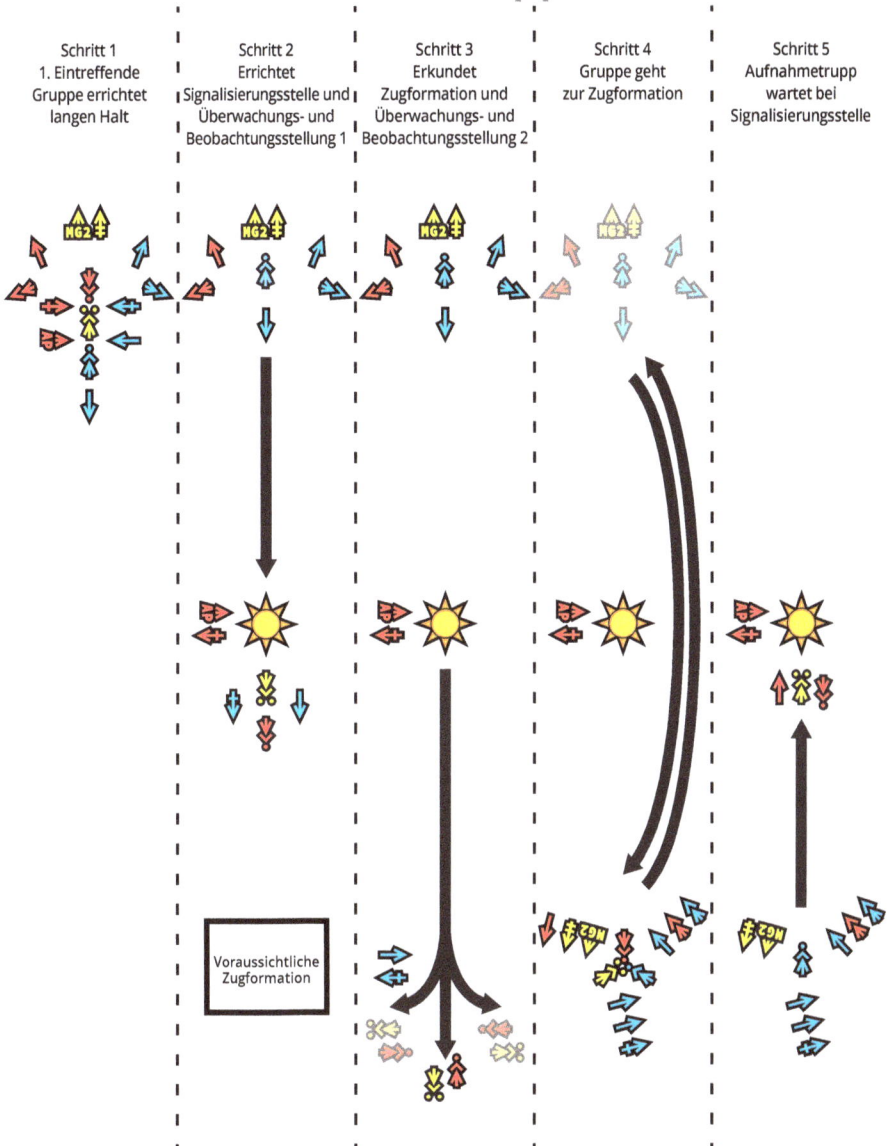

Schritt 1	Schritt 2	Schritt 3	Schritt 4	Schritt 5
1. Eintreffende Gruppe errichtet langen Halt	Errichtet Signalisierungsstelle und Überwachungs- und Beobachtungsstellung 1	Erkundet Zugformation und Überwachungs- und Beobachtungsstellung 2	Gruppe geht zur Zugformation	Aufnahmetrupp wartet bei Signalisierungsstelle

Voraussichtliche Zugformation

Bild 160: Das Linkup-Verfahren für die zuerst eintreffende Gruppe kann in **fünf Schritte und drei Positionen** unterteilt werden. Die erste Position ist der lange Halt. Die zweite Position ist die voraussichtliche Signalisierungsstelle, wo die Patrol voraussichtlich eine Markierung ablegt, um andere Kräfte auszunehmen. Die voraussichtliche Zugformation befindet sich dort, wo die Patrol später die Zugformation bilden möchte. Beide Positionen sind nur voraussichtlich, bis die Vorerkundung abgeschlossen ist.

26.c Maßnahmen der zweiten und dritten Gruppe

Die danach eintreffenden Gruppen befolgen denselben Ablauf, wie die erste Gruppe, bis das Erkundungskommando eine Markierung an der Signalisierungsstelle sieht. Das Erkundungskommando nähert sich der Markierung an und befolgt den Verbindungs-PACE-Plan für einen Linkup mit der ersten Gruppe. Es empfiehlt sich eine zusätzliche Markierung an der Signalisierungsstelle anzubringen für den Fall, dass der Aufnahmetrupp noch nicht von der Zugformation zurückgekehrt ist. So kann der zurückkehrende Aufnahmetrupp direkt auf die Markierung zugehen.

Sobald der Aufnahmetrupp der ersten Gruppe und das Erkundungskommando der zweiten Gruppe die Funkverbindung aufgenommen haben, gehen beide auf die Markierung zu. (Siehe Zusammenführen der Elemente (Nah- und Fern-Erkennungszeichen), S. 140.) Während des Aufeinandertreffens überwachen die Überwachungs- und Beobachtungstrupps beider Gruppen das Vorgehen. Die einzigen zu besprechenden Punkte sind: 1) dass die Signalisierungsstelle sicher ist; 2) dass die erste Gruppe einen Platz für die Patrol-Base gefunden hat und die zweite Gruppe dorthin führen kann.

Insgesamt kehrt ein Führer der ersten Gruppe mit dem Erkundungskommando und dem Überwachungs- und Beobachtungstrupp der zweiten Gruppe zum langen Halt der zweiten Gruppe zurück. Der Führer aus der ersten Gruppe führt anschließend die gesamte zweite Gruppe zum Platz der Patrol-Base. Ab diesem Punkt sind die einzigen Soldaten an der Signalisierungsstelle der Aufnahmetrupp und der Überwachungs- und Beobachtungstrupp der ersten Gruppe. Da der Aufnahmetrupp bei jeder Aufnahme ein Mitglied verliert, besteht der Trupp auch aus einem Führer für jedes ankommende Element und einen weiteren Soldaten, um ein Paar zu bilden.

Wenn sich die zweite Gruppe dem Platz der Patrol-Base annähert, nutzt der Führer vor Ort zur Aufnahme Nah- und Fernerkennungszeichen. Sobald dies abgeschlossen ist, wird die zweite Gruppe vollständig in die Patrol-Base integriert.

Das Linkup-Verfahren für die dritte (oder letzte) Gruppe ist dem der zweiten Gruppe fast identisch. Der einzige Unterschied ist, dass die Signalisierungsstelle sterilisiert werden muss und alle Markierungen mitgenommen werden müssen. Mit allen drei Gruppen in Stellung ist die Patrol-Base vollständig bezogen. Der Zugführer kann entscheiden vor Ort zu bleiben und eine permanente Patrol-Base zu errichten (falls es die Sicherheitslage zulässt), oder sich zu einer neuen Stelle zu verschieben.

Linkup-Verfahren für die nachfolgenden Gruppen

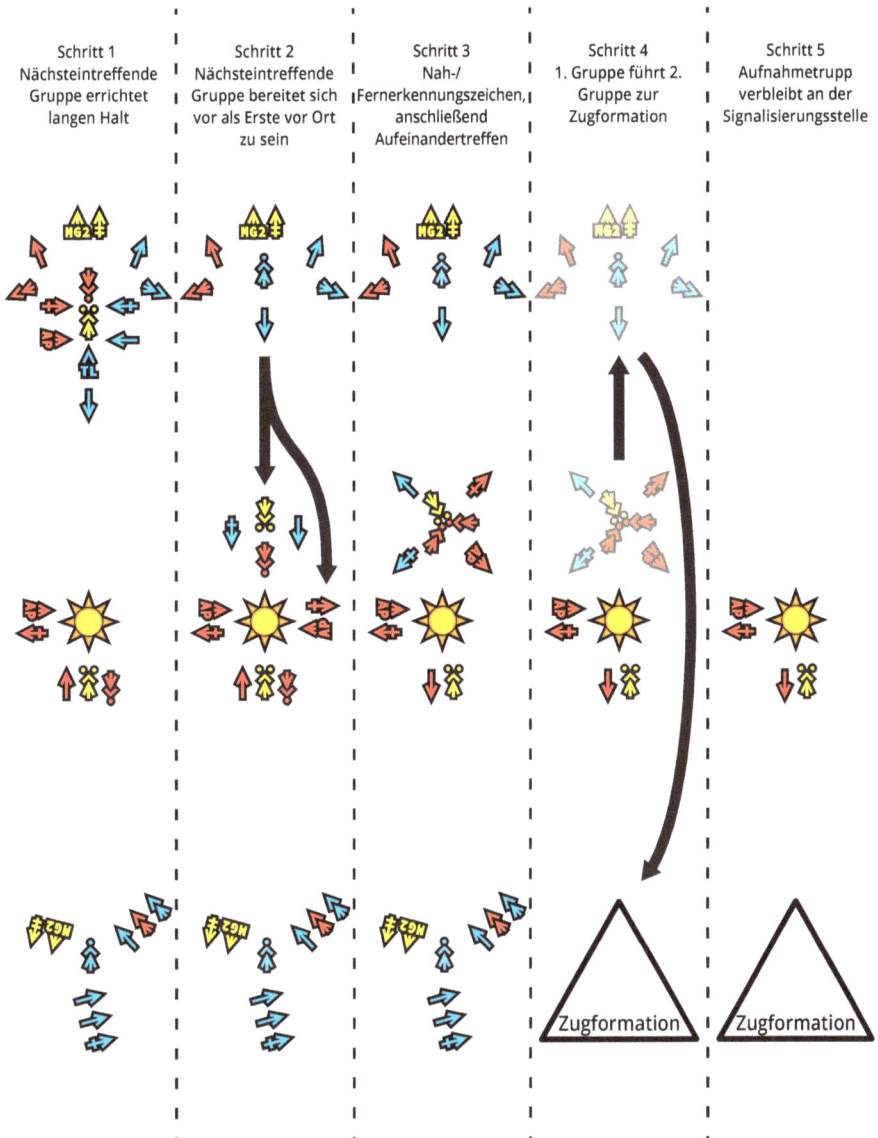

Schritt 1
Nächsteintreffende Gruppe errichtet langen Halt

Schritt 2
Nächsteintreffende Gruppe bereitet sich vor als Erste vor Ort zu sein

Schritt 3
Nah-/ Fernerkennungszeichen, anschließend Aufeinandertreffen

Schritt 4
1. Gruppe führt 2. Gruppe zur Zugformation

Schritt 5
Aufnahmetrupp verbleibt an der Signalisierungsstelle

Zugformation

Zugformation

Bild 161: Das Linkup-Verfahren für die zweite und dritte eintreffende Gruppe ist in fünf Schritte und drei Positionen unterteilt, wie bei der zuerst eintreffenden Gruppe. **Anstatt voraussichtliche Plätze vorzuerkunden, konzentrieren sich die zweite und dritte Gruppe darauf, mit der ersten Gruppe Verbindung aufzunehmen** und zur Zugformation geführt zu werden. Aus Platzgründen wird hier die vollständige Zugformation durch ein Dreieck dargestellt.

27. Priorisierung von Sicherheit und Aufgaben[1]

Nach dem Beziehen einer Patrol-Base gibt es noch viele Aufgaben, die zu erledigen sind, wobei **manche Aufgaben wichtiger sind als andere.** Deshalb existiert eine standardmäßige Arbeitsreihenfolge, die „Priorität der Aufgaben" genannt wird."[2] Dieser Abschnitt beschäftigt sich mit der ersten und wichtigsten Aufgabe: die Sicherung.

Die Sicherung steht stets und ständig. Selbst nach der „Fertigstellung" der Patrol-Base muss die Sicherung fortlaufend kontrolliert und revidiert werden. Die Patrol-Base beginnt mit einem 100-prozentigen Kräfteansatz in der Sicherung (was bedeutet, dass jeder außer des Zugführers bzw. Zugtrupps sichert.) Die Sicherung kann erst weniger als 100% der Kräfte betragen, wenn die Patrol-Base sicher ist. Die Patrol-Base ist sicher, sobald alle Wirkungs- und Beobachtungsbereiche zugewiesen, abgestimmt und bestätigt wurden. Die Sicherung beinhaltet auch eine funktionierende Verbindung zwischen den Stellungen. Können die Stellungen nicht miteinander kommunizieren, kann kein Feuer koordiniert werden, was bedeutet, dass die Sicherung nicht steht. Sobald alle Maßnahmen zur Sicherung abgeschlossen sind, meldet der Patrol Leader ein „Spare-Report" und „Patrol-Base bezogen" an die Führung.

27.a Aufklärung und Überwachung

Ein Reconnaissance & Surveillance Team (dt. Aufklärungstrupp) besteht aus zwei bis vier Soldaten, die sich von der Patrol-Base abmelden und den umliegenden Raum nach potenziellen Gefahren durchsuchen (z.B. Bereiche mit hohem Verkehrsaufkommen, schnelle Anmarschwege). Vor ihrem Abmarsch muss der Trupp eine Funküberprüfung durchführen und einem GOTWA-Befehl erteilen. Jedes Mal, wenn jemand die Patrol-Base verlässt, ist die Sicherung bei 100%.

Der Aufklärungstrupp entfernt sich weit genug von der Patrol-Base, um Gefahren zu finden (üblicherweise 50 bis 400 Meter). Der Trupp bestätigt auch sämtliche Wasserquellen, die auf der Karte gezeigt sind, da Gewässer auf Karten oft von der Jahreszeit abhängen. Nach der Rückkehr meldet der Aufklärungstrupp alle Ergebnisse dem stellv. Zugführer. Falls sich eine Gefahr im Raum befindet, passt der stellv. Zugführer die Wirkungs- und Beobachtungsbereiche gemäß der Gefahr an, oder er verschiebt sogar die Patrol-Base.

---

1 **Zitat:** Zeit ist alles. Fünf Minuten können den Unterschied zwischen Sieg und Niederlage ausmachen. -Horatio Nelson, britischer Vizeadmiral

2 **Realität:** Es ist nicht immer einfach einen Mittelweg zu finden. Ein Soldat, dem zum Beispiel so kalt ist, dass er zittert, kann nicht besonders gut sichern. Wie ist zu handeln, falls vier Stunden zur Verfügung stehen, aber der Aufbau einer makellosen Sicherung drei Stunden braucht? Welche Kompromisse müssten in diesem Fall eingegangen werden, um mehr Selbsterhalt durchzuführen, anstatt zu sichern.

Bild 162: Fallschirmjäger der 173rd Airborne Brigade in der Sicherung. Juliet Drop Zone, Italien. 10 April 2018. Eine einfache Patrol-Base hat die gleiche Form wie eine Zugformation. (Siehe Zugformation, S. 173.) Dieses Bild zeigt eine Strong-Point-Stellung, mit dem Führungselement im Hintergrund. Eine Patrol-Base dauert länger als ein langer Halt und die Soldaten sind weitaus ermüdeter. **Ist der liegende Anschlag zweckmäßig, um bei Nacht für mehrere Stunden zu sichern? Welche Alternative gibt es?**

27.b Claymores

Sobald der Aufklärungstrupp mit neuen Informationen über potenzielle Gefahren zurückkehrt, werden die Truppführer in die Platzierung der Claymores eingewiesen. Claymores werden auf den wahrscheinlichsten Anmarschwegen des Feindes platziert, welche meist Straßen sind. **Jedes Mal, wenn jemand die Patrol-Base verlässt, ist die Sicherung zu 100% besetzt.** (Siehe Platzieren von Claymores und letzte Maßnahmen, S. 168.)

Sobald die Claymores platziert wurden, müssen deren Reichweite, Ausrichtungswinkel, Wirkungsbereiche und genauer Standort auf einer Stellungsskizze festgehalten werden. Diese Informationen müssen an die SAW-Stellung weitergegeben werden, da sich der Claymore-Zünder für die Feuereröffnung dort befindet.

27.c Range Cards und Stellungsskizze

Eine Range Card ist ein Stück Papier, dass zur Aufzeichnung eines Wirkungsbereiches dient. Diese werden angewendet, um das Feuer verschiedener Waffen zu koordinieren, schnellstmöglich ausgefallene Soldaten zu ersetzen oder Soldaten an ihre Wirkungsbereiche zu erinnern. (Siehe Bild 163, S. 228.)

Eine Range Card muss mindestens enthalten: ein Identifizierungsmerkmal der Stellung (z.B. 9 Uhr); die Grad- oder Kompasszahl der rechten und linken Grenze, die Hauptschussrichtung, markante Geländemerkmale (z.B. Straßen) und toter Raum innerhalb des Wirkungsbereichs. Die linke und die rechte Grenze bestimmen den Wirkungsbereich der Waffe. Die Hauptschussrichtung ist die Richtung, in die die Waffe standardmäßig schießt. Range Cards können für jede Waffe ausgefüllt

Range Card

| STANDARD RANGE CARD |
| For use of this form see FM 3-21.71; the proponent agency is TRADOC. |

GRP	3		
ZUG	2	Kann für alle Arten von Flachfeuerwaffen verwendet werden.	MAGNETISCH NORD
KP	C		

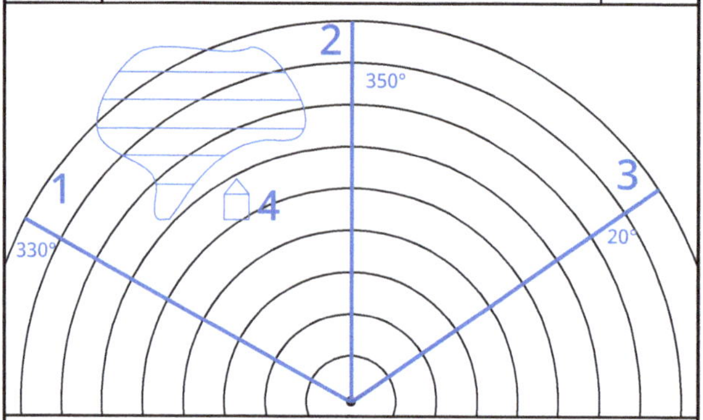

DATENABSCHNITT

| STANDORT | 17SPU12345678 | | DATUM | 20100304 |
| WAFFE | M240B w/ M192 Lafette | | ABSTAND ZWISCHEN DEN KREISEN METER | 20M |

NO.	RICHTUNG /ABLENKUNG	HÖHE	ENTFERNUNG	MUN.	BESCHREIBUNG
1	0	100	ENTF.	7.62	Linke Grenze
2	200	250	ENTF.	7.62	Hauptschussrichtung
3	450	150	ENTF.	7.62	R Grenze/Führungslinie zur Feuerkoordinierung
4	300	200	110M	7.62	Haus

ANMERKUNGEN = Toter Raum

DA FORM 5517-R, FEB 1986

Bild 163: Ein Beispiel einer ausgefüllten Range Card. Dies ist das standardmäßige Format der U.S. Armee, jedoch kann jedes Stück Papier diesen Zweck erfüllen.

oder gezeichnet werden, sollten jedoch dringend für durchgehend besetzte Waffen angelegt werden, wie die M240 in einer Patrol Base, sodass die Schützen schnell ausgewechselt werden können.

Während die Range Cards gezeichnet werden, fertigt jeder Gruppenführer für seine jeweilige Gruppe eine Stellungsskizze an. Eine Stellungsskizze ist eine einzelne Zeichnung oder etwas Ähnliches, das alle überschneidenden Wirkungsbereiche festhält. (In diesem Beispiel zeichnet der Gruppenführer die Wirkungsbereiche des Abschnitts seiner Gruppe in der Patrol-Base auf.) Die Stellungsskizze enthält auch die Positionen und Wirkungsbereiche aller Claymores. Wenn die Range Cards und Stellungsskizzen abgeschlossen wurden, werden sie zum stellv. Zugführer gebracht, der eine Stellungsskizze für den gesamten Zug anfertigt inklusive der Wirkungsbereiche aller Waffen, um eine 360° Sicherung mit überschneidenden Wirkungsbereichen sicherzustellen.

27.d Alarmierungsplan

Ein Alarmierungsplan schreibt den Umgang mit Bedrohungen und wahrgenommenen Bedrohungen vor. **Dieser sagt den Soldaten, wann und wie das Feuer eröffnet wird und Meldungen weitergegeben werden.** Wenn ein Soldat eine Feindbewegung vermutet, muss mindestens der Soldat, mit dem er eine Stellung teilt, alarmiert werden, ohne dass er dabei den Blick von der Bedrohung abwendet.

Ein Beispiel eines Alarmierungsplans ist, dass ein Soldat einer Strong-Point-Stellung den nächsten Führer alarmiert. Der stellv. Zugführer stellt sicher, dass eine 360° Sicherung steht. Der Patrol Leader verschiebt sich zu der Stellung, wo die Bedrohung wahrgenommen wurde und entscheidet über das weitere Vorgehen. Gerät man unter Beschuss, wird das Feuer erwidert.

Die Patrol legt auch die Zeit für ein „Stand-To" fest. Die Geschichte hat gezeigt, dass der Feind aus welchen Gründen auch immer am wahrscheinlichsten während der Dämmerung angreift. Deshalb wird oft die SOP festgelegt, dass sich 100% der Soldaten zu einer bestimmten Zeit in der Sicherung befinden. Ein Beispiel von 30 Minuten „Stand-To" wäre 30 Minuten vor Sonnenaufgang sowie vor Sonnenuntergang beginnend mit allen Kräften in der Sicherung zu sein. (Die U.S. Army arbeitet hierbei möglichst präzise mit der „nautischen Dämmerung".)

27.e Ausweichplan

Ein Ausweichplan beinhaltet vier verschiedene Standorte. Der erste Standort ist die Patrol-Base. Der zweite und der dritte Standort sind zwei Sammelpunkte, wohin die Patrol-Base ausweichen kann. Diese werden traditionell „Black" und „Gold" genannt. Der vierte Standort ist die alternative Patrol-Base, zu welcher die Patrol nach den Sammelpunkten weiter ausweichen kann. (Siehe Bild 1, S. 3.)

Die Sammelpunkte Black und Gold werden verwendet, um eine Verfolgung durch den Feind zu verhindern. Falls alle Soldaten in einer geraden Linie zur alternativen Patrol-Base ausweichen würden, könnte der Feind warten und einfach der Marschkompasszahl folgen, um erneut anzugreifen. Durch eine Richtungsänderung auf halbem Weg zur alternativen Patrol-Base, muss der Feind im Gegensatz zu einer geraden Linie fortgeschrittenere Tracking-Verfahren anwenden.

Es werden zwei Sammelpunkte festgelegt, aber bei jedem Ausweichen wird nur der Sammelpunkt entgegen der Feindrichtung angelaufen. Deshalb müssen die Punkte Black und Gold in entgegengesetzten Richtungen liegen, sodass die Patrol immer einen vorgeplanten Ausweichweg hat, egal aus welcher Richtung der Feind angreift. Sammelpunkte sind mindestens ein wesentliches Geländemerkmal von der Patrol Base entfernt.

Die alternative Patrol-Base ist ebenfalls ein Geländemerkmal von den beiden Sammelpunkten und der derzeitigen Patrol-Base entfernt. Auch der Weg von der Patrol-Base über einem Sammelpunkt zur alternativen Patrol-Base darf keine gerade Linie bilden. Die Platzwahl einer alternativen Patrol-Base befolgt dieselben Kriterien wie bei einer herkömmlichen Patrol-Base. (Siehe Einen guten Platz erkunden, S. 218.)

Bei der Einweisung in den Ausweichplan müssen Soldaten redundante Informationen verinnerlichen. Je mehr Informationen ein Soldat verinnerlicht, desto schneller und sicherer kann das Ausweichen sein. Im Idealfall kennt der Soldat jede Position in den folgenden vier Formaten:

▸ 8-stellige Grid-Koordinaten und Marschkompasszahlen.

▸ Geländemerkmale auf einer Karte.

▸ Im Gelände gezeigt die Richtung zu jedem Sammelpunkt.

▸ Eine Drehung der Kompasslünette nach links zum Einstellen der Kompasszahl für den Sammelpunkt Gold. („Gold" und „left" haben beide vier Buchstaben.) Eine Drehung der Lünette nach rechts zum Einstellen der Kompasszahl für den Sammelpunkt Black. („Black" und „right" haben beide fünf Buchstaben.).

Wenn Soldaten bei Nacht übermüdet und hungrig sind, erleichtern diese Redundanzen das Ausweichen. Beim Erstellen eines Ausweichplans sollte jeder Punkt so einfach wie möglich zu merken sein. Zum Beispiel ist es zweckmäßig wiederholende Grid-Koordinaten oder volle Kompasszahlen zu wählen soweit es möglich ist. Obwohl es sinnvoll ist diese Informationen aufzuschreiben, gehen einzelne Zettel im Eifer des Gefechts leicht verloren. Falls der Feind einen solchen Ausweichplan findet, kann er die gesamte Patrol mit Artilleriefeuer vernichten.

Die Durchführung eines Ausweichplans ist simpel. Es wird ein Sammelpunkt entgegengesetzt der Feindrichtung angelaufen und die Verbindung zur nächsten Führungsebene wird ständig gehalten. Falls die Patrol-Base angegriffen wird, entscheidet der Patrol-Leader, ob vom Feind gelöst und ausgewichen wird, oder angegriffen und danach ausgewichen wird.

28. Maßnahmen zum Erhalt

Maßnahmen zum Erhalt in der Patrol-Base können flexibel gestaltet werden. Während alle Maßnahmen zur Sicherung der Reihenfolge nach abgearbeitet werden müssen, müssen die Maßnahmen zum Erhalt ausgeglichen sein. Eine Waffe in einem spitzen Reinigungszustand ist in den Händen eines Soldaten, der 40 Stunden ohne Wasser wach gewesen ist, nutzlos.

28.a Erhalt der Waffen[1]

Auf einer Patrol werden Waffen dreckig und verdreckte Waffen haben Störungen. Alle Waffen müssen gereinigt, geölt und auf Fremdkörper im Inneren überprüft werden. **Bei Tag ist eine Waffe nur minimalst zu zerlegen; bei Nacht sollte**

---

1 **Zitat:** Ein loses Bauteil an deinem M203 Granatwerfer kann, wenn du es am wenigstens erwartest, einen Schuss auslösen. Das würde dich in dem, was von deiner Einheit übrig geblieben ist äußerst unbeliebt machen. – Die monatliche Ausgabe der vorbeugenden Maßnahmen.

Bild 164: Ein U.S. Marine Corps Corporal des 3rd Battalion, 4th Marines, Task Force Koa Moana 17, reinigt seine Waffe. Vava'u, Tonga. 26 Jul 2017. **Vermutlich war diese Waffe defekt. Denn sonst besteht kein Grund, eine Waffe im Feld zu zerlegen und dabei das Risiko einzugehen, Bauteile fallen zu lassen und zu verlieren.**

Bild 165: Ein Senior Airman, des 823rd Base Defense Squadron, beim Fertigladen eines M240 Maschinengewehrs während einer Gefechtsübung. Moody Air Force Base, Georgia, USA, 232 Okt 2017. Ein Maschinengewehr ohne Munition ist nutzloser Ballast. **Bei einer Patrol-Base ohne funktionierendem MG-Trupp befinden sich 100% der Kräfte in der Sicherung, denn die Wirkung des MGs ist nur schwer zu ersetzen.**

eine Waffe unter keinen Umständen zerlegt werden. (Siehe Bild 164, S. 231.) Der Erhalt beginnt mit dem M240 Maschinengewehren. Allerdings sind die M240 nacheinander zu reinigen, denn wären alle M240 zur gleichen Zeit nicht funktionsfähig, würde die Sicherung zu stark eingeschränkt werden. Sobald ein M240 eingezogen wird, gehen 100% der Patrol in die Sicherung und ein SAW-Schütze ersetzt in diesem Zeitraum die M240-Stellung. Der Deckungsgruppenführer koordiniert das Reinigen der M240 Maschinengewehre und meldet anschließend dem stellv. Zugführer den Abschluss dieser Maßnahme.

Nachdem die M240 Maschinengewehre fertig gereinigt wurden, folgen die SAWs. Auch hier müssen 100% der Patrol in der Sicherung verbleiben und es kann zu jeder Zeit nur ein SAW-Schütze seine Waffe reinigen. Sobald alle SAWs gereinigt wurden, kann mit den Gewehren begonnen werden. Es kann immer ein Gewehr pro Stellung eingezogen werden, um gereinigt zu werden.

28.b Wasser auffüllen[1]

Das Auffüllen von Wasserbehältern wird durch einen Trupp von mindestens zwei Soldaten durchgeführt. Falls die Wasserstelle weit entfernt ist, können, wenn nötig, mehrere Soldaten eingeteilt werden. Der Vorgang beginnt mit dem Sammeln aller Trinkflaschen der Patrol. Alle halbvollen Flaschen werden entleert und ebenfalls mitgeführt. Es ist sicherzustellen, dass alle Trinkflaschen namentlich markiert sind, sodass diese auch zu ihren Besitzern zurückkehren. Bei den Soldaten, die für das Auffüllen verantwortlich sind, werden beim Abmelden von der Patrol Base

---

1 **Zitat:** Es heißt, „man kann ein Pferd zum Wasser führen, aber man kann es nicht zum Trinken bringen." Im Marine Corps kann man aber dieses Pferd verdammt nochmal wünschen lassen, dass es das Wasser getrunken hätte. -USMC Grundausbilder Fred Larson

Bild 166: Ein U.S. Marine des 1st Platoon, Lima Company, 3rd Battalion, 1st Marine Regiment beim Wasserauffüllen. Bridgeport, Kalifornien, 08 Sep 2014. **Hier ist zu beachten wie exponiert der Soldat in dieser Lage ist.** Menschen leben meist in der Nähe einer sauberen Wasserquelle. Das Auffüllen von Wasserbehältern wird von nur wenigen Soldaten durchgeführt, um möglichst nicht gesehen zu werden. Wie detailliert sollte dieser Vorgang geplant werden?

eine Vollzähligkeit durchgeführt und sie bewegen sich anschließend taktisch zur Wasserstelle.

An der Wasserstelle angekommen, sichert mindestens ein Soldat für jeden wasserauffüllenden Soldaten. (Siehe Bild 166, S. 232.) Sollen Jodtabletten verwendet werden, wirft nicht der wasserauffüllende Soldat die Tabletten ein, sondern der Soldat, der das Wasser auch trinkt. Dadurch soll verhindert werden, dass beide Soldaten eine Jodtablette einwerfen und das Wasser überdosieren. Anschließend kehren die Soldaten zurück und werden beim Eingliedern in die Patrol Base wieder durchgezählt.

28.c Verpflegen, Körperpflege, Wärmeerhalt und Ruhen[1]

Das Bertreiben einer Patrol-Base ist Gruppenarbeit. **Jeder Moment, den ein Soldat für sich allein nutzt, ist Zeit, die einem anderen Soldaten fehlt.** Deshalb wird jedem Soldaten ein begrenzter Zeitraum zugeteilt, indem er nach eigenem Ermessen seinen persönlichen Aufgaben nachgehen kann. Unabhängig davon, ob der Soldat es schafft diese Aufgaben zu erledigen, muss er anschließend wieder in die Sicherung gehen. Dennoch sind Truppführer dafür verantwortlich,

[1] Zitat: Der Kaffee schmeckt besser, wenn die Latrine flussabwärts vom Lagerplatz gegraben wird. – Unbekannt

232

Bild 167: Ein Marine der Alpha Company, 1st Battalion, 7th Marine Regiment legt sich hin, um seine Füße nach einem Marsch auszulüften. Kahuku Training Facility, 14 Sep 2016. **Obwohl die Sicherung stets den Erhaltungsmaßnahmen priorisiert werden sollte, kann ein Soldat, der weder schießen noch sich bewegen kann, nicht sichern.**

dass Soldaten genügend Nahrung zu sich nehmen, um zu funktionieren und ihren Kälteschutz anziehen und nicht so stark zittern, dass ihre Waffe nicht gerade halten können. (Siehe Bild 167, S. 233.)

Jeder Soldat behält seinen vollständigen Gefechtsanzug an inklusive seiner Stiefel, solange nichts anderes befohlen wurde. Rucksäcke sind zu jeder Zeit fertiggepackt und bei Rationen ist immer nur ein Verpflegungsbeutel ausgepackt. Dadurch wird die benötigte Zeit zum Herstellen der Abmarschbereitschaft und zum Ausweichen bei Feindkontakt reduziert.

28.d Planung und FRAGO-Einweisung[1]

Ein FRAGO bzw. Fragmentary Order (dt.: lagebezogener Kurzbefehl) ist im Wesentlichen eine Planänderung der übergeordneten Führung, nachdem der ursprüngliche Auftrag im OPORD (Operation Order, dt.: Befehl für den Einsatz) schon erteilt wurde. Während des Einsatzes bietet die Patrol-Base den notwendigen Raum und die Sicherung, um aus den FRAGO der Führung einen neuen Auftrag zu formulieren und in diesen einzuweisen.

---

1 **Zitat:** Ich begann die Revolution mit 82 Männern. Wenn ich es noch einmal machen müsste, würde ich es mit zehn oder 15 und mit einem felsenfesten Glauben tun. Es ist egal, wie klein eine Gruppe ist, solange man einen Glauben und einen Plan hat. – Fidel Castro, erster Sekretär des Zentralkomitees der Kommunistischen Partei Kubas.

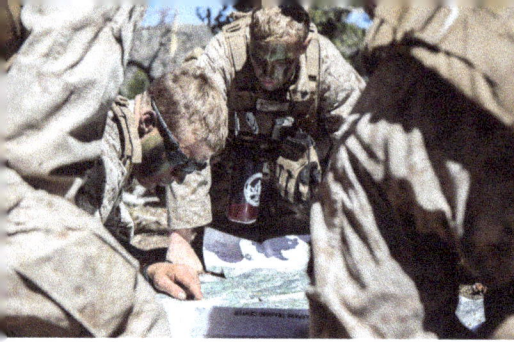

Bild 168: U.S. Marine Zug- und Gruppenführer planen das weitere Vorgehen. Mountain Exercise 2014. Marine Corps Mountain Warfare Training Center, Bridgeport, Kalifornien. **Hier ist zu sehen, wie eng aneinander sich die Soldaten befinden im Gegensatz zu den Soldaten im rechten Bild.**

Bild 169: U.S. Marines der School of Infantry West, Detachment Hawaii, nutzen einen Geländesandkasten bei einer infanteristischen Ausbildung. Kahuku Training Area, Hawaii, 20 Jul 2016. **Ein Geländesandkasten ist für eine Einweisung besonders zweckmäßig, aber erfordert mehr Platz, Zeit und Vorbereitung.**

Die Planung dafür erfordert Zeit und bindet die Führer und deren Stellvertreter. Deshalb muss während der Planung und Einweisung die Sicherung der Patrol-Base zu 100% besetzt sein. Die Planung für einen FRAGO ist ein eigener Ablauf, der unter anderem im Ranger Handbook zu finden ist.

Die Einweisung für einen FRAGO besteht aus vier Schritten. Im ersten Schritt sammeln sich alle Führer außer die Bravo-Truppführer in der Mitte. Die Bravo-Truppführer übernehmen die Gruppen, während der Zugführer alle übrigen Führer in seinen neuen Befehl einweist.

Die nächsten drei Schritte enthalten die Einweisungen der Gruppen. Jeder Gruppenführer sammelt seine Gruppe in der Mitte, während die anderen zwei Gruppen die entstandene Lücke in der Sicherung übernehmen. Da drei Gruppen eingewiesen werden müssen und die Zeit begrenzt ist, erhält jede Gruppe ein Zeitlimit für die Einweisung, welches eingehalten werden muss. Die Deckungsgruppe erhält ihre eigene Einweisung (ein fünfter Schritt), aber wird meist zeitgleich mit den Gruppen eingewiesen.

29. Eilig bezogene Patrol-Base

Manchmal muss eine Patrol 40 Stunden marschieren und hunderte von Kilos an Gewicht mit sich schleppen. Obwohl jeder Soldat körperlich erschöpft ist, ist es unzweckmäßig zwei Stunden mit dem Errichten einer Patrol-Base zu verbringen, wenn der Auftrag nur zwei Stunden dafür zulässt. In diesem Fall sollte der Patrol Leader in Erwägung ziehen eine eilig bezogene Patrol-Base zu errichten.

Um diese Formation zu bilden, teilt sich die Patrol in zwei Reihen, die Rücken an Rücken den Blick nach außen richten. Ein Zug ist groß genug, um ein Dreieck zu bilden, wo jeder Soldat nach außen blickt. Anschließend setzen sich die Soldaten, nehmen ihren Rucksack ab und können in dieser Position einschlafen. Für die Sicherung wird ein Schichtplan erstellt.

Mindestens zwei Soldaten müssen zu jeder Zeit wach sein, und dabei die Maschinengewehre besetzen und in gegenüberliegende Richtungen sichern.

Bild 170: Das 2nd Platoon, Action Company, 2nd Battalion, 5th Infantry Regiment mit Partnerkräften der afghanischen Armee gehen hinter einem Erdwall in Deckung und ruhen. Dondokay village, Sayed Abad Dondokay, Sayed Abad Bezirk, Wardak Provinz, Afghanistan 22 Nov 2011. **Zwei SAW-Schützen sichern, während die übrigen Soldaten ruhen.**

Neben dem Sichern ist die Hauptaufgabe der Soldaten sich zu vergewissern, dass deren Kamerad wach bleibt. Falls noch nicht die Gefahr besteht, dass Soldaten einschlafen, ist die Patrol noch nicht genügend erschöpft, um eine eilig bezogene Patrol-Base beziehen zu müssen. (Siehe Bild 170, S. 235.)

Anlagen

Anlagen

Es gibt immer noch eine zusätzliche Sache, die du tun kannst, um deine Chancen auf Erfolg zu erhöhen.

—U.S. Army Lieutenant General Hal Moore

30. M240 Maschinengewehr[1]

30.a Schussfolge

Zeit ist gleich Munition. Durch die Anpassung der Schussfolge gleicht der Führer den Munitionsbedarf zwischen jetzt und später aus.

Dauerfeuer – 650 bis 950 Schuss pro Minute kontinuierlich, Rohrwechsel jede Minute. Bei Dauerfeuer schießt die Waffe so schnell, wie es physisch möglich ist. Die Bedienertätigkeiten (Laden, Zielen usw.) werden bei dieser Schussfolge nicht miteingerechnet.

Schnelle Feuerstöße – Feuerstöße bestehend aus zehn bis 13 Schuss mit einem zeitlichen Abstand von zwei bis drei Sekunden dazwischen. Ein Rohrwechsel erfolgt alle zwei Minuten.

Langsame Feuerstöße – Feuerstöße bestehend aus sechs bis neun Schuss. Ein Rohrwechsel erfolgt alle zehn Minuten. Mit langsamen Feuerstößen kann die Waffe, ohne zu versagen auf unbegrenzte Zeit wirken. Deshalb werden langsame Feuerstöße auch meist im Gefecht angewendet. Bei der Zeitberechnung von langsamen Feuerstößen sind Bedienertätigkeiten, wie Zielen, Nachladen, Rohrwechsel, Abkühlen lassen mit inbegriffen.

30.b Handhabung

Maschinengewehre sind technisch komplexe Geräte, die mit der falschen Bedienung nur wenige Minuten funktionieren. Für eine bestmögliche Leistung des M240 Maschinengewehrs, gibt es ein paar Tätigkeiten, denen der MG-Schütze und der MG2 unbedingt nachgehen müssen.

Rohrwechsel – Reibung und Hitze können ein M240-Rohr durch Feuer allein zum Schmelzen bringen. Deshalb besitzt dieses MG auch ein Wechselrohr. Rohrwechsel sind vorbeugend und geschehen gemäß der Schussfolge. Der MG-2 oder MG-3 führen im Normalfall den Rohrwechsel durch, da der MG-Schütze das Rohr schlecht greifen kann.

Verbinden und Brechen von Munitionsgurten – „Verbinden" bedeutet, dass aus zwei Munitionsgurten einer gemacht wird. Munition wird meist in

---

[1] Zitat: Wer glaubt, ein Füller sei mächtiger als ein Schwert, der hat noch nie ein Maschinengewehr erlebt. – U.S. General Douglas MacArthur

Bild 171: Ein Arizona National Guard Soldat der 856th Military Police Company verbindet zwei Munitionsgurte vor dem Fertigladen eines M240B Maschinengewehrs.

einzelnen Gurten transportiert, welche vor oder während des Gefechts verbunden werden müssen. Es existieren drei Methoden, um Munitionsgurte effektiv zu verbinden. Die erste Methode besteht daraus, ein Gurtglied und eine Patrone mit den Daumen zusammenzudrücken. Das ist die schnellste Methode, aber auch die schwierigste. Bei der zweiten Methode werden das Glied und die Patrone mit einer Zange verbunden. Das ist am langsamsten, aber auch am einfachsten. Ein Mittelweg aus schnell und einfach besteht daraus, die erste Patrone aus einem Gurt zu nehmen, die leeren Anfangs- und Endglieder aneinander zu legen und die Patrone in das Loch der beiden Glieder einzuführen.

Überschlagendes Feuer – Auf Grund von Überhitzung und Munitionsverbrauch ist es gefährlich mit einem Maschinengewehr dauerhaft zu schießen. Dennoch ist es ebenso gefährlich, wenn kein Maschinengewehr schießt, um den Feind niederzuhalten oder auszuschalten. Deshalb können mehrere Maschinengewehre abwechselnden schießen. Sobald ein MG aufhört zu schießen, hört das ein anderes MG und beginnt zu schießen. Es ist einfacher Maschinengewehre mit einem eingeteilten Führer zu koordinieren. Die Hauptaufgabe eines Deckungsgruppenführers ist ein „überschlagendes Feuer" sicherzustellen bzw. das Feuer der Maschinengewehre zu koordinieren. Wenn ein Maschinengewehr nicht schießt, ist das eine Gelegenheit für ein anderes Maschinengewehr einen Rohrwechsel durchzuführen oder Munitionsgurte zu verbinden.

30.c Störungsbeseitigung

Wenn eine Waffe nicht mehr schießen kann, muss die Ursache schnellstmöglich gefunden und behoben werden. Eine kaputte Waffe ist nutzloser Ballast und schlimmer als gar keine Waffe. Deshalb gibt es für jede Waffe standardisierte Maßnahmen, die die meisten Fehler schnell beheben. Die folgenden Maßnahmen für ein M240 Maschinengewehr lösen Probleme in den verschiedensten Situationen.

Bild 172: U.S. Marines der Black Sea Rotational Force 18.1 führen ein Toter-Schütze-Manöver durch auf der Übung Platinum Lion 18. Novo Selo, Bulgarien, 03 Aug 2018. Der MG2 rollt den Schützen aus dem Weg.

Toter-Schütze-Manöver – Falls der MG-Schütze ausfällt, muss der MG-2 bereit sein das Maschinengewehr zu übernehmen. Der MG-2 muss den toten Schützen beiseite schieben, verhindern, dass das MG weiterschießt und sich in die Stellung des MGs rollen. Der tote Schütze kann beiseite geräumt werden, indem man seinen Körper umklammert und ihn über sich selbst rollt, oder ihn mit einem Tritt in die Hüfte wegschiebt. Gibt es einen MG-3, dann muss der MG-2 den toten Schützen beiseite rollen, während der MG3 das Maschinengewehr übernimmt. (Siehe Bild 172, S. 239.)

Sofortige Reaktion – Zuerst ist die sofortige Reaktion zur Störungsbeseitigung anzuwenden. Falls das nichts bewirkt, folgt die erweiterte Reaktion. Grundsätzlich besteht die sofortige Reaktion aus: dem Betätigen des Spannschiebers; prüfen, ob eine Patrone ausgeworfen wird und dem Fortsetzen des Feuerkampfs. Zur Vereinfachung kann für die sofortige Reaktion das Merkwort „**POPS**" genutzt werden, welches für Pull, Observe, Push und Squeeze steht:

Pull [Ziehen] – en Spannschieber nach hinten führen und dabei…

Observe [Beobachten] – um zu sehen, ob eine Patrone, Hülse oder ein Gurtglied ausgeworfen wird. (Falls keine Patrone oder Hülse ausgeworfen wird, ist sicherzustellen, dass der Verschluss hinten bleibt, um ein „Double-Feed" (das Zuführen einer zweiten Patrone zu verhindern)

Push [Nach vorn führen] – den Spannschieber in die vorderste Position führen, zielen und…

Squeeze [Abkrümmen] – den Abzug betätigen. Falls kein Schuss bricht, ist die erweiterte Reaktion durchzuführen.

Erweiterte Reaktion – wenn kein Schuss bricht und die sofortige Reaktion nicht hilft, muss der MG-Schütze:

1) **Die Waffe in eine sichere Richtung drehen.**
2) Den Spannschieber nach hinten führen und den Verschluss arretieren. Den Spannschieber nach vorn führen und versuchen die Waffe zu sichern.
3) Falls die Waffe heiß ist, fünf Sekunden warten.
4) Den Kopf beim Öffnen des Deckels wegdrehen und anschließend den Zuführer, das Zuführerunterteil und das Gehäuse prüfen. Dann eine Sicherheitsüberprüfung durchführen, fertigladen und den Auftrag weiter fortsetzen.

Runaway Firing [Außer Kontrolle geratenes Feuer] – Die Waffe schießt weiter, nachdem der Schütze den Finger vom Abzug genommen hat. Meist ist die Ursache dafür, dass der MG-Schütze den Abzug nicht vollständig bis zum Anschlag betätigt hat. Hört die Waffe nicht auf zu schießen, beinhaltet die sofortige Reaktion die folgenden Schritte:

▶ Der MG-Schütze richtet die Waffe weiter auf das Ziel, bis die restliche Munition verschossen ist;
▶ Der MG-2 trennt den Munitionsgurt, sodass keine Munition zum Verschießen verbleibt.

Schwergängigkeit und Einzelschussfeuer – Bauteile sollten gereinigt, geölt, inspiziert und bei Verschleiß ausgetauscht werden. Der Gasdruck soll angepasst werden, um die Kadenz bis zur nächsten Reinigung hochzuhalten.

31. AT4 Panzerabwehrhandwaffe

Panzerabwehrhandwaffen sind ein effektives Mittel, um jegliche Art von Fahrzeugen zu zerstören und für jede Patrol zu Fuß unentbehrlich. Allerdings sind diese Waffen auch gefährlich und benötigen Erfahrung in der Bedienung. Dieser Abschnitt zeigt die Handhabung zum Abfeuern einer AT4 Panzerabwehrhandwaffe. Vor der Schussabgabe ist sicherzustellen, dass der Bereich hinter der AT4 (d.h. die Rückstrahlzone) frei von Personen ist. Die Rückstrahlzone beträgt 90° auf 100 Meter.

Wiegehaltung – Nehme die AT4 von der Tragehaltung in deinen linken Arm und halt die Waffe dabei in Richtung Ziel.

Lösen des Transportsicherungsstifts – Ziehe mit der rechten Hand den Transportsicherungsstift aus der Halterung. Es ist wichtig diesen Sicherungsstift bis zur Schussabgabe zu behalten, denn falls die Waffe nicht abgefeuert wird, muss der Sicherungsstift wieder eingeführt werden.

In den Anschlag gehen – Klappe die Schulterarretierung mit deiner rechten Hand aus und platziere die Waffe auf deiner rechten Schulter. Stabilisiere die Waffe, indem du den Trageriemen mit deiner linken Hand am Ansatz greifst.

Bild 173: Ein Soldat des 1st Battalion, 4th Infantry Regiment, feuert eine M136E1 AT4-CS Panzerabwehrhandwaffe ab. U.S. Army Joint Multinational Readiness Center, Hohenfels, Deutschland. Dies wäre eine mögliche **Sicherungsstellung** bei einem Hinterhalt oder beim Überwinden eines linearen Gefahrenbereichs.

Öffnen und Einstellen der Visiereinrichtung – Während sich die AT4 auf deiner rechten Schulter befindet, öffne die Visiereinrichtungen mit deiner rechten Hand. Drücke auf die vordere Visierabdeckung und schiebe diese nach hinten, bis das Korn hochklappt. Drücke anschließend auf die hintere Visiereinrichtung und schiebe diese nach vorn, bis die Kimme hochklappt. Die Kimme hat einen Abstand von 6 bis 8 Centimetern von deinem Auge. Stelle an der Kimme die Entfernung zum Ziel ein.

Spannen der Abschussvorrichtung – Prüfe vor dem Spannen, ob die Rückstrahlzone frei ist. Die Rückstrahlzone beträgt 90° auf 100 Meter. Drücke anschließend den Spannhebel mit deiner rechten Hand zur Seite und lege deinen Daumen unter und deine Finger vor dem Abschussmechanismus. Drücke den Spannhebel der Führung entlang nach rechts unten, um diesen dort einrasten zu lassen.

Betätigen der Abschussvorrichtung – Ziehe mit deiner linken Hand an den Trageriemen, um die Schulterarretierung fest in deine Schulter zu drücken. Um eine Fehlzündung zu vermeiden, halte die Sicherung mit dem Zeige- und Mittelfinger deiner rechten Hand fest nach links gedrückt.

32. Verbindung halten

Die Verbindung zu halten ist für die Patrol von höchster Bedeutung. Soldaten kommunizieren mit ihren Führern. Führer kommunizieren untereinander und die Patrol kommuniziert mit der nächsthöheren Führungsebene. Jedes Verbindungszeichen oder Fernmeldemittel muss vorgeplant und überprüft werden, bevor die Patrol ausrückt.

32.a Spare-Report

Ein „Spare" bzw. ein „Spare-Report" ist eine Meldung an die Führung, um zu bestätigen, dass ein vorgeplantes Zwischenziel erreicht wurde. Das Spare muss nach Erreichen des Zwischenziels so bald wie möglich mit einem Codewort an die Führung gemeldet werden. Der Meldende ist der Bravo-Truppführer in einer Gruppe oder der Fernmelder in einem Zug. Spare-Meldungen sind für die Führung von entscheidender Bedeutung, denn dadurch werden die Kräfte am Boden koordiniert und unterstützt. Ein paar der üblichen Spares[1] sind:

Infil abgeschlossen	– Kick Off
ORP bezogen	– Half Time
Hinterhalt bezogen	– End Zone
Auftrag ausgeführt	– Touchdown
Patrol-Base bezogen	– Heaven

32.b PACE Verbindungsoptionen

Eine „PACE"-Planung (Primary, Alternate, Contingency, Emergency) [dt.: Primär, Alternativ, Eventualität, Notfall] beinhaltet eine redundante Planung der Verbindungsmittel und Zeichen, welche für die Patrol von äußerster Wichtigkeit ist. Eine Redundanz stellt sicher, dass der Erfolg nie von nur einem Funkgerät abhängig ist, oder von einer Trillerpfeife. Da Fernmeldemittel und Verbindungszeichen eine entscheidende Rolle spielen und vielzählig sind, werden PACE-Pläne oft sehr kompliziert. **Falls ein Soldat den vollumfänglichen PACE-Plan nicht kennt, ist der Plan in der Praxis bedeutungslos.**

Es ist besonders vorteilhaft möglichst viele Verbindungsmittel und Verbindungszeichen simultan zu nutzen. Diese Mittel sind nicht darauf begrenzt, nacheinander angewendet zu werden. Zum Beispiel können bei einem Hinterhalt Claymores und Maschinengewehr Feuer zeitgleich als Indikatoren für die Feuereröffnung eingesetzt werden.

---

[1] **Realität:** Football-bezogene Spares wurden im Krieg und in der Ausbildung schon so oft benutzt, dass man sie nie wieder im Gefecht anwenden sollte. Codewörter sind immer zu aktualisieren!

Bild 174: Ein Soldat des 2nd Battalion, 20th Special Forces Group (Airborne) wendet während eines Gefechtsschießens eine "**Buzzsaw**" an (d.h. ein Knicklicht, dass an einer Schnur befestigt ist und in einem Kreis geschwungen wird) Camp Shelby Shoothouse, 21 Jan 2019.

32.c Beispielarten der Verbindung

Kniend/ Liegend	VHF Funk	Leucht-Trassierband	Parole (Zahlen-/ Wortkombi-nation)	Zugleine	Knicklicht sichtbar/ nicht sichtbar
Handzeichen	Pfiff	Satellitentele-fon	Rauch/Nebel	Claymore	Schuss
Melder zu Fuß	Auf Zuruf	VS 17 Panel sichtbar/ nicht sichtbar	Erkennung auf Sicht	Feldtelefon	IR Flashcode gerade/ ungerade Zahlen

32.d Beispiel Total PACE Plan

Drill	Info	Zeit	Primary	Alternate	Contin-gency	Emerg-ency
Linearer Gefahren-bereich	Sicherung steht	Tag	VHF Funk	VS17	Kniend/ Liegend	Handzei-chen
		Nacht	VHF Funk	Leucht-Trassier-band	IR Flashcode	Knicklicht
	Feind	Tag	VHF Funk	VS17	Kniend/ Liegend	Relais-Trupp
		Nacht	FM Radio	Leucht-Trassier-band	IR Flashcode	Knicklicht
	Jenseitig sicher	Tag	FM Radio	VS17	Handzei-chen	Melder zu Fuß
		Nacht	FM Radio	Leucht-Trassier-band	IR Flashcode	Knicklicht

Drill	Info	Zeit	Primary	Alternate	Contin-gency	Emerg-ency
Gegen-maßnah-men bei Feindbe-rührung	Deckungs-feuer verlegen	Tag	Zuruf GrpFhr	Zuruf TrpFhr	Pfiff	VS17
		Nacht	Zuruf GrpFhr	Zuruf TrpFhr	Knicklicht	Leucht-Trassier-band
	Stopfen	Tag	Zuruf GrpFhr	Zuruf TrpFhr	Pfiff	VS17
		Nacht	Zuruf GrpFhr	Zuruf TrpFhr	Knicklicht	Leucht-Trassier-band

Drill	Info	Zeit	Primary	Alternate	Contin-gency	Emerg-ency
Nah-Er-kennungs-zeichen	Rückkehr eigener Kräfte	Tag	VHF Funk	VS17	Handzei-chen	Stimme
		Nacht	VHF Funk	Parole (Wort)	Parole (Zahlen)	Stimme

Drill	Info	Zeit	Primary	Alternate	Contin-gency	Emerg-ency
Hinterhalt	Feuerer-öffnung	Tag	Clay-more	M240	GrpFhr M4	MG2 M4
		Nacht	Clay-more	M240	GrpFhr M4	MG2 M4
	Feuer einstellen	Tag	Zuruf GrpFhr	Zuruf TrpFhr	Zuruf MG-2	Melder zu Fuß
		Nacht	Zuruf GrpFhr	Zuruf TrpFhr	Zuruf MG-2	Melder zu Fuß

33. Glossar

33.a Abkürzungen

5Fs	Food (Nahrung), Fuel (Treibstoff), Fire (Feuer), Feces (Fäkalien), Freshly turned-up soil (frisch aufgegrabene Erde)
5S&T	Search (Durchsuchen), Segregate (Trennen), Silence (Schweigen), Safeguard (Schützen), Tag (Markieren)
9Line	Meldeschema für einen Antrag auf medizinischen Verwundetenabtransport
A&L	Aid and Litter
A1	Assault 1
A2	Assault 2
AB	Ammo Bearer
ACE	Meldung für Ammo (Munition), Casualties (Verwundete) und Equipement (Ausrüstung)
AG	Assistant Gunner
ALR	Alpha Left Rifleman
AMEX	Ambulance Exchange Point
AP	Alpha-Point/ Alpha-Pointer bzw. erster Mann bzw. Nahsicherer
APB	Alternate Patrol-Base
StvTrpFhr	Stellvertretender Truppführer
ARR	Alpha Right Rifleman
ASAW	Alpha-Trupp SAW-Schütze
ASS	Assault, Support, Security
AT4	Anti-Tank Rocket Launcher (Panzerabwehrwaffe)
ATAR-C	Aim the mine (Richte die Mine), Tie the mine (Binde die Mine fest), Arm the mine (Stelle die Mine scharf), Re-aim the mine (Richte die Mine neu aus), Camouflage the mine (Tarne die Mine ab)

A-TrpFhr	Alpha-Truppführer
BDE	Brigade
BFA	Blank Firing Adapter
BLAST	Blood (Blut), Lights (Licht), ACE, SAWs, Tac Mag Reload (taktischer Magazinwechsel)
BLR	Bravo Left Rifleman
BN	Battalion
BRR	Bravo Right Rifleman
B-TrpFhr	Bravo-Truppführer
CAS	Close Air Support (Luftnahunterstützung)
CCP	Casualty Collection Point (Verwundetensammelnest)
CCIR	Commander's Critical Information Requirements (wichtige vom Truppenführer geforderte Punkte für die Beurteilung der Lage)
CLP	Cleaner Lubricant Preservative
Kp	Kompanie
COOL-E	Covered and concealed (Sichtschutz und Deckung), Out of sight, sound, and small-arms fire (Außerhalb der Sicht- und Horchweite und Reichweite von Hanffeuerwaffen), Off natural lines of drift (abseits von natürlichen Bewegungslinien), Large enough to fit the entire Element (groß genug, um das gesamte Element unterziehen zu lassen), Easily defendable for a short time (kurzzeitig leicht zu verteidigen)

COOLENT	COOL-E plus „Near a source of water" (in der Näher einer Wasserquelle), „Tough, terrible terrain" (hartnäckiges Gelände)
COW-T	Communications (Fernmeldemittel), Optics (Optiken), Weapons (Waffen), Tie-Downs (Festgebundenes)
CP	Check Point
DIV	Division
DECAF COFFEE	– no DEad space (kein toter Raum), Clear lines of Assault and Fire (freie Bahnen für Feuer und Angriff), COncealment and cover (Sichtschutz und Deckung), Flat (flacher Boden), Fifty meters (50 Meter breit), Eighteen-inch-wide Elms (50 cm breite Ulmen bzw. Bäume)
DGrpFhr	Deckungsgruppenführer
EOD	Explosive Ordnance Disposal (Kampfmittelbeseitigung)
EPW	Enemy Prisoner of War (Kriegsgefangener)
ERRP	En Route Rally-Point
EWAC	Engagement (Feuereröffnung), Withdrawal (Ausweichen), Abort (Abbruch), Compromise (Aufgeklärt werden)
FFIR	Friendly-Forces Information Requirements (benötigte wesentliche Information über eigene Kräfte)
FIST/FiST	Forward Support Team; known as FiSTers
FLC	Fighting Load Carrier Kit Vest
FO	Forward Observer
FOB	Forward Operating Base
FOOM	Formations and Order of Movement
FPL	Final Protective Line

FRAGO	Fragmentary Order (lagebezogener Kurzbefehl)
FSO	Fire Support Officer
FSS	Fire Support Specialist
GOTWA	Going to location (Bewege mich zu dem Punkt), Others taken with (Andere, die mit mir gehen), Time of Emergency (Späteste Rückkehrzeit), What to do if late (Verhalten bei Verspätung), Actions on Contact (Verhalten bei Feind für beide Elemente)
GrpFhr	Gruppenführer
GT	Gun Team
GUN	Gunner
HLZ	Helicopter Landing Zone (Hubschrauberlandezone)
HQ	Headquarters
IAW	In Accordance With
IDF	Indirect Fire
INF	Infantry
IMT	Individual Movement Techniques
IOT	In Order To
IRP	Initial Rally-Point
JTAC	Joint Terminal Attack Controllers
LACE	Liquids (Flüssigkeiten) plus ACE
LDA	Linear Danger Area
LMTV	Light Medium Tactical Vehicle
LOA	Limit of Advance
LR	Leader's Reconnaissance
LP-OP	Listening Post, Outpost
LT	Leader Team
LWGM	Lightweight Ground Mount (i.e., M192)
M4	U.S. Standard-Karabiner
M18	Claymore-Mine
M40	Claymore-Funktionsprüfer
M57	Zünder
M192	Dreibein-Lafette für das M240 Maschinengewehr
M203	Anbau-Granatwerfer

Glossar

M240	U.S. Standard mittleres Maschinengewehr (Kaliber 7,62 mm)
M249	U.S. Standard leichtes Maschinengewehr (Kaliber: 5,56 mm)
MED	Medic bzw. Sanitäter
METT-TC	Mission (Auftrag), Enemy (Feind), Terrain/Weather (Gelände/Wetter), Troops Available (verfügbare Kräfte), Time (Zeit), Civilians (Zivilisten) (d.h. alles, was dir einfällt))
MSG	Maneuver Support Group
MSS	Mission Support Site
MWE	Men (Personal), Weapons (Waffen), Equipment (Ausrüstung)
NGF	Naval Gunfire (Schiffsartillerie)
NOD	Night Optical Devices (Nachtsehmittel)
OBJ	Objective (Angriffsziel bzw. Aufklärungsziel)
ODA	Open Danger Area
OOM	Order of Movement
ORP	Objective Rally-Point (Sammelpunkt vor dem Angriffsziel)
OPORD	Operation Order (Befehl für den Einsatz)
PACE	Primary (Primär), Alternate (Alternativ), Contingency (Eventualität), Emergency (Notfall)
PAX	Passagiere/Personal
PB	Patrol-Base
PCC	Pre Combat Check
PCI	Pre Combat Inspection
PDF	Primary Direction-of-Fire
PEQ-15	U.S. Lasermodul zur Zielerfassung als Gewehraufsatz
PID	Positive Identification
PIR	Priority Information Requirement
PLOT-CR	Purpose (Zweck), Location (Ort), Observer (Beobachter), Trigger (Auslöser), Communication (Verbindung), Resources (Mittel/Munition)
PL	Patrol Leader
POI	Point of Instruction
POPS	Pull (Ziehen), Observe (Beobachten), Push (Nach vorn führen), Squeeze (Abkrümmen)
PUC	Person Under Control
QRF	Quick Reaction Force (schnelle Eingreifkräfte)
R&S	Reconnaissance and Surveillance
REZ	Richtung, Entfernung, Ziel
Rgt	Regiment
RFL	Rifleman
ROE	Rules of Engagement (Einsatzrichtlinien)
RTO	Radio Trans-mission Operator
RP	Rally-Point (Sammelpunkt)
RP	Release-Point
RPK	Leichtes russisches Maschinengewehr
S&O	Surveillance and Observation
SALUTE	Size (Stärke), Activity (Verhalten), Location (Ort), Unit/Uniform (Einheit), Time (Zeit), Equipment (Ausrüstung)
SAW	Squad Automatic Weapon (leichtes Maschinengewehr auf Gruppenebene eingesetzt)
SBF	Support-by-Fire
SEC	Security
SI	Standard Issue
SL	Squad Leader
SLLS	Stop, Look (sehen), Listen (horchen), Smell (riechen)
SOF	Sector-of-Fire
SOP	Standard Operating Procedure (Standardverfahren)

SPARC	Sector-of-Fire (Wirkungsbereich), Priority of Targets (Bekämpfungsreihenfolge), Assault Lane (Angriffsbahn), Rate-of-Fire (Schussfolge), Camouflage (Tarnung)	TTP	Tactics, Techniques, Procedure (Taktik, Handhabung und Verfahren bzw. Einsatzgrundsätze)
		VDO	Vehicle Drop-Off (Fahrzeugabsetzpunkt)
SPORTS	Slap, Pull, Observe, Release, Tap, Shoot	VPU	Vehicle Pick-Up (Fahrzeugaufnahmepunkt)
SSA	Support, Security, Assault	VS17	neonfarbene Signaltafel
TA-50	Table of Allowances 50 (Army Provided Gear)	WARNO	Warning Order (Vorbefehl)
		WSL	Weapons Squad Leader
		ZgFhr	Zugführer
T&E	Traverse and Elevation	ZgFw/StvZgFhr	Zugfeldwebel/ Stellvertretender Zugführer
TLP	Troop Leading Procedures		
TRP	Target Reference Point		
T/O	Target of Opportunity (Gelegenheitsziel)	Zg	Zug

33.b Definitionen[1]

Abgesessen	Personen oder Soldaten, die sich nicht fahrzeuggebunden sind oder sich auf einem Fahrzeug befinden.
Aufgesessen	Personen und Soldaten, die fahrzeuggebunden sind oder sich auf Fahrzeuge befinden.
Aufgabe	Eine klar definierte und messbare Handlung.
Auftrag	Das vorgegebene zu erreichende Ziel, welches das „wer, was, wann und wo" enthält, aber selten das „wie".
Aufklärung	Eine allgemeine Aufgabe mit dem Zweck, Informationen über die Kräfte und Mittel des Feindes zu gewinnen.
Avenue of Approach	Der Anmarschweg der angreifenden Kräfte, um das Angriffsziel oder einen vorteilhaften Geländepunkt zu erreichen.
Befehlskette	Der Weg, den eine Anweisung durch die Entscheidungsebenen in einer Hierarchie nimmt.
Bekämpfungsreihenfolge	Die Prioritäteneinstufung der Ziele für eine bestimmte Waffe, oder die Prioritäteneinstufung verschiedener Waffen zum Bekämpfen eines bestimmten Ziels.
Blast	Das schnelle, geschlossene Überwinden eines Gefahrenbereichs mit der Bereitschaft anzugreifen.

---

1 **Zitat:** Das Pentagon hat bekannt gegeben, dass der Kampf gegen den IS als Operation Inhärente Entschlossenheit bezeichnet wird. Auf diesen Namen sind sie mit der Operation „zufälliges Synonymwörterbuch" gekommen. - Jimmy Fallon, U.S. Komödiant (!!!)

Glossar

Bump	Ein Verfahren zum Überwinden eines linearen Gefahrenbereichs, indem ein Soldat sichert, bis er vom nächsten Soldaten durch einem „Bump" rausgelöst wird.
Casevac	Der Abtransport von Verwundeten vom Gefechtsfeld ohne das medizinische Personal eines Medevacs.
Checkpoint	Ein im Voraus festgelegter Punkt, der zum Koordinieren der eigenen Marschbewegung dient.
Commander's Critical Information Requirements	– Eine umfängliche Liste, der wichtigen vom Truppenführer geforderten Punkte für die Beurteilung der Lage.
Comms	Abkürzung von „Communications" und enthält alle Formen der Verbindungsmittel, wie Funkgeräte, Nachrichtenübermittlung und Kryptierung.
Concealment	Tarnung bzw. Sichtschutz vor Beobachtung oder Aufklärung.
Cover	Deckung bzw. Schutz vor der Wirkung bestimmter Waffen.
Deckungselement	Eingeteilte Kräfte, welche durch direktes und indirektes Feuer das Vorgehen eigener Kräfte überwachen und unterstützen.
Direktes Feuer	Feuer auf ein Ziel, welches vom Schützen einsehbar ist.
Dogleg	Abspringen vom Marschweg im 90° Winkel, sodass der Marschweg noch überwacht werden kann, umso schnell die Voraussetzungen für einen Hinterhalt gegen einen Verfolger zu schaffen.
Effektive Reichweite	Die Entfernung bei der eine Waffe eine Trefferwahrscheinlichkeit von 50% hat.
Erkennungszeichen	Festgelegte Signale, die zwei verschiedenen Elementen bekannt sind, um sich gegenseitig zu identifizieren.
Erkundungskommando	Ein ausgegliedertes Element, welches hauptsächlich aus Führern besteht, welches die Voraussetzung für das weitere Vorgehen schafft.
Erster Sammelpunkt	Ein Punkt, an dem die Patrol sich sammeln kann, falls sie vor dem Feindgebiet oder vor dem ersten Sammelpunkt auf dem Marsh getrennt wird.
Essential Elements of Friendly Forces	Bestandteil von CCIR, wesentliche Information, die dem Feind nicht bekannt werden sollen.
Exfil	Die Exfiltration bzw. das Ausfliesen aus Feindgebiet.
Feuer und Bewegung	Der Grundsatz, dass sich Kräfte unter dem Schutz von Feuer zu einer vorteilhaften Position bewegen, um von dort den Feind zu zerschlagen oder zu vernichten.
Feuerunterstützung	Die gegenseitige Unterstützung der Streitkräfte durch Artillerie, Mörser, Schiffsartillerie und Luftnahunterstützung.

Fishhook	Abspringen vom Marschweg, wobei ein Haken gelaufen wird bis der ursprüngliche Marschweg überwacht werden kann, umso die Voraussetzungen für einen Hinterhalt gegen einen Verfolger zu schaffen.
Flächenwaffe	Eine Waffe zum Bekämpfen von Flächenzielen.
Flächenziel	Ziele, die keinen einzelnen Visierpunkt bieten. Eine Personengruppe ist ein Flächenziel.
Formation	Zwei oder mehrere Soldaten in unmittelbarer Nähe, deren Bewegungen einheitlich koordiniert werden.
Freibewegliches Element	Ein Element, das von einem Punkt der Sicherung abgezogen und zu einem anderen verschoben werden kann, ohne dass dabei die 360° Sicherung unterbrochen wird.
Friendly Forces Information Requirements - Bestandteil von CCIR, benötigte wesentliche Information über eigene Kräfte.	
Führungslinie zur Koordinierung des Feuerkampfes - Ein Verfahren, das aus einer Feuergrenze besteht, die so nah wie möglich an eigenen Kräften liegt, um Feindkräften den Sturm auf eigene Stellungen zu verwehren.	
Gefahrenbereich	Ein Abschnitt im Gelände, wo die Patrol ungeschützt gegenüber feindlicher Aufklärung und Waffenwirkung ist.
Gefechtsdrill	Ein kollektiver Handlungsablauf, der schnell durchführbar ist, ohne einen Entscheidungsfindungsprozess anwenden zu müssen.
Gegenseitiges Überwachen	Ein Element geht in Stellung, um vermutete feindliche Stellungen zu überwachen und gegebenenfalls niederzuhalten, um eigenen Kräften ein sicheres Vorgehen zu gewährleisten.
Gurtzuführung	Ein Maschinengewehr, dass einen Munitionsgurt nutzt anstatt wie ein M4 ein Magazin.
Gruppenziel	Zwei oder mehrere Ziele die zeitgleich bekämpft werden sollen.
Halt	Eine temporäre Unterbrechung der Bewegung.
Hauptelement	Der Hauptanteil einer Führungsebene oder einer Formation ausgenommen aller ausgegliederten Kräfte.
Helicopter Landing Zone – Siehe Landing Zone.	
Hinterhalt	Ein überraschender Angriff aus sichtgeschützten Stellungen gegen einen in der Bewegung befindlichen oder kurzzeitig haltenden Feind, mit dem Ziel, ihn zu vernichten, gefangen zu nehmen, oder dessen Ausrüstung zu erbeuten.
Indirektes Feuer	Das Zielen und der Beschuss durch ein Projektil, ohne dass eine direkte Sichtlinie zwischen Waffe und Ziel besteht.
Infil	Infiltration bzw. das Einfließen in Feindgebiet.
Info. Requirements	Informationen über den Feind, welche für den Truppenführer gesammelt werden müssen.

Glossar

Kampfbeladung	Die Anzahl an erforderlicher Munition für das Gefecht bis zur nächsten Anschlussversorgung. Bei einem M240 Maschinengewehr beträgt das 900 bis 1 200 Schuss.
Killzone	Der Bereich, den der Feind vermutlich durchlaufen wird und wo er angegriffen wird.
Kurzer Halt	Ein temporärer Halt, der weniger als fünf Minuten dauert.
Koordiniertes Feuer	Eine Abstimmung der Wirkungsbereiche, um eine vollumfängliche und zweckmäßige Abdeckung des Zielbereichs sicherzustellen.
Krähenfuß	Eine Formation in der Soldaten im liegenden Anschlag einen Sicherungsbereich untereinander aufteilen und dabei die Beine miteinander überkreuzen.
Landing Zone	Ein festgelegter Bereich, der als Landezone für Luftfahrzeuge dienen soll.
Langer Halt	Eine temporäre Marschunterbrechung, welche länger als fünf Minuten dauert.
Linearer Gefahrenbereich	Ein der Geländeabschnitt, der in den Flanken schwachen Schutz gegen feindliche Aufklärung und Waffenwirkung bietet, wie ein Weg, eine Straße oder eine Strömung
Linkup	Ein vorgeplantes Verfahren, indem verschiedene Elemente sicher Erkennungszeichen austauschen können, um wieder zusammengeführt zu werden.
Medevac	Der Abtransport von Verwundeten vom Gefechtsfeld durch dedizierte Verbringungsmittel mit medizinischem Personal.
Metall auf Metall	Eine M192 Lafette erlaubt einen Schwenkbereich von 25° nach links und 25° nach rechts. Wenn das Maschinengewehr auf 25° bis zum Anschlag eingedreht ist, liegt „Metall-auf-Metall".
Niederhalten	Feuer, das auf feindliche Kräfte oder eine feindliche Stellung gerichtet ist, um den Feind das Wirken auf eigene Kräfte zu verwehren.
Objective Rally-Point	Der Sammelpunkt vor dem Platz des Hinterhalts, wo alle vorbereitenden Maßnahmen getroffen werden.
Offener Gefahrenbereich	Ein Geländeabschnitt der frontal und in den Flanken schwachen Schutz gegen feindliche Aufklärung und Waffenwirkung bietet, wie eine Freifläche oder eine breite Senke.
Patrol	Eine Patrol ist eine Gruppierung von Soldaten, die für einen bestimmten Auftrag eingesetzt wird, wie zum Beispiel einen Spähtrupp oder das Anlegen eines Hinterhalts.
Phase	Ein bestimmter Abschnitt des Einsatzes einer Patrol, der sich von den vorherigen und nachfolgenden Abschnitten unterscheidet.

Platz des Hinterhalts	Der Raum der alle Handlungen und Stellungen für den Hinterhalt enthält.
Priority Intelligence Requirements	– Bestandteil des CCIR; das, was der Truppenführer über den Feind wissen muss.
Punktwaffe	Eine Waffe zum Bekämpfen eines Punktziels.
Punktziel	Ein Ziel, das klar definiert und von geringer Größe ist. Eine einzelne Person ist ein Punktziel.
Quick Reaction Force	In Bereitschaft befindliche Kräfte mit dem Zweck schnellstmöglich ein im Gefecht stehendes Element zu verstärken.
Sammelpunkt	Ein im Voraus festgelegter Punkt im Gelände, der beim Eintreten eines bestimmten Szenars angelaufen wird.
Sammelpunkt auf dem Marsch	Eine Sammelpunkt, der vor Ort festgelegt wird, während die Patrol einen Raum durchläuft, der für einen Sammelpunkt zweckmäßig ist.
Schlüsselgelände	Teil des Raumes, dessen Besitz oder Behauptung für den eigenen Erfolg entscheidend ist.
Schwache Seite	Auf einem Weg oder einer Straße die Richtung aus der der Feind nicht erwartet wird.
Sicherungselement	Eingeteilte Kräfte, welche bei einem Gefahrenbereich eigene Kräfte sichern, das Angriffsziel isolieren, beim Ausweichen eigene Kräfte unterstützen usw.
Starke Seite	Auf einem Weg oder einer Straße die wahrscheinlichste Anmarschrichtung des Feindes.
Stellung zuweisen	Die gezielte Positionierung von Soldaten durch einen Führer in einer stationären Formation.
Störinterhalt	Ein Hinterhalt, der auf einer größeren Entfernung durchgeführt wird mit der Absicht dem Feind Schaden zuzufügen, um ihn zu entmutigen, zu verlangsamen, Furcht einzuflößen und ihn Stück für Stück zu zerschlagen.
Sturm(-angriff)	Ein kurzer, gewaltsamer und dennoch koordinierter Angriff auf einen Punkt.
Sturmelement	Kräfte, die das Angriffsziel nehmen und anschließend die eingeteilten Trupps bei ihren Aufgaben im Angriffsziel sichern.
Target of Opportunity(Gelegenheitsziel)	Ein nicht vorgeplantes Ziel, welches zu spät erkannt wurde, um in der Planung mitintegriert zu werden, doch welches für den Einsatz von entscheidender Bedeutung ist.
Toter Raum	Ein Abschnitt im Gelände, der innerhalb der effektiven Kampfentfernung eines Waffensystems liegt, aber nicht bewirkt werden kann.
Vernichtungshinterhalt	Ein Hinterhalt mit dem Ziel der Vernichtung aller feindlichen Kräfte und Materials.
Wirkungsbereich	Der Bereich, den eine einzige oder mehrere Waffen effektiv bewirken können.

34. Quellenangabe

Vielen Dank an alle Fotographen im staatlichen Dienst, ohne die dieses Buch nicht möglich gewesen wäre. Alle Zeichnungen und Illustrationen wurden vom Autor selbst entworfen. Als Haftungsausschluss stellen die bildlichen Darstellungen von Informationen des U.S. Department of Defense (DoD) weder ausdrücklich noch implizit eine Billigung des DoDs dar.

Bild Frontabdeckung: U.S. Army SGT Henry Villarama
Bild Rückabdeckung 1: U.S. Army SSG James Avery
Bild Rückabdeckung 2: U.S. Army 1LT Ryan DeBooy
Bild Rückabdeckung 3: U.S. Army N.G. 1LT Robert Barney
Bild Rückabdeckung 4: U.S Army SPC John Lytle
TOC Bild 1: U.S. Army Timothy Gray
TOC Bild 2: U.S. Marine Corps SGT Ricky Gomez
TOC Bild 3: U.S. Army N.G. SGT Arturo Guzman
TOC Bild 4: U.S. Marine Corps LCPL Ryan Young
Einleitung TOC: U.S. Marine Corps SGT Ricky Gomez
Bild 1: National Parks Service Wayside Exhibit
Phase 1 TOC: U.S. Air Force SSGT Corey Hook
Bild 2: U.S. Army SPC Patrik Orcutt
Bild 4: U.S. Army SGT Joseph Truckley
Bild 5: U.S. Army MAJ Carson Petry
Bild 7: U.S. Army SSG Steven Colvin
Bild 8: U.S. Army SPC Shawn M. Cassatt
Bild 9: U.S. Air Force SSGT Christopher Hubenthal
Bild 11: U.S. Air Force GS Heide Couch
Bild 12: U.S. Marine Corps CPL Timothy Valero
Bild 13: U.S. Army N.G. 1LT Leland White
Bild 14: U.S. Air Force SRA Ryan Conroy
Bild 18: U.S. Army SPC Steven Hitchcock
Bild 19: U.S. Air Force SSGT Westin Warburton
Bild 20: U.S. Air Force SSGT Westin Warburton
Bild 23: U.S. Marine Corps SGT Tony Simmons
Bild 25: U.S. Army VIS Paolo Bovo
Bild 26: U.S. Army VIS Markus Rauchenberger
Bild 27: U.S. Marine Corps CPL Timothy Valero
Bild 28: U.S. Army MAJ Robert Fellingham
Bild 34: U.S. Marine Corps CPT Hassett
Bild 35: U.S. Marine Corps CPL Daniel Negrete
Bild 37: U.S. Army SPC Ryan Lucas
Bild 38: U.S. Navy MC2 Michael Lopez
Bild 39: U.S. Army SGT Benjamin Northcutt
Bild 41: U.S. Army Scott T. Sturkol
Phase 2 TOC: U.S. Army SGT Timothy Hamlin
Bild 42: DIMOC Courtesy Photo
Bild 43: U.S. Air N.G. MSGT Matt Hecht
Bild 44: U.S. Air Force A1C Brennen Lege
Bild 45: U.S. Marine Corps LCPL Zachary Beatty
Bild 46: U.S. Marine Corps LCPL Samuel C. Fletcher
Bild 47: U.S. Marine Corps CPL Aaron S. Patterson
Bild 50: U.S. Army SFC Whitney Houston
Bild 52: U.S. Army SPC Jose Rivera
Bild 53: U.S. Army LTC John Hall
Bild 54: U.S. Army VIS Elena Baladelli
Bild 56: U.S. Army SGT Daniel Cole
Bild 57: U.S. Army PFC Steven Young
Bild 62: U.S. Army SGT Paige Behringer
Bild 64: U.S. Navy CPO Johnny Bivera
Bild 66: U.S. Army SSG Corinna Baltos
Bild 68: U.S. Army SGT Kissta DiGrezgorio
Bild 69: U.S. Marine Corps CPL Alexander Mitchell
Bild 70: U.S. Army SSG Thomas Duval

Bild 71: U.S. Army SSG Ray Boyington
Bild 72: U.S. Marine Corps CPL David A. Perez
Bild 74: U.S. Air Force SSGT Corban D. Lundborg
Bild 75: U.S. Army SPC Rolyn Kropf
Bild 76: U.S. Marine Corps CPL Danny Gonzalez
Bild 77: U.S. Air Force TSGT Michael Holzworth
Bild 78: U.S. Army SSG Teddy Wade
Bild 79: U.S. Army SGT Anita VanderMolen
Bild 80: U.S. Air Force TSGT Russell E. Cooley IV
Phase 3 TOC: U.S. Marine Corps CPL Cody Haas
Bild 82: U.S. Air Force SRA Ryan Conroy
Bild 89: U.S. Army SGT Aaron Ellerman
Bild 91: U.S. Army SSG Samuel Northrup
Bild 93: U.S. Marine Corps LCPL Reine Whitaker
Bild 95: U.S. Army MCOE PAO Patrick A. Albright
Bild 96: U.S. Marine Corps SGT Allison M. DeVries
Bild 97: U.S. Marine Corps CPL Joshua W. Brown
Bild 98: U.S. Army PFC Liem Huynh
Bild 99: U.S. Army PFC Liem Huynh
Bild 102: U.S. Air N.G. SSGT Andrew Horgan
Bild 103: U.S. Air N.G. SSGT Andrew Horgan
Bild 105: U.S. Marine Corps CPL Bryan Nygaard
Bild 106: U.S. Army VIS Paolo Bovo
Bild 107: U.S. Marine Corps SGT Melissa Wenger
Bild 108: U.S. Marine Corps LCPL Ernesto Rojascorrea
Bild 110 und andere: U.S. Army VIS Paolo Bovo
Bild 112: U.S. Army PFC Payton Wilson
Bild 114: U.S. Marine Corps 1ST LT John McCombs
Bild 116 und andere: U.S. Air N.G. TSGT Sarah Mattison
Bild 117: U.S. Army SGT William A. Tanner
Bild 118 et al: U.S. Marine Corps CPL Emmanuel Ramos
Bild 120: U.S. Army SSG Tramel Garrett
Bild 121: U.S. Army SSG Pablo N. Piedra
Bild 131: U.S. Army VIS Paolo Bovo
Bild 132: U.S. Marine Corps CPL Victoria Ros
Bild 133: U.S. Air Force TSGT Rasheen Douglas
Bild 135: U.S. Army N.G. SSG Scott Tynes
Bild 140: U.S. Army 1LT Laura Beth Beebe
Bild 141: U.S. Army SFC Joy Dulen
Bild 142: U.S. Army SPC Esmeralda Cervantes
Phase 4 TOC: U.S. Army SPC Steven Hitchcock
Bild 143: U.S. Army VIS Davide Dalla Massara
Bild 144: U.S. Marine Corps 1ST LT Johnny Henderson
Bild 146: U.S. Army VIS Davide Dalla Massara
Bild 147: U.S. Air Force SRA Zachary Wolf
Bild 148: U.S. Army N.G. SGT Eric McDonough
Bild 149: U.S. Army SGT Benjamin Northcutt
Bild 151: U.S. Army VIS Davide Dalla Massara
Bild 152: U.S. Army VIS Graigg Faggionato
Bild 153: U.S. Marine Corps CPL William Hester
Bild 154: U.S. Marine Corps CPL Alejandro Pena
Bild 155: U.S. Army 1LT Benjamin Haulenbeek
Phase 5 TOC: U.S. Marine Corps CPL Christopher Mendoza
Bild 158: U.S. Army VIS Paolo Bovo
Bild 159 et al: U.S. Marine Corps CPL Kelly L. Street
Bild 159 et al: U.S. Marine Corps LCPL Christine Phelps
Bild 162: U.S. Army LTC John Hall
Bild 164: U.S. Marine Corps LCPL Juan C. Bustos
Bild 165: U.S. Air Force SRA Janiqua P. Robinson
Bild 166: U.S. Marine Corps SGT Emmanuel Ramos
Bild 167: U.S. Marine Corps LCPL Jesus Sepulveda Torres
Bild 168: U.S. Marine Corps SGT Emmanuel Ramos
Bild 169: U.S. Marine Corps CPL Aaron S. Patterson
Bild 170: U.S. Army SPC Austin Berner
Anlagen TOC: U.S. Marine Corps SGT Joshua M. Jackson
Bild 171: U.S. Army N.G. SSG Brian A. Barbour
Bild 172: U.S. Marine Corps LCPL Angel D. Travis
Bild 173: U.S. Army SGT Brian Chaney
Bild 174: U.S. Air N.G. SSGT Christopher S. Muncy

www.ingramcontent.com/pod-product-compliance
Lightning Source LLC
Chambersburg PA
CBHW051126210326
41458CB00067B/6254